"十四五"高等职业教育装备制造类专业系列教材

U0261596

电工电子技术应用

时会美　李艳红◎主　编
张水利　宋雪臣◎副主编
　　　　贾廷波◎主　审

中国铁道出版社有限公司
CHINA RAILWAY PUBLISHING HOUSE CO., LTD.

内 容 简 介

本书是高等职业教育装备制造类专业的专业基础课教材,主要内容包括直流电路分析与应用、单相交流电路分析与应用、三相交流电路分析与应用、直流稳压电源分析与应用、晶体管放大电路分析与应用、集成运算放大电路分析与应用、组合逻辑电路分析与应用、时序逻辑电路分析与应用等。

本书以项目引领、任务驱动、校企合作方式编写,配有学习导图、配套的 PPT 课件、微课视频、在线课程,以便于教师教学和学生及其他工程人员自主学习。

本书适合作为高等职业院校装备制造类专业的教材,也可作为相关工程技术人员的参考书。

图书在版编目(CIP)数据

电工电子技术应用 / 时会美,李艳红主编. -- 北京 : 中国铁道出版社有限公司,2024.9. --("十四五"高等职业教育装备制造类专业系列教材). -- ISBN 978-7-113 -31453-8

Ⅰ. TM;TN

中国国家版本馆 CIP 数据核字第 20245TM660 号

书　　名:**电工电子技术应用**
作　　者:时会美　李艳红

策　　划:李志国　　　　　　　　　　　编辑部电话:(010)83527746
责任编辑:张松涛　绳　超
封面设计:刘　颖
责任校对:刘　畅
责任印制:樊启鹏

出版发行:中国铁道出版社有限公司(100054,北京市西城区右安门西街8号)
网　　址:https://www.tdpress.com/51eds/
印　　刷:河北宝昌佳彩印刷有限公司
版　　次:2024年9月第1版　2024年9月第1次印刷
开　　本:787 mm×1 092 mm　1/16　印张:14.25　字数:345 千
书　　号:ISBN 978-7-113-31453-8
定　　价:42.00 元

前　言

党的二十大报告提出："坚持把发展经济的着力点放在实体经济上,推进新型工业化,加快建设制造强国、质量强国、航天强国、交通强国、网络强国、数字中国。实施产业基础再造工程和重大技术装备攻关工程,支持专精特新企业发展,推动制造业高端化、智能化、绿色化发展。"同时要"推动战略性新兴产业融合集群发展,构建新一代信息技术、人工智能、生物技术、新能源、新材料、高端装备、绿色环保等一批新的增长引擎"。高端装备、智能制造产业的发展,为职业教育装备制造类专业的发展带来了良好的契机。

本书是装备制造类专业的一门专业基础课教材,内容选取体现以下三方面特点:一是注重基础性,指注重基础理论、基本知识和基本技能的学习和训练,包括基本元器件、基本物理量、电路的基本分析方法,仪器仪表的使用等;二是突出应用性,指突出基础理论和基本知识的灵活运用,包括会选择、检测元器件,会分析、检查、测试电路,会设计基本电路,会使用常用电气设备,建立辩证思维和工程思维,培养安全、标准、规范意识,提高分析问题和解决问题的能力;三是力求先进性,充分贯彻国家和行业最新规范标准,保证知识的时效性,加强电子电路器件的识读、测试与应用等,注重工程实践能力和创新品质的培养。

本书根据装备制造类专业人才培养要求、学生的认知规律和工作过程的相关性,将内容序化为 8 个学习项目,包括:直流电路分析与应用、单相交流电路分析与应用、三相交流电路分析与应用、直流稳压电源分析与应用、晶体管放大电路分析与应用、集成运算放大电路分析与应用、组合逻辑电路分析与应用、时序逻辑电路分析与应用。每个学习项目按照项目导入、学习目标、学习导图、学习任务、项目测试题的结构来编写。选取 25 个学习任务,按照任务描述、相关知识、任务实施、任务评价的结构来编写,将知识学习、能力训练、思政教育和素质培养融入学习任务中,任务评价包括知识、技能和综合素养,关注学生的全面发展。

本书的课时安排,根据实践条件的具体情况而定,建议不少于70学时。具体安排如下:项目一10学时、项目二10学时、项目三10学时、项目四8学时、项目五10学时、项目六8学时、项目七6学时、项目八8学时。

本书是校企合作教材,由山东水利职业学院时会美、李艳红任主编,山东水利职业学院张水利、宋雪臣任副主编,国网山东省电力公司日照供电公司孙安青、刘天成、肖笋,亚太森博(山东)浆纸有限公司叶飞、郭同安参与教材内容的论证及部分内容的编写。具体编写分工如下:项目一、项目七由李艳红、宋雪臣、郭同安编写,项目二、项目六由时会美、孙安青编写,项目三、项目八由张水利、刘天成、肖笋编写,项目四、项目五由宋雪臣、时会美、叶飞编写。全书由时会美统稿,由国网山东省电力公司日照供电公司贾廷波主审。

本书在编写过程中,参考了专家和同行的一些文献和资料,在此向各位专家及有关资料的作者表示衷心感谢。

由于编者水平有限,书中难免有疏漏之处,恳请广大读者批评指正。

编 者

2024 年 3 月

目 录

项目一
直流电路分析与应用

项目导入

电在日常生活和生产中得到了广泛应用。电路是电流的通路,根据电路中电源的种类不同,电路可以分为直流电路和交流电路。直流电路是由直流电源供电的电路。

研究电路的一种方法是将实际电路抽象为电路模型,用电路理论的方法分析计算出电路的特性;另一种方法是用电气仪表对实际电路进行测量。

学习目标

知识目标

(1)掌握电路的基本概念和基本物理量。

(2)掌握基尔霍夫定律、叠加定理和戴维南定理,会运用这些定律和定理分析直流电路。

(3)掌握电压源、电流源及其等效变换。

能力目标

(1)学会分析、计算直流电路。

(2)能正确使用万用表、电压表、电流表测量电路的基本电量。

素质目标

(1)培养严谨认真、一丝不苟的工作态度。

(2)培养透过现象看本质、抓主要矛盾的辩证思维。

(3)培养电路操作规范、标准和安全责任意识。

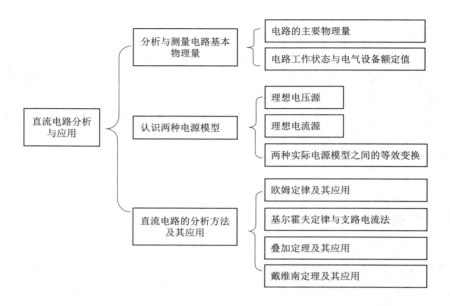

学习任务一 分析与测量电路基本物理量

任务描述

本任务从理论分析和仪表测量两个方面,探讨直流电路组成和基本元器件特点,计算测量电路中电压、电流、电位、功率等基本物理量,判断电压、电流的方向和电路的工作状态。

相关知识

一、电路的主要物理量

视频

电路的
主要物理量

1. 电流

单位时间内流过导体截面积的电荷量定义为电流强度,用以衡量电流的大小。电工技术中,常把电流强度简称为电流,用 i 表示。随时间而变化的电流定义为

$$i = \frac{\mathrm{d}q}{\mathrm{d}t} \tag{1-1}$$

式中,q 为随时间 t 变化的电荷量。

在电场力的作用下,电荷有规则的定向移动,形成了电流。规定正电荷的移动方向为电流的实际方向。

当 $\dfrac{\mathrm{d}q}{\mathrm{d}t}$ = 常数时,称这种电流为恒定电流,通常称为直流电流,简称直流。用大写字母 I 表示,其大小和方向不随时间变化。小写字母 i 表示电流的大小和方向随时间而变化。

在国际单位制（SI）中规定，1 秒（s）内通过导体横截面的电荷量为 1 库仑（C）时，其电流为 1 安培（A）。

电流的方向可用箭头表示，也可用字母的双下标表示，如图 1-1 所示用双下标表示，即 i_{ab}。

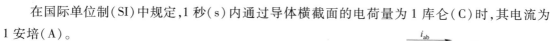

图 1-1　电流的方向

2. 电压与电动势

电场力把单位正电荷从电场中的 a 点移动到 b 点所做的功称为 a、b 间的电压，用 u_{ab}（U_{ab}）表示，即

$$u_{ab} = \frac{\mathrm{d}w}{\mathrm{d}q} \tag{1-2}$$

习惯上把电位降低的方向作为电压的实际方向，可用 +、– 号表示，也可用字母的双下标表示，有时也用箭头表示，如图 1-2 所示。

在国际单位制中规定，当电场力把 1 库仑（C）的正电荷从一点移到另一点所做的功为 1 焦耳（J），则这两点间的电压为 1 伏特（V）。

非电场力把单位正电荷在电源内部由低电位 b 端移到高电位 a 端所做的功，称为电动势，用字母 e 表示，即

$$e = \frac{\mathrm{d}w}{\mathrm{d}q} \tag{1-3}$$

图 1-2　电压的方向

电动势的实际方向在电源内部从低电位指向高电位，其单位与电压单位相同，用伏特（V）表示。

在图 1-3 中，电压 u_{ab} 是电场力把单位正电荷由外电路从 a 点移到 b 点所做的功，由高电位指向低电位。电动势 e_s 是非电场力克服电场阻力在电源内部把单位正电荷从 b 点移到 a 点所做的功。图 1-4 中的直流电源，在没有与外电路连接的情况下，电动势 E 与两端电压 U 大小相等、方向相反。

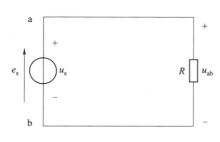 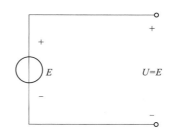

图 1-3　电压与电动势　　　　图 1-4　开路电压与电动势

3. 电流、电压的参考方向

在分析和计算电路时，常用数学式表示电流、电压等物理量之间的关系，因此需要知道电流、电压等的方向。但分析之前无法知道它们的实际方向，就需要任意设定一个方向作为参考，这个任意设定的方向称为参考方向，并用符号在电路中标出。

（1）电流的参考方向

图 1-5（a）中电流的参考方向与实际方向一致，$i > 0$。图 1-5（b）中电流的参考方向与实际方向相反，$i < 0$。

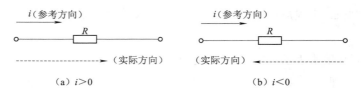

（a）$i>0$ （b）$i<0$

图 1-5 电流的参考方向和实际方向

（2）电压的参考方向

图 1-6（a）中电压的参考方向与实际方向一致，$u>0$；图 1-6（b）中电压的参考方向与实际方向相反，$u<0$。可见电流、电压都是代数量。

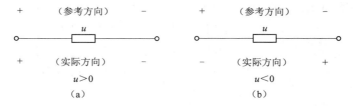

$u>0$ $u<0$
（a） （b）

图 1-6 电压的参考方向与实际方向

当电流的参考方向与电压的参考方向选取一致，则为关联参考方向，如图 1-7 所示；当选取不一致，则为非关联参考方向，如图 1-8 所示。

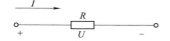 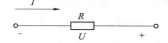

图 1-7 电压、电流为关联参考方向 **图 1-8 电压、电流为非关联参考方向**

关于电流、电压参考方向的几点说明：

①电流、电压的参考方向可以任意选定。但一经选定，在电路分析计算过程中不应改变。

②计算电路时，一般要先标出参考方向再进行计算，在电路图中，所有标有方向的电流、电压均可认为是电流、电压的参考方向，而不是指实际方向。

③一般而言，同一段电路的电流和电压的参考方向可以各自选定，不必强求一致。但为了分析方便，常选定同一元件的电流的参考方向与电压的参考方向一致，即电流从正极性端流入该元件而从它的负极性端流出。

4. 电位

为了分析电路方便，常指定电路中的任意一点为参考点。定义电场力把单位正电荷从电路中某点移到参考点所做的功，称为该点的电位，用大写字母 V 表示。电路中某点的电位，即该点与参考点之间的电压。电位的单位与电压的单位相同，用 V 表示。

由此，电路中两点之间的电压也可用两点间的电位差来表示，即

$$U_{ab}=V_a-V_b \tag{1-4}$$

电场中两点间的电压是不变的，电位随参考点（零电位点）选择的不同而不同。

5. 功率和电能

电能对时间的变化率称为功率，即电场力在单位时间内所做的功。

$$p = \frac{\mathrm{d}w}{\mathrm{d}t} \tag{1-5}$$

在图 1-7 所示电路中,电阻两端的电压是 U,流过的电流是 I,电压、电流为关联参考方向,则电阻吸收的功率为

$$P = UI \tag{1-6}$$

电阻在 t 时间内所消耗的电能为

$$W = Pt \tag{1-7}$$

在国际单位制中,电压的单位为伏特(V),电流的单位为安培(A),时间的单位为秒(s),电能的单位为焦耳(J),功率的单位为瓦特(W),1 千瓦(kW) $= 10^3$ 瓦(W)。

平时所说的消耗 1 度电就是当一段电路(某一电器)功率为 1 kW 在 1 h 内消耗的电能,即 1 kW·h。

电场力做功所消耗的电能是由电源提供的。在时间 t 内,电场力将电荷 Q 从电源(电动势为 E)负极经电源内部移到电源正极,它所做的功和功率为

$$W_{\mathrm{ba}} = EQ = EIt \tag{1-8}$$

$$P_{\mathrm{ba}} = EI \tag{1-9}$$

根据能量守恒的规律,在忽略电源内部能量损耗的条件下:

$$W_{\mathrm{ab}} = W_{\mathrm{ba}} \tag{1-10}$$

从以上分析还可以看出:根据电流和电压的实际方向可以确定电路元件的功率性质。

在图 1-7 中,元件两端电压和流过的电流在关联参考方向下时:

$P = UI > 0$,元件吸收功率;

$P = UI < 0$,元件发出功率。

在图 1-8 中,元件两端电压和流过的电流在非关联参考方向下时:

$P = UI > 0$,元件发出功率;

$P = UI < 0$,元件吸收功率。

对任意一个电路元件,当流经元件的电流实际方向与元件两端电压的实际方向一致,元件吸收功率;电流和电压的实际方向相反,元件发出功率。

例 1-1　试判断图 1-9 中(a)、(b)是发出功率还是吸收功率。

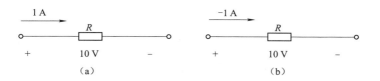

图 1-9　例 1-1 图

解　在图 1-9(a)中电压、电流是关联参考方向,且 $P = UI = 10 \text{ W} > 0$,元件吸收功率。
在图 1-9(b)中电压、电流是关联参考方向,且 $P = UI = -10 \text{ W} < 0$,元件发出功率。

二、电路工作状态与电气设备额定值

电路有有载工作、空载、短路三种状态。现以图 1-10 所示简单直流电路为例来分析电路的各种工作状态。图中电动势 E 和内阻 R_0 串联组成电压源，U_1 是电源端电压；开关 S 和连接导线是中间环节；U_2 是负载端电压，R_L 是负载等效电阻。

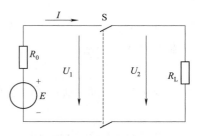

图 1-10 电路工作状态分析

1. 有载工作状态与电气设备额定值

在图 1-10 中，当开关 S 闭合时，电路中有电流流过，电源输出功率，负载取用功率，称为有载工作状态。这时电路中的电流为

$$I = \frac{E}{R_0 + R_L} \tag{1-11}$$

式（1-11）说明，当电源（E、R_0）一定时，电路工作电流 I 取决于负载电阻 R_L。R_L 减小，I 增大。电源端电压为

$$U_1 = E - R_0 I \tag{1-12}$$

若忽略连接导线的电阻，则负载端电压 $U_2 = U_1$。

电源的输出功率为

$$P_1 = U_1 I \tag{1-13}$$

将式（1-12）代入式（1-13）得

$$P_1 = EI - R_0 I^2 \tag{1-14}$$

负载消耗的功率为

$$P_2 = U_2 I = R_L I^2 \tag{1-15}$$

由式（1-11）可得

$$E = R_0 I + R_L I \tag{1-16}$$

式（1-16）两边都乘以 I，则有

$$EI = R_0 I^2 + R_L I^2 \tag{1-17}$$

式中，EI 是电源非电能量所产生的功率；$R_0 I^2$ 是实际电源内电阻上所消耗的功率。

此式说明整个电路功率是平衡的，即由电源发出的功率等于电路各部分所消耗的功率。

电源内电阻 R_0 及负载电阻 R_L 上所损耗的电能转换成热能散发出来，使电源设备和各种用电设备的温度升高。电流越大，温度越高。当电流过大，设备的绝缘材料会因过热而加速老化，缩短使用寿命，甚至损坏。另外，当设备和器件上的电压过高时，一方面会使电流增大而发热，另一方面可能使设备的绝缘被击穿而损坏。反之，如电压过低，则这将使设备不能正常工作，如电灯不亮、电动机转速下降或无法起动等。

为了保证电气设备和器件安全、可靠和经济工作，制造厂规定了每种设备和器件在工作时所允许的最大电流、最高电压和最大功率，这称为电气设备和器件的额定值，常用下标符号 N 表示，如额定电流 I_N、额定电压 U_N 和额定功率 P_N。这些额定值常标注在设备的铭牌上。

电气设备和器件应尽量工作在额定状态，这种状态又称满载。其电流和功率低于额定值的

工作状态称为轻载;高于额定值的工作状态称为过载。有些电气设备如电灯、电炉等,只要在额定电压的条件下使用,其电流和功率就会符合额定值,故只标明 U_N 和 P_N。另一类电气设备如变压器、电动机,在加上额定电压后,其电流和功率取决于它所带负载的大小。例如电动机所带机械负载过大,将会因电流过大而严重发热,甚至烧毁。故在一般条件下,电气设备不应过载运行。在电路中常安装自动开关、热继电器,用来在过载时自动断开电源,确保设备安全。

例 1-2　阻值为 2 kΩ、额定功率为 0.25 W 的电阻器,在使用时其最大工作电流和电压是多少?

解　由公式 $P = I^2 R$ 可求出其最大工作电流为

$$I = \sqrt{\frac{P}{R}} = \sqrt{\frac{1}{4 \times 2 \times 10^3}} \text{ A} = 0.011\ 2 \text{ A} = 11.2 \text{ mA}$$

其最大工作电压为

$$U = IR = 11.2 \times 2 \text{ V} = 22.4 \text{ V}$$

例 1-3　有一只 220 V、100 W 的电灯泡,接到 220 V 电源上,求它工作时电流和电阻。

解　工作时电流　　　　　　$$I = \frac{P}{U} = \frac{100}{220} \text{ A} = 0.455 \text{ A}$$

电阻　　　　　　　　　　$$R = \frac{U^2}{P} = \frac{220^2}{100} \ \Omega = 484 \ \Omega$$

2. 空载状态

在图 1-10 所示电路中,当开关 S 断开,电路电流为零,这称为空载,又称开路。开路时电源的端电压称为开路电压,用 U_{OC} 表示,等于电源电动势,而负载端电压为零。显然开路时电源不输出电能,电路的功率等于零。

如上所述,电路空载状态的特点是

$$I = 0, U_1 = U_{OC} = E, U_2 = 0, P_1 = P_2 = 0 \tag{1-18}$$

3. 短路状态

在图 1-10 所示电路中,当电源两端的导线由于某种事故而直接相连,这时电源输出电流不经过负载,只经过连接导线直接流回电源。这种状态称为短路状态,简称短路。短路时的电流称为短路电流,用 I_{SC} 表示。因电源内阻 R_0 很小,故 I_{SC} 很大。短路时外电路的电阻为零,故电源和负载的端电压均为零。这时,电源所产生电能全部被电源内阻消耗转变为热能,故电源输出的功率和负载取用的功率均为零。

如上所述,电路短路状态的特点是

$$I = I_{SC} = \frac{E}{R_0}, U_1 = U_2 = 0, P_1 = P_2 = 0 \tag{1-19}$$

此时,电源内阻 R_0 消耗的功率为

$$P_E = I^2 R_0 = \frac{E^2}{R_0}$$

因为 I_{SC} 很大,短路时电源本身及 I_{SC} 所流过的导线温度剧增,将会损坏绝缘,烧毁设备,甚至引起火灾。因此电路短路是一种严重的事故,应尽量避免。为防止短路所产生的严重后果,通常

在电路中接入熔断器或自动开关,以能在短路时迅速切除故障电路,而确保电源和其他电气设备的安全运行。

 **任务实施**

测量直流电路基本物理量

一、搭建直流电路

搭建直流电路如图 1-11 所示,电路中各参数分别为 $E_1 = 8$ V, $E_2 = 4$ V, $E_3 = 6$ V, $R_1 = 1$ kΩ, $R_2 = 2$ kΩ, $R_3 = 3$ kΩ, $R_4 = 4$ kΩ。

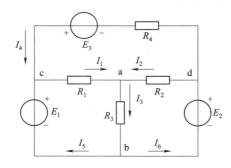

图 1-11　直流电路

二、测量电路电流

用电流表测试图 1-11 中各电流,填写到表 1-1 中。

表 1-1　电流的测量结果

电流	I_1	I_2	I_3	I_4	I_5	I_6
测量结果/mA						

三、测量电压、电位

用万用表或电压表测试电路中电压、电位,将测量结果填写到表 1-2 中。

①把 b 点作为参考点,用万用表(或电压表)测量电路中各点的电位。

②分别测量 U_{ab}、U_{ac}、U_{ad}、U_{bc}、U_{bd}、U_{cd} 的值。

③比较分析电位与电压的关系。

表 1-2　电压和电位测量结果

电位	V_a	V_b	V_c	V_d	
测量结果/V					
电压	U_{ab}	U_{ac}	U_{ad}	U_{bc}	U_{bd}	U_{cd}
测量结果/V						

四、注意事项

①测电流时,万用表(或电流表)应选择合适的电流挡位,串联到要测量的支路中,注意表笔的接入方向。

②测电压时,万用表(或电压表)应选择合适的电压挡位,并联到要测量的支路中,注意表笔的接入方向。

 任务评价

任务评价表见表1-3。

表1-3　任务评价表

评价项目	评价内容	评价标准	分数	评分记录		
				学生	小组	教师
综合素养	工作现场整理、整顿	整理、整顿不到位,扣5分	30			
	操作遵守安全规范要求	违反安全规范要求,每次扣5分				
	遵守纪律,团结协作	不遵守教学纪律,有迟到、早退等违纪现象,每次扣5分				
知识技能	元器件选择正确、接线无误	(1)元器件选择错误,每处扣3分。(2)电路连接错误,每处扣3分	30			
	仪表使用正确,测量过程准确,测量结果在允许误差范围内	(1)仪表使用不规范,扣5分。(2)电流测量错误,每处扣2分。(3)电压、电位测量错误,每处扣2分	40			
	总　　　分		100			

学习任务二　认识两种电源模型

 **任务描述**

实际电路都是由一些起不同作用的实际电路元器件组成的,如发电机、电动机、电池、照明灯具以及各种电阻器等,它们的电磁性质比较复杂。为了便于对实际电路进行分析,将实际元器件理想化(又称模型化),即在一定条件下突出其主要的电磁性质,忽略其次要因素,近似看作理想电路元器件。由一些理想电路元器件所组成的电路,称为实际电路的电路模型。在电路图中,各种电路元器件用规定的图形符号来表示。

电源是电路中提供能量的元件,一个电源可以用两种不同的电路模型来表示。一种是用理想电压源与电阻串联的电路模型来表示,称为电源的电压源模型;另一种是用理想电流源与电阻并联的电路模型来表示,称为电源的电流源模型。本任务介绍两种电源模型的特点、表示方法及其等效变换。

视频

电路与电路模型

● 视频

电压源和
电流源及其
等效变换

相关知识

一、理想电压源

理想电压源如图 1-12 所示,具有以下特点:电压源两端的电压 $u_s(t)$ 为确定的时间函数,与流过的电流无关。当 $u_s(t)$ 为直流电源时,两端电压不变, $u_s(t) = U$。理想电压源的伏安特性如图 1-13 所示。

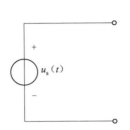

图 1-12　理想电压源　　　　图 1-13　理想电压源的伏安特性

从图 1-14 中可以看出,理想电压源两端的电压不随外电路的改变而改变。

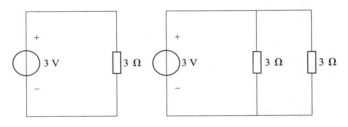

图 1-14　理想电压源两端电压与外电路的关系

直流电压源也可用图 1-15 中的符号表示。长线表示正极(高电位),短线表示负极(低电位)。

图 1-15　直流
电压源的图形符号

当电流流过电压源时,从低电位流向高电位,则电压源向外提供电能。当电流流过电压源时,从高电位流向低电位,则电压源吸收电能,如蓄电池充电的情况。

二、理想电流源

理想电流源(见图 1-16)是指电流 $i_s(t)$ 为确定的时间函数,与电流源两端的电压无关。在直流电流源的情况下,发出的电流是恒定值,即 $i_s(t) = I$。理想电流源的伏安特性如图 1-17 所示。

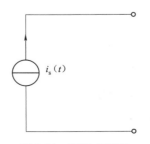

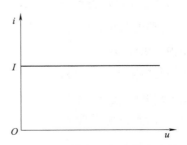

图 1-16　理想电流源　　　　图 1-17　理想电流源的伏安特性

从图 1-18 中可以看出,理想电流源发出的电流不随外电路的改变而改变。

对电流源的电流和电压取非关联参考方向时,如图 1-19 所示,在这种情况下,若 $P > 0$,则表示电流源发出功率;若 $P < 0$,则表示电流源吸收功率。

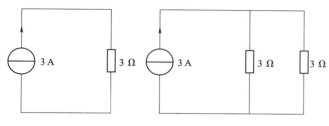

图 1-18　理想电流源发出的电流与外电路的关系

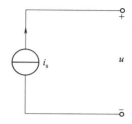

图 1-19　电流源的功率

三、两种实际电源模型之间的等效变换

同一个实际电源的电路模型既可以用理想电压源与内阻 R_0 串联来表示,也可以用理想电流源和内阻 R_0 并联来表示,如图 1-20 所示。在保持输出电压 u 和输出电流 i 不变的条件下,相互之间可以进行等效变换。若已知 u_s 与 R_0 串联的电压源,则与其等效的电流源的电流为

$$i_s = \frac{u_s}{R_0} \tag{1-20}$$

若已知 R_0 与 i_s 并联的电流源,则与之等效的电压源的电压为

$$u_s = R_0 i_s \tag{1-21}$$

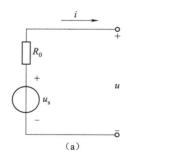
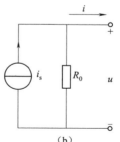

（a）　　　　　　　　　　　　　（b）

图 1-20　电压源电路和电流源电路的等效变换

在电压源与电流源进行等效变换时,应注意以下几点:

①所谓等效只是对外电路而言,即两个电源外电路的电压、电流相等,对电源内部则是不等效的。例如在图 1-20(a)中,当外电路开路时,$i = 0$,则电压源内阻上 R_0 不消耗功率,而图 1-20(b)中电流源内部仍有电流,故 R_0 上有功率损耗。

②理想电压源和理想电流源不能等效变换,因为理想电压源的输出电压是恒定不变的,而电流却决定于外电路负载,是不恒定的。而理想电流源的输出电流是恒定的,电压 u 决定于外电路负载,是不恒定的,故两者不等效。

**任务实施**

恒压源与实际电压源外特性测试

一、恒压源外特性测试

搭建图 1-21 所示电路,电源 $U_s = 6$ V,R_1 为 200 Ω 的固定电阻,R_2 为 470 Ω 的电位器。调节电位器 R_2,令其阻值由大到小变化,将电流表、电压表的读数记入表 1-4 中。

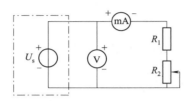

图 1-21　恒压源电路测量

表 1-4　恒压源外特性测量数据

I/mA							
U/V							

二、实际电压源外特性测试

搭建图 1-22 所示电路,图中内阻 R_s 为 51 Ω 的固定电阻,调节电位器 R_2,令其阻值由大到小变化,将电流表、电压表的读数记入表 1-5 中。

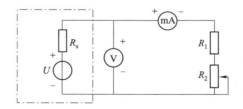

图 1-22　实际电压源电路测量

表 1-5　实际电压源外特性测量数据

I/mA							
U/V							

三、注意事项

①换接线路时,必须关闭电源开关。

②直流仪表的接入应注意极性与量程。

③电压源的输出端不允许短路。

任务评价

任务评价表见表1-6。

表1-6　任务评价表

评价项目	评价内容	评价标准	分数	评分记录		
				学生	小组	教师
综合素养	工作现场整理、整顿	整理、整顿不到位,扣5分	30			
	操作遵守安全规范要求	违反安全规范要求,每次扣5分				
	遵守纪律,团结协作	不遵守教学纪律,有迟到、早退等违纪现象,每次扣5分				
知识技能	元器件选择正确、接线无误	(1)元器件选择错误,每处扣3分。(2)电路连接错误,每处扣3分	30			
	仪表使用正确	仪表及其量程选择错误,每次扣2分	10			
	测量过程准确,测量结果在允许误差范围内	(1)恒压源外特性测量错误,每处扣3分。(2)实际电压源外特性测量错误,每处扣3分	30			
	总　　分		100			

拓展知识

<h3 style="text-align:center">受控源及含有受控源电路的分析计算</h3>

一、受控源

受控源是一种理想电路元件,主要用来构成电子器件的电路模型。实际电路中有这样的情况:一个支路的电流(或电压)是受另一个支路的电流(或电压)控制的。例如晶体管,它有三个电极:基极 b、发射极 e 和集电极 c,如图 1-23(a)所示。集电极电流 i_c 受基极电流 i_b 控制,在一定范围内,集电极电流与基极电流成正比,即 $i_c = \beta i_b$。类似这样的情况是不能够由电压源、电流源、电阻来模拟的,人们引用受控源这种理想电路元件,以便分析计算有这种情况的电路,如图 1-23(b)所示。

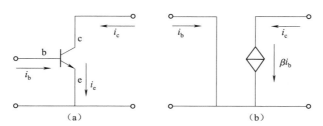

图 1-23　用受控源表示晶体管

受控源的定义如下:一个受控源由两个支路组成,一个支路是短路(或是开路);另一个支路如同电流源(或电压源),而其电流(或电压)受短路支路的电流(或开路支路的电压)控制。按照定义,有四种受控源,如图 1-24 所示。图 1-24(a)中控制支路是短路支路,控制量为电流 αi_1,这类受控源称为电流控制电流源,图 1-24(b)所示为电压控制电流源,图 1-24(c)所示为电流控制电压源,图 1-24(d)所示为电压控制电压源。

受控量与控制量成正比的受控量,即图 1-24 中 α、g、γ、μ 为常数的受控量,称为线性受控量,以下只讨论线性受控源,简称受控源。例如,上述晶体管便可用电流控制电流源构成其电路模型,如图 1-23(b)所示。

电压源的电压不受其外部的影响,电流源的电流不受其外部的影响,它们是独立存在的。受控源则不能独立存在,因为当控制量为零时,受控支路的电流或电压也为零。

如图 1-23(b)所示的受控源,如果它还没有接入电路,或者虽然接入电路但 $i_b = 0$,则 $\beta i_b = 0$,因此,受控源属于非独立源。在电路图中独立源用圆形符号表示,受控源用菱形符号表示,以示区别。

在电路图中,受控源的控制支路都不画出,只是注明受控量。

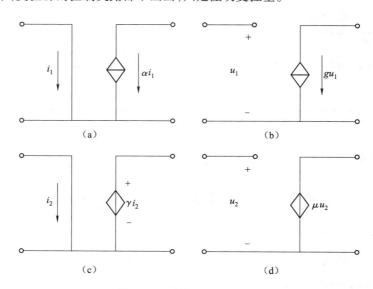

图 1-24　受控源的四种类型

二、含有受控源电路的分析计算

例 1-4 试求图 1-25 所示电路中电压源 U_s 的大小及受控源的功率。

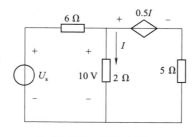

图 1-25　例 1-4 图

解 由 2 Ω 电阻的电压为 10 V,可得受控电压源的控制量

$$I = \frac{10}{2} \text{ A} = 5 \text{ A}$$

受控源的电压为　　　　　　　　$0.5I = 0.5 \times 5 \text{ V} = 2.5 \text{ V}$

5 Ω 电阻的电压、电流分别为

$$(10 - 2.5) \text{ V} = 7.5 \text{ V}$$

$$\frac{7.5}{5} \text{ A} = 1.5 \text{ A}$$

6 Ω 电阻的电流为

$$(5 + 1.5) \text{ A} = 6.5 \text{ A}$$

所以　　　　　　　　　　　　$U_s = (6 \times 6.5 + 10) \text{ V} = 49 \text{ V}$

受控源的功率为　　　　　　　$P = 2.5 \times 1.5 \text{ W} = 3.75 \text{ W}$

学习任务三　直流电路的分析方法及其应用

 **任务描述**

　　根据实际需要,电路的结构形式是多种多样的。不同结构特点和不同复杂程度的电路,可以选用不同的分析方法。欧姆定律是分析电路的基础,在分析电路中使用广泛。应用基尔霍夫定律与支路电流法、叠加定理和戴维南定理可以来分析较为复杂的直流电路。本任务介绍常用的直流电路分析方法及其应用,以及较复杂直流电路测试方法。

相关知识

一、欧姆定律及其应用

1. 部分电路欧姆定律

　　部分电路欧姆定律又称外电路欧姆定律,线性电阻 R 两端所加的电压 U 与其通过的电流 I 成正比,即

$$I = \frac{U}{R} \tag{1-22}$$

2. 全电路欧姆定律

　　全电路欧姆定律又称闭合电路欧姆定律,如果电源内阻为 R_s,则全电路欧姆定律可以表述为:全电路中的电流 I 与电源的电动势 E 成正比,与电路的总电阻成反比,其表达式为

$$I = \frac{E}{R + R_s} \tag{1-23}$$

3. 电阻的串联

　　如果电路中由两个或更多个电阻一个接一个地顺序相连,并且在这些电阻中通过同一电流,则这样的连接方法称为电阻的串联,如图 1-26(a)所示。

　　两个串联电阻可以用一个等效电阻 R 来代替,如图 1-26(b)所示。等效的条件是同一电压 U 的作用下电流 I 保持不变,等效电阻等于各个串联电阻之和,即

视频

电阻的串联
与并联

$$R = R_1 + R_2 \tag{1-24}$$

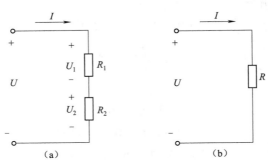

图1-26　电阻的串联

两个串联电阻上的电压分别为

$$U_1 = IR_1 = \frac{R_1}{R_1 + R_2}U$$
$$U_2 = IR_2 = \frac{R_2}{R_1 + R_2}U \tag{1-25}$$

电阻串联的应用很多,例如在负载的额定电压低于电源电压的情况下,通常需要负载串联一个电阻,来降落一部分电压。有时为了限制负载中通过过大的电流,也可以与负载串联一个限流电阻。如果需要调节电路中的电流时,一般也可以在电路中串联一个变阻器来进行调节。

4. 电阻的并联

如果电路中有两个或更多个电阻连接在两个公共的节点之间,则这样的连接方法称为电阻的并联。各个并联电阻上的电压相同。图1-27(a)所示是两个电阻并联的电路。

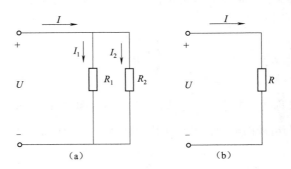

图1-27　电阻的并联

两个并联电阻也可以用一个等效电阻 R 来代替,如图1-27(b)所示。等效电阻的倒数等于各个并联电阻的倒数之和,即

$$\frac{1}{R} = \frac{1}{R_1} + \frac{1}{R_2} \tag{1-26}$$

16

两个并联电阻上的电流分别为

$$I_1 = \frac{U}{R_1} = \frac{IR}{R_1} = \frac{R_2}{R_1 + R_2}I$$

$$I_2 = \frac{U}{R_2} = \frac{IR}{R_2} = \frac{R_1}{R_1 + R_2}I$$

(1-27)

一般负载都是并联运用的。负载并联运用时,它们处于同一电压之下,任何一个负载的工作情况基本上不受其他负载的影响。

有时为了某种需要,可将电路中的某一段与电阻或变阻器并联,可以起到分流或调节电流的作用。

二、基尔霍夫定律与支路电流法

1. 基尔霍夫定律

凡是不能用电阻串并联等效变换化简的电路,一般称为复杂电路。在计算复杂电路的各种方法中,支路电流法是最基本的。它是应用基尔霍夫定律列出所需的方程,而后解出各支路电流的方法。基尔霍夫定律又分为电流定律和电压定律,是分析电路的重要基础。

视频

基尔霍夫定律

电路中每一个含有电路元件的分支称为支路。同一支路上的各元件流过相同的电流,即为支路电流。电路中三条或三条以上支路的连接点称为节点。

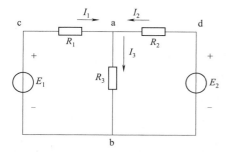

图1-28 电路中的支路和节点

图1-28所示电路中有三条支路,支路电流为 I_1、I_2 和 I_3。此电路有两个节点,即节点 a 和 b。

(1)基尔霍夫电流定律(KCL)

基尔霍夫电流定律描述了连接在同一节点上的各支路电流之间的约束关系,反映了电流的连续性。即在任一瞬时,流入任一节点的电流之和必等于流出该节点的电流之和。或叙述为:在任一瞬时,电路中流入任一节点的所有电流的代数和等于零。规定流入节点的电流取正号,流出节点的电流取负号。表达式为

$$\sum I_入 = \sum I_出 \quad 或 \quad \sum I = 0$$

(1-28)

基尔霍夫电流定律中所提及的电流方向,本应指电流的实际方向,但对电流的参考方向也同样适用。因此在应用该定律列写方程时,首先要标出每条支路电流的参考方向。如计算某支路电流的结果是负值,则说明该支路电流的参考方向与实际方向相反。

基尔霍夫电流定律不仅适用于电路的节点,还可推广应用于电路中任一假设的封闭面。例如,对于图1-29所示的晶体管,可以作一封闭面(点画线所示)包围此晶体管,而把封闭面看成一个广义的节点,则流入此封闭面的电流代数和等于零,即

$$I_B + I_C - I_E = 0$$

(1-29)

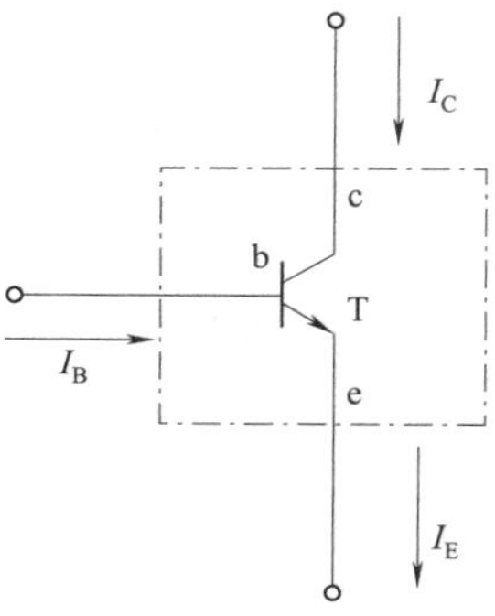

图1-29 晶体三极管

$$I_E = I_B + I_C \tag{1-30}$$

例 1-5 图 1-28 所示电路中已知 $I_1 = 5 \text{ A}, I_2 = -2 \text{ A}$。试求: I_3。

解 根据图 1-28 所示电流参考方向,应用基尔霍夫电流定律有

$$I_3 = I_1 + I_2 = [5 + (-2)] \text{ A} = 3 \text{ A}$$

(2)基尔霍夫电压定律(KVL)

电路中由支路所组成的闭合路径称为回路。在图 1-28 所示电路中共有三个闭合回路,即 abca、adba、adbca。基尔霍夫电压定律描述了闭合回路中各支路电压之间的关系。当沿着闭合回路绕行,将会遇到电位升降的变化。由于电位的单值性,如果沿闭合回路绕行一周,回到原出发点,其电位的变化量应等于零。基尔霍夫电压定律指出:在任一瞬时,沿闭合回路绕行一周,在绕行方向上的电位升之和必等于电位降之和。

图 1-30 是某直流电路的一部分,有四个电路元件构成了闭合回路,回路中各电压的参考方向如图所示,设四个电压均为正值,即图示的电压参考方向也就是实际方向。若按顺时针方向沿着回路 ABCDA 绕行一周,在绕行方向上 U_2、U_3 为电位降,U_1、U_4 为电位升,应用基尔霍夫电压定律有

$$U_1 + U_4 = U_2 + U_3$$

上式可写成

$$U_1 - U_2 - U_3 + U_4 = 0$$

即

$$\sum U = 0 \tag{1-31}$$

因此,基尔霍夫电压定律也可叙述为:在任一瞬时,沿任一闭合回路绕行一周,回路中各部分电压的代数和恒等于零。若规定电位升取正号,则电位降就取负号。

在应用该定律列写方程时,首先要在电路图上标出各条支路电流、电压或电动势的参考方向,并任意选定回路的绕行方向,再按规定列写方程。所列方程式中各电压的正、负号都是由相应的参考方向决定的。而在代入各电压的具体数值时,才应考虑其本身电压值的正、负号。

图 1-31 所示闭合回路是由电源和电阻构成的,电阻上的电压降是电流和电阻的乘积。沿电路图 ABCDA 回路绕行一周,应用基尔霍夫电压定律,可以列出

$$E_1 - E_2 - I_1 R_1 - I_2 R_2 + I_3 R_3 = 0$$

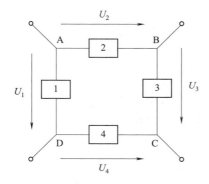

图 1-30　四个电路元件构成的闭合回路

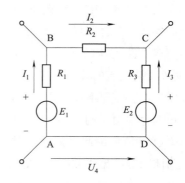

图 1-31　由电源和电阻构成的闭合回路

或 $$E_1 - E_2 = I_1 R_1 + I_2 R_2 - I_3 R_3$$

即 $$\sum E = \sum (IR) \tag{1-32}$$

式(1-32)是基尔霍夫电压定律在电阻电路中的另一种表达式。即在任一闭合回路的绕行方向上,回路中电动势的代数和等于电阻上电压降的代数和。在这里凡是电动势的参考方向与所选回路绕行方向一致的取正号,反之则取负号。凡是电阻上电流的参考方向与回路绕行方向一致的,该电阻的压降取正号,反之则取负号。

基尔霍夫电压定律不仅适用于闭合回路,还可推广到非封闭合回路中去求两点间的电压。例如图 1-30 所示电路的 BCDB 非闭合回路,应用基尔霍夫电压定律有

$$\sum U = -U_3 + U_4 + U_{BD} = 0 \tag{1-33}$$

$$U_{BD} = U_3 - U_4 \tag{1-34}$$

例 1-6　如图 1-32 所示有源支路,已知 $E = 12\ \text{V}, U = 8\ \text{V}, R = 5\ \Omega$,求电流 I。

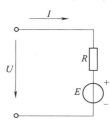

解　沿闭合回路顺时针绕行一周,应用基尔霍夫电压定律有

$$-E - RI + U = 0$$

所以 $$I = \frac{U - E}{R} = \frac{8 - 12}{5}\ \text{A} = -0.8\ \text{A}$$

图 1-32　例 1-6 图

电流是负值,即其实际方向与参考方向相反。

2. 支路电流法

如图 1-33 所示电桥电路和具有两个(及以上)含源支路的电路都是复杂电路。

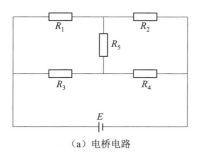

(a) 电桥电路　　　　　　　(b) 双电源电路

图 1-33　复杂电路

应用基尔霍夫定律分析计算复杂电路最基本的一种方法,即支路电流法。支路电流法是以电路中客观存在的各支路电流为未知数,应用欧姆定律和基尔霍夫定律,直接列出电路中的节点电流方程和回路电压方程,联立求解方程组,得出各支路的电流。

应用支路电流法求解电路(n 个节点、b 条支路)的步骤如下:

①判断电路的支路数 b 和节点数 n。

②在电路图上任意标出各支路电流的参考方向,用基尔霍夫电流定律(KCL)列 $(n-1)$ 个节点电流方程。

③标出各独立回路的绕行方向,用基尔霍夫电压定律(KVL)列出 $[b-(n-1)]$ 个回路电压方程。

④解联立方程组,求得各支路电流。若 I 为负值时,说明 I 的实际方向与参考方向相反。

⑤应用功率平衡对所得结果进行校验。

例1-7 在图1-34所示电路中,已知 $E_1 = 90$ V,$E_2 = 60$ V,$R_1 = 6$ Ω,$R_2 = 12$ Ω,$R_3 = 36$ Ω,试用支路电流法求各支路电流。

解
$$I_1 + I_2 - I_3 = 0$$
$$R_1 I_1 + R_3 I_3 = E_1$$
$$R_2 I_2 + R_3 I_3 = E_2$$

代入已知数据
$$I_1 + I_2 - I_3 = 0$$
$$6I_1 + 36I_3 = 90$$
$$12I_2 + 36I_3 = 60$$

解方程可得
$$I_1 = 3 \text{ A}, I_2 = -1 \text{ A}, I_3 = 2 \text{ A}$$

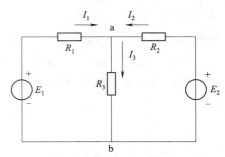

图1-34 例1-7图

I_2 是负值,说明电阻 R_2 上的电流的实际方向与参考方向相反。

应用功率平衡校验:

电源发出的功率为
$$P_1 + P_2 = E_1 I_1 + E_2(-I_2) = [90 \times 3 + 60 \times (-1)] \text{W} = 210 \text{ W}$$

电阻吸收的功率为
$$P_1 + P_2 + P_3 = I_1^2 R_1 + I_2^2 R_2 + I_3^2 R_3 = [3^2 \times 6 + (-1)^2 \times 12 + 2^2 \times 36] \text{W} = 210 \text{ W}$$

电路中发出的功率与吸收的功率相同,计算结果正确。

三、叠加定理及其应用

叠加定理是反映线性电路基本性质的一条重要定理。它的内容是:在有多个电源共同作用的线性电路中,任一支路的电流(或电压),等于各个电源分别单独作用时在该支路中产生的电流(或电压)的代数和。用叠加定理分析计算复杂电路,就是把一个多个电源的线性复杂电路化为几个单电源电路,然后进行分析计算。

例1-8 已知 $E = 12$ V,$I_s = 3$ A,$R_1 = 4$ Ω,$R_2 = 10$ Ω,$R_3 = 20$ Ω。试用叠加定理计算图1-35(a)中电流 I_2 和电压 U_{ab}。

解 先画出 I_s 和 E 分别单独作用时的电路图,如图1-35(b)、(c)所示。当 I_s 单独作用时,将 E 短路;E 单独作用时,将 I_s 开路。

在图1-35(b)中,
$$I_2' = I_s \frac{R_3}{R_2 + R_3} = 3 \times \frac{20}{10 + 20} \text{ A} = 2 \text{ A}$$

$$U_{ab} = I_s \frac{R_2 R_3}{R_2 + R_3} = 3 \times \frac{10 \times 20}{10 + 20} \text{ V} = 20 \text{ V}$$

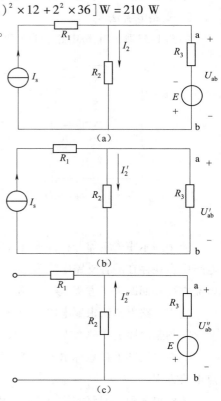

图1-35 例1-8图

在图 1-35（c）中，
$$I_2'' = \frac{E}{R_2 + R_3} = \frac{12}{10 + 20}\ \text{A} = 0.4\ \text{A}$$

$$U_{ab}'' = -E\frac{R_2}{R_2 + R_3} = -12 \times \frac{10}{10 + 20}\ \text{V} = -4\ \text{V}$$

$$(\text{或}\ U_{ab}'' = -R_2 I_2'' = -10 \times 0.4\ \text{V} = -4\ \text{V})$$

根据叠加定理：
$$I = I_2' - I_2'' = (2 - 0.4)\text{A} = 1.6\ \text{A}$$
$$U_{ab} = U_{ab}' + U_{ab}'' = [20 + (-4)]\text{V} = 16\ \text{V}$$

四、戴维南定理及其应用

对于一个比较复杂的电路，如果只需要计算某一条支路的电流或电压，常应用等效电源的方法（即戴维南定理或诺顿定理），把需要计算电流或电压的支路单独画出进行计算，而电路其余部分就成为一个有源二端网络。所谓有源二端网络，就是具有两个出线端且含有电源的部分电路。戴维南定理的内容是：含独立源的线性二端网络，对其外部而言，都可用一个理想电压源与电阻串联组合等效代替；该电压源的电压等于二端网络的开路电压，该电阻等于网络内部所有独立源作用为零情况下的网络的等效电阻。

例 1-9　已知：$E_1 = 90\ \text{V}$，$E_2 = 60\ \text{V}$，$R_1 = 6\ \Omega$，$R_2 = 12\ \Omega$，$R_3 = 36\ \Omega$，试计算图 1-36（a）所示电路中 R_3 上的电流 I_3。

解　①将 R_3 支路单独画出，然后求有源二端网络的戴维南等效电路。

②由图 1-36（b）求开路电压 U_{OC}。

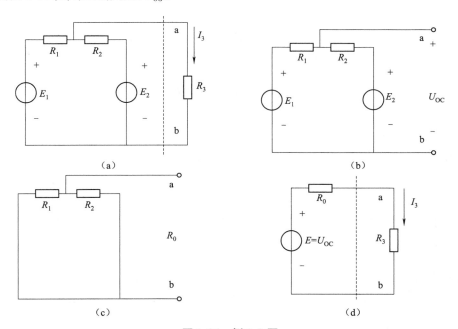

图 1-36　例 1-9 图

因为
$$I = \frac{E_1 - E_2}{R_1 + R_2} = \frac{90 - 60}{6 + 12}\ \text{A} = \frac{5}{3}\ \text{A}$$

所以
$$U_{OC} = E_1 - R_1 I = \left(90 - 6 \times \frac{5}{3}\right) \text{V} = 80 \text{ V}$$

③求等效电阻 R_0，除源二端网络如图 1-36（c）所示。
$$R_0 = \frac{R_1 R_2}{R_1 + R_2} = \frac{6 \times 12}{6 + 12} \Omega = 4 \Omega$$

④由等效电路计算电流 I_3。戴维南等效电路如图 1-36（d）所示，其中 $E = U_{OC} = 80$ V，所以
$$I_3 = \frac{E}{R_0 + R_3} = \frac{80}{4 + 36} \text{A} = 2 \text{ A}$$

 任务实施

测量复杂直流电路

搭建如图 1-37 所示复杂直流电路。电路参数为：恒压源 $U_{s1} = 6$ V，恒压源 $U_{s2} = 12$ V。

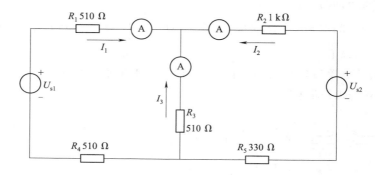

图 1-37　复杂直流电路

一、测量支路电流

根据图 1-37 中的电流参考方向，确定各支路电流的正、负号，并将测量的支路电流计入表 1-7 中。

表 1-7　支路电流数据

支路电流	I_1	I_2	I_3
计算值/mA			
测量值/mA			
相对误差			

二、测量元件电压

用直流数字电压表分别测量两个电源及电阻元件上的电压值，将数据记入表 1-8 中。测量时电压表的红（正）接线端插入被测电压参考方向的高电位端，黑（负）接线端插入被测电压参考方向的低电位端。

表 1-8　各元件电压数据

各元件电压	U_{S1}	U_{S2}	U_{R_1}	U_{R_2}	U_{R_3}	U_{R_4}	U_{R_5}
计算值/V							
测量值/V							
相对误差							

注:相对误差的计算方法为相对误差 = $\left| \dfrac{理论值 - 实验值}{理论值} \right| \times 100\%$。

任务评价

任务评价表见表 1-9。

表 1-9　任务评价表

评价项目	评价内容	评价标准	分数	评分记录		
				学生	小组	教师
综合素养	工作现场整理、整顿	整理、整顿不到位,扣 5 分	30			
	操作遵守安全规范要求	违反安全规范要求,每次扣 5 分				
	遵守纪律,团结协作	不遵守教学纪律,有迟到、早退等违纪现象,每次扣 5 分				
知识技能	元器件选择正确、接线无误	(1)元器件选择错误,每处扣 3 分 (2)电路连接错误,每处扣 3 分	30			
	仪表使用正确	仪表及其量程选择错误,每次扣 2 分	10			
	测量过程准确,测量结果在允许误差范围内	(1)测量支路电流测量错误,每处扣 3 分。 (2)测量元件电压测量错误,每处扣 3 分	30			
总　分			100			

拓展知识

诺顿定理及最大功率输出

一、诺顿定理

诺顿定理内容是:任一线性含源二端单口网络,对其外部而言,都可用电流源与电阻并联等效代替;该电流源的电流等于原单口网络端口处短路时的短路电流,该电阻等于原单口网络去掉内部独立电源后,从端口处得到的等效电阻。

例 1-10　试计算图 1-38(a)所示电路中的电流 I。

解　①由图 1-38(b)求短路电流 I_{SC}:

$$I_{SC} = \left(\frac{14}{20} + \frac{9}{5} \right) \mathrm{A} = 2.5\ \mathrm{A}$$

②由图 1-38(c)求等效内电阻：

$$R_0 = \frac{1}{\frac{1}{20} + \frac{1}{5}} \ \Omega = 4 \ \Omega$$

③作出 ab 以左电路的诺顿等效电路,并联 6 Ω 电阻,有图 1-38(d)所示电路,可得

$$I = 2.5 \times \frac{4}{4 + 6} \ \mathrm{A} = 1 \ \mathrm{A}$$

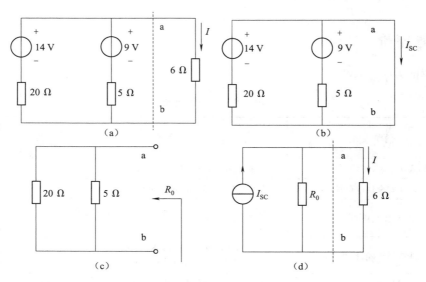

图 1-38   例 1-10 图

戴维南定理和诺顿定理总称等效电源定理。由戴维南定理,电压源与电阻串联组合有戴维南等效电路之称。由诺顿定理,电流源与电阻并联组合有诺顿等效电路之称。

等效电源定理的基础是叠加定理,所以只适用于线性网络,而其外部则不限于线性网络。

二、最大功率输出条件

电阻负载接在含独立源的二端网络中,二端网络向负载输出功率,负载从网络接收功率。负载不同,其电流及功率也不同,如图 1-39(a)所示。负载电阻为多大时,从网络获得的功率最大呢?

设电阻 R 所接网络的开路电压为 U_{oc},除电源后的等效电阻为 R_i,其戴维南等效电路如图 1-39(d)所示,可得流过 R 的电流 I,以及 R 的功率 P 分别为

$$I = \frac{U_{oc}}{R_i + R} \tag{1-35}$$

$$P = I^2 R = \frac{U_{oc}}{(R_i + R)^2} \tag{1-36}$$

求 P 对 R 的一阶导数

$$\frac{\mathrm{d}P}{\mathrm{d}R} = \frac{R_i - R}{(R_i + R)^2} U_{oc}^2 \tag{1-37}$$

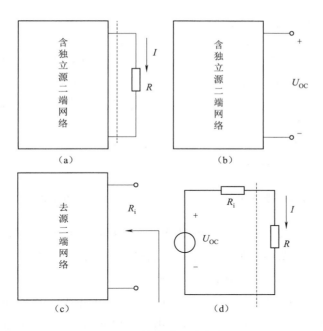

图 1-39　最大功率输出分析

令 $\dfrac{\mathrm{d}P}{\mathrm{d}R}=0$，可得 $R=R_i$ 时 P 最大。故负载电阻 R 等于网络的 R_i 时，从网络获得的功率最大。

$R=R_i$ 称为负载与网络"匹配"。匹配时的负载电流为

$$I=\frac{U_{OC}}{R_i+R}=\frac{U_{OC}}{2R_i} \tag{1-38}$$

负载获得的功率最大，即

$$P_m=\left(\frac{U_{OC}}{2R_i}\right)^2\times R_i=\frac{U_{OC}^2}{4R_i} \tag{1-39}$$

规定负载功率与网络的 $U_{OC}I$ 的比值为网络的效率，用 η 表示，即

$$\eta=\frac{P}{U_{OC}I}=\frac{I^2R}{(R_i+R)I\times I}=\frac{R}{R_i+R} \tag{1-40}$$

由式（1-40）可见，$R=R_i$，即网络输出最大功率时的效率只为 50%；负载电阻 $R\gg R_i$ 时，效率才会高。

电力网络中，传输的功率大，要求效率高，否则能量损耗太大，不工作在匹配状态。电信网络中，输送的功率很小，不需要考虑效率问题，常设法达到匹配状态，使负载获得最大功率。

项目测试题

1.1　图 1-40 所示的是部分直流电路，已知电路 A 吸收 15 mW 的功率。电路 B 发出 5 mW 的功率。试求电流 I_A 和电压 U_B。

1.2 求图 1-41 所示电路 A 点的电位。

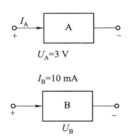

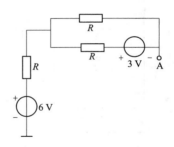

图 1-40 题 1.1 图   图 1-41 题 1.2 图

1.3 有一直流电源,其额定功率 $P_N = 200$ W,额定电压 $U_N = 50$ V,内阻 $R_0 = 0.5$ Ω。负载电阻 R_L 可以调节,其电路如图 1-10 所示。试求:(1)额定工作状态下的电流及负载电阻;(2)开路状态下的电源端电压;(3)电源短路状态下的电流。

1.4 有一直流发电机,$E = 230$ V,$R_0 = 1$ Ω,当负载电阻 $R_L = 22$ Ω 时,用电源的两种电路模型分别求出电压 U 和电流 I,并计算电源内部的损耗功率和电源内阻的电压降,看是否也相等?

1.5 求图 1-42 所示电路的戴维南等效电路。

1.6 求图 1-43 所示电路的开路电压 U_{ab}。

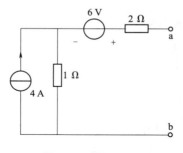

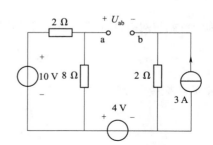

图 1-42 题 1.5 图   图 1-43 题 1.6 图

1.7 用戴维南定理求图 1-44 所示电路中负载电流 I。

1.8 分别用支路电流法、叠加定理求图 1-45 所示电路中各支路的电流 I_1、I_2、I_3。

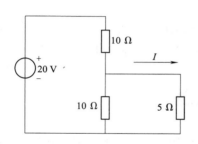

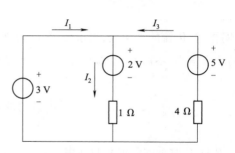

图 1-44 题 1.7 图   图 1-45 题 1.8 图

1.9 求图 1-46 所示电路中的 I_1、I_2 和各电源产生的功率及各电阻吸收的功率。

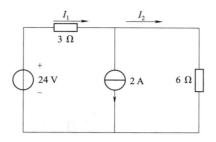

图 1-46 题 1.9 图

1.10 求图 1-47 所示电路中的 I。

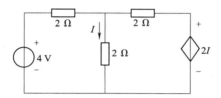

图 1-47 题 1.10 图

项目二
单相交流电路分析与应用

📊 项目导入

正弦交流电路是指含有正弦电源而且电路各部分所产生的电压和电流均按正弦规律变化的电路。在生产和日常生活中所用的交流电,一般都是指正弦交流电。分析和计算正弦交流电路,主要是确定不同参数和不同结构的各种正弦交流电路中电压与电流之间的关系和功率。

💻 学习目标

知识目标

(1)掌握正弦交流电的三要素,理解正弦交流电的相量表示法。

(2)掌握单相交流电路的分析与计算方法,理解电路功率因数的含义。

能力目标

(1)会分析计算单相正弦交流电路。

(2)能正确连接单相交流电路,能够熟练使用交流电压表、电流表、功率表及功率因数表测量电路的基本电学量。

素质目标

(1)培养安全用电、节约用电和规范操作的意识。

(2)培养严谨细致、精益求精和探究创新的工匠精神。

(3)培养分析问题、解决问题的能力及团队协作精神。

学习导图

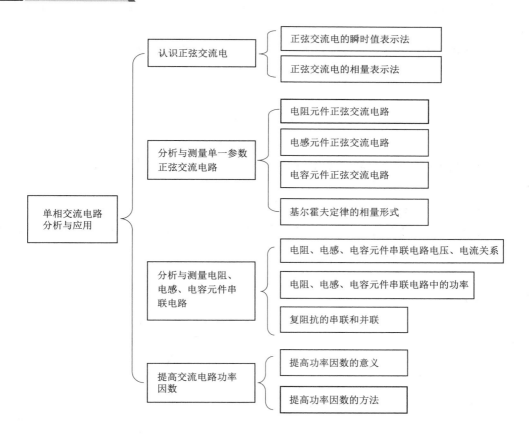

学习任务一　认识正弦交流电

任务描述

随时间按正弦规律变化的电源作用于电路,则电路中的电压和电流也将随时间按正弦规律变化。这种随时间按正弦规律周期性变化的电压(电流),称为正弦交流电压(电流),正弦交流电压和电流常统称为正弦电量,简称正弦量。电路中各部分的电压和电流都是同一频率的正弦量,这种电路称为正弦交流电路。正弦交流电在电力、电子和电信工程中都得到了广泛的应用。本任务介绍正弦交流电的特点、相关概念及其表示方法等。

相关知识

一、正弦交流电的瞬时值表示法

正弦交流电的瞬时值可以用解析式(表达式)和波形图来表示。幅值、频率、初相位是确定一个正弦量的三要素。

视频 •⋯⋯

正弦交流电
瞬时值表示法
•⋯⋯⋯⋯⋯•

1. 正弦量的数学表达式

正弦量在任意瞬时的值称为瞬时值,用小写字母 e、u、i 分别表示正弦电动势、电压和电流的瞬时值。

表达交流电随时间按正弦规律变化的数学表达式称为解析式,正弦交流电动势、电压和电流的数学表达式为

$$\begin{cases} e = E_{\mathrm{m}}\sin(\omega t + \psi_e) \\ u = U_{\mathrm{m}}\sin(\omega t + \psi_u) \\ i = I_{\mathrm{m}}\sin(\omega t + \psi_i) \end{cases} \tag{2-1}$$

表达交流电随时间按正弦规律变化的图像称为波形图。图 2-1 就是交流电动势 $e = E_{\mathrm{m}}\sin\omega t$ 的波形图。

2. 正弦交流电的三要素

现以电压为例说明正弦交流电的三要素。图 2-2 给出了电压 $u = U_{\mathrm{m}}\sin(\omega t + \psi_u)$ 的波形图。

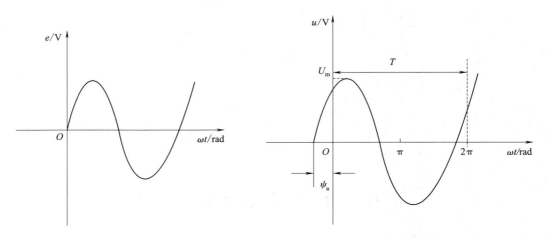

图 2-1　交流电动势 $e = E_{\mathrm{m}}\sin\omega t$ 的波形图　　　图 2-2　正弦电压波形图

波形图中 T 为电压 u 变化一周所用的时间,称为周期,其单位为秒(s)。电压 u 每秒变化的周期数为 $\dfrac{1}{T}$,称为频率,用 f 表示,其单位为赫兹(Hz)。我国和大多数国家都采用 50 Hz 作为电力系统的供电频率,有些国家和地区(如美国、日本等)采用 60 Hz,这种频率习惯上称为工频。音频信号的频率为 20 Hz ~ 20 kHz。

由电压的表达式 $u = U_{\mathrm{m}}\sin(\omega t + \psi_u)$ 可知,如果 U_{m}、ω、ψ_u 为已知,则电压 u 与时间 t 的函数关系就是唯一确定的,因此 U_{m}(幅值)、ω(角频率)、ψ_u(初相位)称为正弦电压 u 的三要素。

(1)最大值(幅值)

正弦交流电在变化过程中出现的最大瞬时值称为最大值,规定用大写字母并加下标 m 表示,如 E_{m}、U_{m}、I_{m} 分别表示电动势最大值、电压最大值、电流最大值。

(2)角频率

正弦交流电在单位时间内变化的电角度称为角频率,用 ω 表示,单位为弧度/秒(rad/s)。ω

与 T、f 的关系为

$$\omega = \frac{2\pi}{T} = 2\pi f \qquad (2\text{-}2)$$

式（2-2）表明了正弦量的角频率 ω 与周期 T、频率 f 之间的关系。ω、T、f 都是表示正弦量变化快慢的物理量，只要知道其中的一个，另外两个就可以求出。

（3）初相位

解析式 $u = U_m \sin(\omega t + \psi_u)$ 中辐角 $(\omega t + \psi_u)$ 称为正弦量的相位角，简称相位。当 $t = 0$ 时的相位角 ψ_u 称为初相角或初相位。初相位的单位为弧度（rad），有时为方便也可以用度（°）表示。习惯上把初相位的取值范围定为 $-\pi \sim +\pi$。

由上述可知，某个正弦量，只要求出它的最大值、角频率（或频率）与初相位，就可以写出它的解析式、画出它的波形图。

例 2-1 已知正弦量电流 i 的最大值 $I_m = 10$ A，频率 $f = 50$ Hz，初相位 $\psi = -45°$。

①求此电流的周期和角频率；

②写出电流 i 解析式，并画出波形图。

解 ①周期 $T = \dfrac{1}{f} = \dfrac{1}{50}$ s $= 0.02$ s。

角频率 $\omega = 2\pi f = 2 \times 3.14 \times 50$ rad/s $= 314$ rad/s。

②解析式：$i = I_m \sin(\omega t + \psi_i) = 10\sin(314t - 45°)$ A。

波形图如图 2-3 所示。

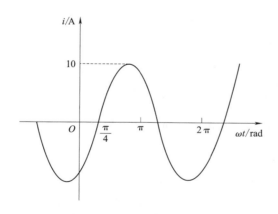

图 2-3 例 2-1 电流波形图

3. 相位差

线性电路中，两个正弦交流量在任一瞬间的相位之差称为相位差。相位差用 φ 表示。例如两个正弦交流电流分别为 $i_1 = I_{1m}\sin(\omega t + \psi_1)$，$i_2 = I_{2m}\sin(\omega t + \psi_2)$，则其相位差 φ 为

$$\varphi = (\omega t + \psi_1) - (\omega t + \psi_2) = \psi_1 - \psi_2 \qquad (2\text{-}3)$$

不同频率正弦交流量的相位差是随时间变化的。但同频率正弦交流量的相位差是不随时间变化的，等于它们的初相位之差。两个正弦交流量的相位差不为零，则说明它们不同时到达零值或最大值，规定 φ 的取值范围是 $|\varphi| \leqslant \pi$。

如果两个同频率正弦交流量的相位差等于零,$\varphi = (\psi_2 - \psi_1) = 0$,则称它们同相位。如果它们的相位差为 π 弧度,即 $\varphi = (\psi_2 - \psi_1) = \pm \pi$,则称这两个正弦量反相位,简称反相。其特点是:当一个正弦量为正的最大值时,另一个正弦量刚好为负的最大值,在图2-4中 i_2 与 i_3 反相。如果 $\varphi = (\psi_2 - \psi_1) > 0$ 时,则说明 i_2 比 i_1 随时间变化时先到达零值或正的最大值,则称 i_2 超前 $i_1\varphi$ 角,或称 i_1 滞后 $i_2\varphi$ 角。如果两个同频率正弦交流量的相位差等于 $\varphi = (\psi_2 - \psi_1) = \pm \dfrac{\pi}{2}$,则称 i_2 与 i_1 正交。其特点是:当一个正弦量的值为最大值时,另一个正弦量刚好为零。

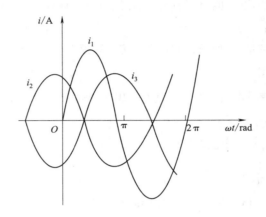

图 2-4　相位差

例 2-2　某电路中,电流、电压的表达式分别为 $i = 8\cos(\omega t + 30°)\,\mathrm{A}$,$u_1 = 120\sin(\omega t + 60°)\,\mathrm{V}$,$u_2 = 90\sin(\omega t + 45°)\,\mathrm{V}$。

①求 i 与 u_1 及 i 与 u_2 的相位关系;

②如果选择 i 为参考正弦量,写出 i、u_1 与 u_2 的瞬时值表达式。

解　①$i = 8\cos(\omega t + 30°)\,\mathrm{A} = 8\sin\left(\omega t + 30° + \dfrac{\pi}{2}\right)\mathrm{A} = 8\sin(\omega t + 120°)\,\mathrm{A}$。

i 与 u_1 的相位差为 $\varphi_1 = 120° - 60° = 60°$。

取 φ_1 在 π 与 $-\pi$ 之间,$\varphi_1 = 60° > 0$,i 超前 u_1 60°。

u_2 与 i 的相位差为 $\varphi_2 = 45° - 120° = -75° < 0$,则 u_2 滞后 i 75°。

②设 i 为参考正弦量,则 $\psi_1 = 0°$,$\psi_{u1} = -60°$,$\psi_{u2} = -75°$

所以,

$$i = 8\sin \omega t \ \mathrm{A}$$
$$u_1 = 120\sin(\omega t - 60°)\,\mathrm{V}$$
$$u_2 = 90\sin(\omega t - 75°)\,\mathrm{V}$$

4. 有效值

在工程技术中用瞬时值或波形图表示正弦电压、电流常常是不方便的,需要用一个特定值表示周期电压、电流,这就是有效值。它是按能量等效的概念定义的。以电流为例,设

两个相同的电阻 R,分别通入周期电流 i 和直流电流 I,周期电流 i 通过 R 在一个周期内消耗的能量为

$$\int_0^T p\mathrm{d}t = \int_0^T i^2 R\mathrm{d}t = R\int_0^T i^2\mathrm{d}t$$

直流电流 I 通过 R 在相同时间 T 内产生的能量为

$$PT = I^2 RT$$

如果以上两种情况下的能量相等,即

$$I^2 RT = R\int_0^T i^2\mathrm{d}t$$

则有

$$I = \sqrt{\frac{1}{T}\int_0^T i^2\mathrm{d}t} \tag{2-4}$$

式(2-4)是有效值定义式。它表明,周期电流有效值等于它的瞬时值的二次方在一个周期内的积分取平均值后再开平方,因此有效值又称方均根值。

类似地,可以定义周期电压有效值为

$$U = \sqrt{\frac{1}{T}\int_0^T u^2\mathrm{d}t}$$

将周期电流有效值的定义用于正弦电流。设 $i = I_\mathrm{m}\sin\omega t$,则其有效值为

$$I = \sqrt{\frac{1}{T}\int_0^T I_\mathrm{m}^2\sin^2\omega t\mathrm{d}t} = \sqrt{\frac{I_\mathrm{m}^2}{T}\int_0^T\frac{1-\cos 2\omega t}{2}\mathrm{d}t}$$

$$= \sqrt{\frac{I_\mathrm{m}^2}{T}\times\frac{T}{2}} = \frac{I_\mathrm{m}}{\sqrt{2}} \approx 0.707I_\mathrm{m}$$

或表示为

$$I_\mathrm{m} = \sqrt{2}I \tag{2-5}$$

类似地,正弦电压有效值与最大值(振幅)的关系为

$$U = \frac{U_\mathrm{m}}{\sqrt{2}} \tag{2-6}$$

总之,正弦量的有效值等于其幅值(最大值)除以 $\sqrt{2}$。

在交流路中,一般所讲的电压或电流的大小都是指的有效值。例如交流电压 220 V,指这个正弦交流电压的有效值为 220 V,其最大值为 $220\sqrt{2}$ V $= 310$ V。一般交流电压表或电流表的读数均指有效值。电气设备铭牌标注的额定值都是指有效值。电气设备和器件有击穿电压或绝缘耐压,所指的电压都是最大值。电容器的额定电压值,指振幅(最大值)电压。

📖**例 2-3** 已知某正弦交流电压在 $t = 0$ 时,其值 $u(0) = 110\sqrt{2}$ V,初相为 30°,求有效值。

解 此正弦交流电压的表达式为

$$u = U_\mathrm{m}\sin(\omega t + 30°)\text{ V}$$

当 $t = 0$ 时,有

$$u(0) = U_\mathrm{m}\sin 30°$$

所以

$$U_{\mathrm{m}} = \frac{u(0)}{\sin 30°} = \frac{110\sqrt{2}}{\dfrac{1}{2}} \ \mathrm{V} = 220\sqrt{2} \ \mathrm{V}$$

其有效值为

$$U = \frac{U_{\mathrm{m}}}{\sqrt{2}} = \frac{220\sqrt{2}}{\sqrt{2}} \ \mathrm{V} = 220 \ \mathrm{V}$$

● 视频

正弦交流电
相量表示法

二、正弦交流电的相量表示法

正弦交流电可以用解析式(即瞬时值表达式)和波形图来表示,但这两种表示方法不便于对电路中的正弦量进行分析计算。例如两个同频率的正弦电流瞬时值表达为

$$i_1 = I_{1\mathrm{m}}\sin(\omega t + \psi_1)$$
$$i_2 = I_{2\mathrm{m}}\sin(\omega t + \psi_2)$$

这两个电流之和为

$$i = i_1 + i_2 = I_{1\mathrm{m}}\sin(\omega t + \psi_1) + I_{2\mathrm{m}}\sin(\omega t + \psi_2)$$

可以运用三角运算公式对 i 计算得出合成电流的最大值、初相位,还可以运用波形图求和,这两种方法都比较麻烦。为了便于分析计算,在电工技术中,正弦量常用相量表示。

正弦量的相量表示就是用一个复数来表示正弦量。在分析正弦交流电路时,由于电路中所有的电压和电流都是同一频率的正弦量,而且它们的频率与正弦电源的频率相同,往往是已知的,因此只要分析另外两个要素——有效值(幅值)及初相位就可以了。例如,正弦电压 $u = U_{\mathrm{m}}\sin(\omega t + \psi_u)$,构成这样一个复数,它的模为 U_{m},辐角为 ψ_u。这个复数就称为电压 u 的幅值(最大值)相量,记作 $\dot{U}_{\mathrm{m}}$,即

$$\dot{U}_{\mathrm{m}} = U_{\mathrm{m}}\mathrm{e}^{\mathrm{j}\psi_u}$$

或

$$\dot{U}_{\mathrm{m}} = U_{\mathrm{m}} \angle \psi_u \qquad\qquad (2\text{-}7)$$

复数 $\dot{U}_{\mathrm{m}}$ 就是表示正弦电压的相量。

相量 $\dot{U}_{\mathrm{m}}$ 在复平面上可以用长度为 U_{m} 与实轴正向夹角为 ψ_u 的矢量表示,如图 2-5 所示。为简便起见,实轴和虚轴可以省去不画。这种表示的相量称为相量图。

相量 $\dot{U}_{\mathrm{m}}$ 也可以表示成实部与虚部之和的形式,即

$$\dot{U}_{\mathrm{m}} = U_{\mathrm{m}}\cos\psi_u + \mathrm{j}\sin\psi_u$$

一个正弦量与它的相量是一一对应的,而且这种对应关系非常简单。如果已知正弦量 $u = U_{\mathrm{m}}\sin(\omega t + \psi_u)$,可以方便地构成它的相量 $\dot{U}_{\mathrm{m}} = U_{\mathrm{m}} \angle \psi_u$;反之,若已知相量和频率,即可以写出正弦量的函数表达式。应该注意:$\dot{U}_{\mathrm{m}} \neq u$。

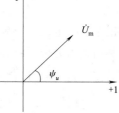

图 2-5　相量图

如图 2-6 所示,$\dot{I}_{\mathrm{m}}$ 表示电流的最大值相量,$\dot{I}$ 表示电流的有效值相量。同频率的几个正弦交流电的相量可以画在同一相量图上。在相量图中能清晰地看出各正弦交流电的大小和相位关系。逆时针方向为超前,顺时针方向为滞后,作相量图时应注意,当交流电的初相位为正时,相量应逆时针方向旋转一个角度;初相位为负时,相量应顺时针方向旋转一个角度。如图 2-7

所示,$\dot{U}_{\mathrm{m}}$ 和 $\dot{I}_{\mathrm{m}}$ 分别是电压 $u = U_{\mathrm{m}}\sin(\omega t + 45°)$ V 和电流 $i = I_{\mathrm{m}}\sin(\omega t - 20°)$ A 的相量,电压 u 超前电流 i 65°。

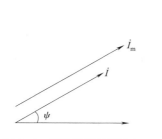 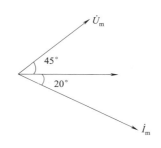

图 2-6　正弦量的相量表示　　　　　　图 2-7　相量图

值得注意的是:只有正弦交流电才能用相量表示;相量不能表示非正弦量;相量仅是正弦交流量的一种表示方法,相量不等于正弦交流量;只有同频率的正弦交流量的相量才能画在同一相量图上;同一相量图上可以进行相量的加减运算。

例 2-4　已知 $i_1 = 8\sin\left(314t + \dfrac{\pi}{3}\right)$ A,$i_2 = 6\sin\left(314t - \dfrac{\pi}{6}\right)$ A。求 $i = i_1 + i_2$。

解　画 i_1 的相量 $\dot{I}_{1\mathrm{m}}$ 和 i_2 的相量 $\dot{I}_{2\mathrm{m}}$,如图 2-8 所示,以此两个相量为邻边,作出平行四边形,连接从原点出发的对角线,即为两相量之和,也就是总电流的相量 $\dot{I}_{\mathrm{m}}$,其幅值 $I_{\mathrm{m}} = \sqrt{I_{1\mathrm{m}}^2 + I_{2\mathrm{m}}^2} = \sqrt{8^2 + 6^2}$ A $= 10$ A,总电流的初相位 ψ 为

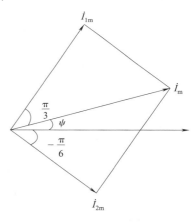

$$\psi = \arctan\dfrac{I_{1\mathrm{m}}\sin\dfrac{\pi}{3} - I_{2\mathrm{m}}\sin\dfrac{\pi}{6}}{I_{1\mathrm{m}}\cos\dfrac{\pi}{3} + I_{2\mathrm{m}}\cos\dfrac{\pi}{6}} = \arctan\dfrac{8 \times 0.866 - 6 \times 0.5}{8 \times 0.5 + 6 \times 0.866} =$$

$\arctan 0.427 = 23.1°$。

所以,总电流的瞬时值表达式为

$$i = 10\sin(314t + 23.1°)\ \text{A}$$

图 2-8　例 2-4 图

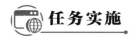
任务实施

观察与测量正弦交流电压

一、用万用表测量交流电压

将万用表调到交流电压挡,测试前先估测被测电压大小,根据被测电压的估测值选择合适的电压量程。用万用表测量实训台上的电源电压,并记录数据。然后对调两个表笔再测一次,比较两次的测试结果,看是否相同?

二、用示波器观察交流电压信号

用低频信号发生器输出频率为 100 Hz,电压为 5 V 的正弦交流电源信号,用示波器观察电源电压波形,测量其周期和最大值,并记录。

任务评价

任务评价表见表2-1。

表2-1 任务评价表

评价项目	评价内容	评价标准	分数	评分记录		
				学生	小组	教师
综合素养	工作现场整理、整顿	整理、整顿不到位,扣5分	30			
	操作遵守安全规范要求	违反安全规范要求,每次扣5分				
	遵守纪律,团结协作	不遵守教学纪律,有迟到、早退等违纪现象,每次扣5分				
知识技能	万用表测量交流电源	(1)量程选择,每处扣5分。 (2)测量错误,每处扣5分	30			
	示波器观察与测量交流电源	(1)信号发生器使用不规范,扣10分。 (2)示波器使用不规范,扣10分。 (3)电流测量错误,每处扣3分。 (4)数据、波形记录不规范,每处扣3分	40			
总　　分			100			

学习任务二　分析与测量单一参数正弦交流电路

任务描述

用来表示电路元件基本性质的物理量称为电路参数。电阻、电感、电容是交流电路的三种基本参数。严格来说,只包含单一参数的理想电路元件是不存在的。但当一个实际元件中只有一个参数起主要作用时,可以近似把它看成是单一参数的理想元件。例如,电阻炉和白炽灯可以看成理想电阻元件,介质损耗小的电容器可以看成理想电容元件。本任务介绍单一参数电路元件的正弦交流电路,分析电路中的电压、电流关系,讨论电路中的功率和能量转换问题。

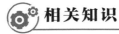

相关知识

● 视频

电阻元件正弦交流电路

一、电阻元件正弦交流电路

1. 电阻元件

电阻元件是反映电流热效应这一物理现象的理想电路元件。在图2-9(a)中电压 U 和电流 I 的参考方向相同,R 是线性电阻元件,其伏安关系是

$$U = RI \tag{2-8}$$

这个关系称为欧姆定律,它表示线性电阻元件的端电压和流过它的电流成正比。比例常数 R 称为电阻,是表示电阻元件特性的参数。图2-9(b)是其伏安特性曲线。

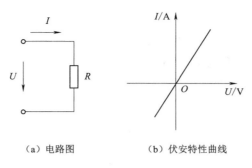

（a）电路图 　　　（b）伏安特性曲线

图 2-9　电阻元件

电阻的单位是欧姆,简称欧(Ω),较大的单位有千欧($k\Omega$)、兆欧($M\Omega$)。

习惯上常把电阻元件称为电阻,故"电阻"这个名词既表示电路元件,又表示元件的参数。电阻元件取用的功率为

$$P = UI = I^2R \tag{2-9}$$

式(2-9)表明:不论 U、I 是正值或负值,P 总是大于零,电阻元件总是取用电功率,与电压、电流的实际方向无关,因而电阻元件是一种消耗电能,并把电能转变为热能的元件。

工程上常利用电阻来实现限流、降压、分压,如各种碳膜电阻、金属膜电阻及线绕电阻等。对各种电热器件,如电烙铁、电熨斗、电阻炉及白炽灯等,常忽略电感、电容的性质,而认为它们是只具有消耗电能特性的电阻元件。

2. 电压与电流的关系

图 2-10(a)是一个线性电阻的正弦交流电路,电阻元件的电压与电流关系由欧姆定律确定,当 u、i 参考方向关联时,两者的关系为

$$u = Ri$$

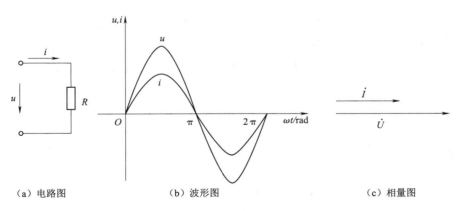

（a）电路图 　　　（b）波形图 　　　（c）相量图

图 2-10　电阻元件的交流电路

设电阻元件的正弦电流

$$i = \sqrt{2}I\sin(\omega t + \psi_i)$$

则电阻元件的电压为

$$u(t) = Ri(t) = \sqrt{2}RI\sin(\omega t + \psi_i) = \sqrt{2}U\sin(\omega t + \psi_u)$$

式中，$U = RI$；$\psi_u = \psi_i$。

可见，正弦交流电路中，电阻元件的电压、电流是同频率的正弦量，最大值之间符合欧姆定律，在关联参考方向下的电压和电流同相位。

图 2-10（b）为电压、电流的波形图（设 $\psi_i = 0$）。

若电流相量为

$$\dot{I} = I \angle \psi_i$$

则电压相量为

$$\dot{U} = U \angle \psi_u = R\dot{I} = RI \angle \psi_i \qquad (2\text{-}10)$$

图 2-10（c）是电阻元件电流、电压的相量图。

3. 功率

电阻元件的电流、电压在关联参考方向下，$p = ui$ 为该元件取用的功率。在正弦交流电路中，功率 p 随时间而变化，称为瞬时功率。

在正弦交流电路中，电阻元件的瞬时功率为

$$p = ui = U_m I_m \sin^2 \omega t = \frac{U_m I_m}{2}(1 - \cos 2\omega t) = UI(1 - \cos 2\omega t) \qquad (2\text{-}11)$$

由式（2-11）可知，瞬时功率 p 的变化频率是电源频率的两倍，其波形图如图 2-11 所示。

由瞬时功率 p 的波形图（见图 2-11）可知，它是随时间以两倍于电流的频率变化的，但 p 的值总是正的，因为电阻元件的电压、电流方向总是一致的，总是接受能量转变为热能。图中曲线 p 和时间轴 t 所包围的面积相当于一个周期内电阻元件接受的电能。

在电工技术中，要计算和测量电路的平均功率。平均功率是电路中实际消耗的功率，又称有功功率。平均功率用大写字母 P 表示，其值等于瞬时功率 p 在一个周期内的平均值，即

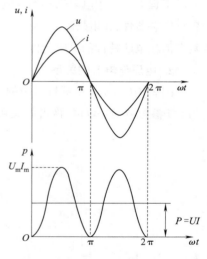

图 2-11　电阻元件的功率

$$P = \frac{1}{T}\int_0^T p\,dt = \frac{1}{T}\int_0^T UI(1 - \cos 2\omega t)\,dt = UI \qquad (2\text{-}12)$$

电阻元件的平均功率等于电压、电流有效值的乘积。由于电压有效值 $U = RI$，所以

$$P = UI = I^2 R \qquad (2\text{-}13)$$

例 2-5　已知白炽灯泡工作时的电阻为 484 Ω，其两端的正弦电压为 $u(t) = 311\sin(314t - 60°)\,\text{V}$。试求：

①通过白炽灯电流的相量 $\dot{I}$ 及瞬时值表达式 $i(t)$；

②白炽灯工作时的平均功率。

解　①电压相量为

$$\dot{U} = U \angle \psi_u = \frac{311}{\sqrt{2}} \angle -60°\ \text{V} = 220 \angle -60°\ \text{V}$$

电流相量为

$$\dot{I} = \frac{\dot{U}}{R} = \frac{220\angle-60°}{484}\mathrm{A} = \frac{5}{11}\angle-60°\ \mathrm{A} \approx 0.45\angle-60°\ \mathrm{A}$$

瞬时值表达式为

$$i(t) = \sqrt{2}I\sin(\omega t + \psi_i) = 0.45\sqrt{2}\sin(314t-60°)\ \mathrm{A}$$

②平均功率为

$$P = UI = 220 \times \frac{5}{11}\ \mathrm{W} = 100\ \mathrm{W}$$

二、电感元件正弦交流电路

1. 电感元件

图 2-12 所示为一个忽略电阻不计的纯电感线圈,由此称它为电感元件。设线圈中

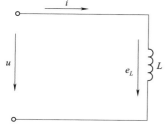

图 2-12 电感元件

通过的电流为 i,其产生的自感磁通为 Φ,如果线圈有 N 匝,则电感元件的参数

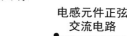

视频

电感元件正弦
交流电路

$$L = \frac{N\Phi}{i}$$

式中,L 为电感线圈的自感系数,简称电感,电感单位为亨利(H),简称"亨"。1 H = 10^3 mH(毫亨),1 mH = 10^3 μH(微亨)。

电感的大小决定于线圈的尺寸、匝数和线圈所包围材料的性质。电感元件是反应电流周围存在磁场、储存磁场能这一物理现象的理想电路元件。

根据电磁感应定律,电流 i 通过电感元件 L 时,将在线圈周围产生磁场,当电流 i 变化时,磁场也随之变化,并在线圈中产生自感电动势 e_L,如图 2-12 所示。在各电量关联的参考方向下

$$e_L = -L\frac{\mathrm{d}i}{\mathrm{d}t} \tag{2-14}$$

故

$$u = -e_L = L\frac{\mathrm{d}i}{\mathrm{d}t} \tag{2-15}$$

式(2-15)表明,电感元件两端的电压与它的电流对时间的变化率成正比。故比例常数 L(电感)是表征电感元件特性的参数。

习惯上常把电感元件称为电感,故"电感"这个名词既表示电路元件,又表示元件的参数。

从式(2-15)中还可以看到,电感元件中的电流 i 不能跃变,因为如果 i 跃变,$\frac{\mathrm{d}i}{\mathrm{d}t}$ 为无穷大,电压 u 也为无穷大,而这实际上是不可能的。

当 u、i 参考方向关联时,电感元件的功率为

$$p = ui = Li\frac{\mathrm{d}i}{\mathrm{d}t} \tag{2-16}$$

在 t 时刻,电感元件中储存的磁场能为

$$w_L = \int_0^t p\mathrm{d}t = \int_0^t ui\mathrm{d}t = \int_0^t Li\mathrm{d}i = \frac{1}{2}Li^2 \tag{2-17}$$

式中，w_L 的单位为焦耳(J)。

在工程上，各种实际的电感线圈，如荧光灯上用的镇流器、电子线路中的扼流线圈等，当忽略其线圈导线的电阻及匝间电容，便可认为它们是理想电感元件。

2. 电压与电流的关系

在图 2-13(a)中，当 u、i 参考方向关联时，电感元件电压、电流的关系为

$$u = L\frac{\mathrm{d}i}{\mathrm{d}t}$$

在正弦交流电路中，若设电流 i_L 为参考正弦量，即

$$i_L = \sqrt{2}\,I_L\sin(\omega t + \psi_i)$$

根据关系式

$$u = L\frac{\mathrm{d}i}{\mathrm{d}t}$$

$$u_L = L\frac{\mathrm{d}}{\mathrm{d}t}\sqrt{2}\,I_L\sin(\omega t + \psi_i) = \sqrt{2}\,\omega L I_L\cos(\omega t + \psi_i)$$

$$= \sqrt{2}\,\omega L I_L\sin\left(\omega t + \psi_i + \frac{\pi}{2}\right) = \sqrt{2}\,U\sin(\omega t + \psi_u)$$

式中，$U = \omega L I_L$；$\psi_u = \psi_i + \dfrac{\pi}{2}$。

在 u、i 为关联参考方向下，电压比电流超前 $\dfrac{\pi}{2}$，波形图如图 2-13(b)所示。

可见，正弦交流电路中，电感元件的电压、电流是同频率的正弦量，其有效值及最大值的关系为

$$\frac{U}{I} = \frac{U_{\mathrm{m}}}{I_{\mathrm{m}}} = \omega L = 2\pi f L = X_L \tag{2-18}$$

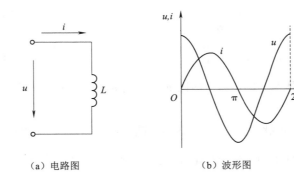
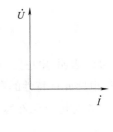

|（a）电路图|（b）波形图|（c）相量图|

图 2-13 电感元件的交流电路

式(2-18)中的 X_L 称为感抗，单位为 Ω。在同样的 U 下，X_L 越大，I 越小，所以感抗反映了电感元件对正弦电流的限制能力。感抗和频率成正比，是因为电流大小一定时，频率越高，电流变化越快，感应电动势越大；感抗又和电感成正比，是因为电流一定时，电感越大，感应电动势越大。在直流电路中，$\omega = 0$，感抗为零，电感元件如同短路。

由 $u = L\dfrac{\mathrm{d}i}{\mathrm{d}t}$，若电感元件的电流相量为 $\dot{I}$，则其电压相量为

$$\dot{U} = \mathrm{j}\omega L\dot{I} = \mathrm{j}X_L\dot{I} \tag{2-19}$$

式（2-19）既包含了电感元件电压与电流有效值之比 X_L 的关系，又包含了电压比电流超前 $\dfrac{\pi}{2}$ 的关系。

图 2-13（c）是电感元件电流、电压的相量图。

3. 功率和能量

电感元件上 u、i 参考方向关联时，设

$$i = \sqrt{2}I\sin\omega t$$

$$u = \sqrt{2}\,U\sin\left(\omega t + \frac{\pi}{2}\right)$$

电感元件接受的瞬时功率为

$$\begin{aligned}
p &= ui \\
&= \sqrt{2}\,U\sin\left(\omega t + \frac{\pi}{2}\right)\sqrt{2}\,I\sin\omega t \\
&= 2UI\cos\omega t\sin\omega t \\
&= UI\sin 2\omega t \\
&= I^2X_L\sin 2\omega t
\end{aligned} \tag{2-20}$$

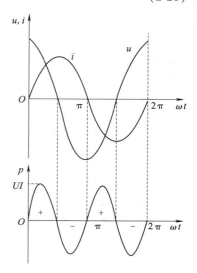

由式（2-20）可知，电感元件接受的瞬时功率是以两倍电流的频率、按正弦规律变化的，最大值为 I^2X_L（或 UI）。

瞬时功率 p 波形如图 2-14 所示。

在 ωt 为 $0\sim\dfrac{\pi}{2}$ 和 ωt 为 $\pi\sim\dfrac{3}{2}\pi$ 期间，$p>0$，电感元件相当于负载，从电源取用功率。电感元件是把电能转变为磁场能而存储于线圈的磁场中。

在 ωt 为 $\dfrac{\pi}{2}\sim\pi$ 和 ωt 为 $\dfrac{3}{2}\pi\sim 2\pi$ 期间，$p<0$，电感元件实际上是发出功率。电感元件是把它存储的磁场能转变为电能送还给电源。

电感元件的平均功率为瞬时功率在一周期内的平均值，即

$$P = \frac{1}{T}\int_0^T p\mathrm{d}t = \frac{1}{T}\int_0^T UI\sin 2\omega t\mathrm{d}t = 0 \tag{2-21}$$

图 2-14　电感元件的功率

从以上分析可知，电感元件接受的平均功率为零，它是储能元件，不消耗能量，只与外部进行能量的交换。瞬时功率的大小反映了这种能量交换的速率。交流电路与电源之间进行能量交换的最大速率称为无功功率。把电感元件瞬时功率的最大值定义为无功功率，即

$$Q_L = U_L I_L = I^2 X_L = \frac{U_L^2}{X_L} \qquad (2\text{-}22)$$

无功功率的单位为乏或千乏（kvar），$1\ \text{kvar} = 10^3\,\text{var}$。

例 2-6 已知一电感元件，$L = 7.01\,\text{H}$，接入电源电压 $u_L = \sqrt{2}\,220\sin(314t + 30°)\,\text{V}$，频率 $f = 50\ \text{Hz}$ 的交流电路中。试求：

①通过电感元件的电流，并写出电流的瞬时值表达式；

②求电路中的无功功率。

解 ①
$$X_L = 2\pi f L = 2 \times 3.14 \times 50 \times 7.01\ \Omega \approx 2\,200\ \Omega$$

$$I_L = \frac{U_L}{X_L} = \frac{220}{2\,200}\ \text{A} = 0.1\ \text{A}$$

或
$$\dot{I}_L = \frac{\dot{U}}{jX_L} = \frac{220\angle 30°}{j2\,200}\ \text{A} = 0.1\angle -60°\ \text{A}$$

$$i = 0.1\sqrt{2}\sin(314t - 60°)\ \text{A}$$

②电路中的无功功率为

$$Q_L = U_L I_L = 220 \times 0.1\ \text{var} = 22\ \text{var}$$

$$Q_L = I_L^2 X_L = 0.1^2 \times 2\,200\ \text{var} = 22\ \text{var}$$

● 视频

电容元件正弦
交流电路 ●

三、电容元件正弦交流电路

1. 电容元件

电容元件存储电荷而在其内部产生电场，是存储电场能的理想电路元件。在图 2-15 中，电容器 C 是由绝缘非常良好的两块金属极板构成的。当在电容元件两端施加电压时，两块极板上将出现等量的异性电荷，并在两极板间形成电场。电容器极板所存储的电荷量 q 与外加电压 u 成正比，即

$$q = Cu \qquad (2\text{-}23)$$

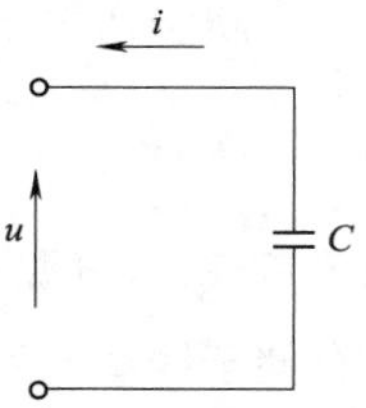

式（2-23）中，比例常数 C 称为电容，是表征电容元件特性的参数。当电压的单位为伏特（V），电荷量的单位为库仑（C）时，电容的单位为法拉（F），较小的单位为微法（μF）或皮法（pF），其换算关系为 $1\ \text{F} = 10^6\ \mu\text{F} = 10^{12}\ \text{pF}$。电容元件简称电容，电容既表示电路元件，又表示元件的参数。

图 2-15　电容元件

当 u、i 的参考方向关联时，有

$$i = \frac{dq}{dt} = C\frac{du}{dt} \qquad (2\text{-}24)$$

式（2-24）表明，只有当电容元件两端的电压发生变化时，电路中才有电流通过，电压变化越快，电流越大。当电容元件两端施加直流电压 U，因 $\dfrac{dU}{dt} = 0$，故电流 $i = 0$，因此电容元件对于直流稳态电路相当于断路，即电容有隔断直流的作用。

从式（2-24）中还可以看到，电容元件两端的电压不能跃变，因为如果电压跃变，$\dfrac{du}{dt}$ 为无穷大，电流 i 也为无穷大，对实际电容器来说，这当然是不可能的。

在 u、i 为关联参考方向下，电容元件的功率为

$$p = ui = Cu\frac{\mathrm{d}u}{\mathrm{d}t} \tag{2-25}$$

在 t 时刻，电容元件存储的电场能为

$$w_C = \int_0^t p\mathrm{d}t = \int_0^t ui\mathrm{d}t = \int_0^u Cu\mathrm{d}u = \frac{1}{2}Cu^2 \tag{2-26}$$

式中，w_C 的单位是焦耳(J)。

在工程上，各种实际的电容器常以空气、云母、绝缘纸、陶瓷等材料作为极板间的绝缘介质，当忽略其漏电阻和引线电感时，可以认为它是只具有存储电场能特性的电容元件。

2. 电压与电流的关系

在图 2-16(a)中，u、i 参考方向关联时，电容元件电压、电流的关系为

$$i = C\frac{\mathrm{d}u}{\mathrm{d}t}$$

在正弦交流电路中，若设电压 u 为参考正弦量，即

$$u = \sqrt{2}U\sin(\omega t + \psi_u)$$

$$i = C\frac{\mathrm{d}u}{\mathrm{d}t} = C\frac{\mathrm{d}}{\mathrm{d}t}\sqrt{2}U\sin(\omega t + \psi_u) = \sqrt{2}\omega CU\sin\left(\omega t + \psi_u + \frac{\pi}{2}\right) = \sqrt{2}I\sin(\omega t + \psi_i) \tag{2-27}$$

式中，$U = \dfrac{1}{\omega C}I$；$\psi_u = \psi_i - \dfrac{\pi}{2}$。

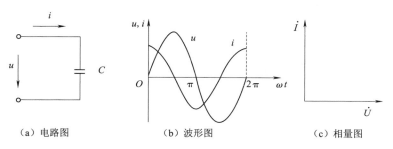

（a）电路图　　　　　　　（b）波形图　　　　　　（c）相量图

图 2-16　电容元件的交流电路

由式(2-27)可以看出，电压、电流为同频率的正弦量，电压、电流的有效值及最大值的关系为

$$\frac{U}{I} = \frac{U_\mathrm{m}}{I_\mathrm{m}} = \frac{1}{\omega C} = \frac{1}{2\pi f C} = X_C \tag{2-28}$$

$$I_\mathrm{m} = \omega C U_\mathrm{m} \quad \text{或} \quad U_\mathrm{m} = \frac{1}{\omega C}I_\mathrm{m}$$

由式(2-24)可以看出，电容元件电流的大小不取决于电压的大小，而是和电压的变化率成正比。所以，在正弦交流电路中的电容元件，电压为零的瞬间电流达到最大值，电压达到最大值时电流为零。这样，在关联参考方向下，电流达到零值比电压早 $\dfrac{1}{4}$ 周期，所以电流比电压超前 $\dfrac{\pi}{2}$，或者说电压比电流超前 $-\dfrac{\pi}{2}$，如图 2-16(b)所示。

式(2-28)中的 X_c 称为容抗。在同样电压 U 的作用下,X_c 越大,电流 I 越小,所以容抗反映了电容元件对正弦电流的限制能力。容抗与频率成反比,这是因为电压大小一定时,频率越高,电压的变化越快,电流越大。容抗与电容成反比,这是因为电压一定时,电容越大,电流越大。在直流即 $\omega = 0$ 的情况下,容抗为无限大,电容元件如同开路。容抗的单位与电阻的单位相同。

图 2-16(c)是电容元件电流、电压的相量图。

3. 功率和能量

电容元件上 u、i 参考方向关联时,设

$$u = \sqrt{2}\,U\sin\omega t$$

$$i = \sqrt{2}\,I\sin\left(\omega t + \frac{\pi}{2}\right)$$

电容元件接受的瞬时功率为

$$
\begin{aligned}
p &= ui = \sqrt{2}\,U\sin\omega t\,\sqrt{2}\,I\sin\left(\omega t + \frac{\pi}{2}\right) \\
&= 2UI\sin\omega t\cos\omega t \\
&= UI\sin 2\omega t \\
&= I^2 X_L\sin 2\omega t
\end{aligned}
\tag{2-29}
$$

由式(2-29)可知,电容元件接受的瞬时功率 p 是以两倍的电流的频率,按正弦规律变化的,最大值为 $I^2 X_c$(或 UI)。

瞬时功率 p 的波形如图 2-17 所示。

在 ωt 为 $0 \sim \dfrac{\pi}{2}$ 和 $0 \sim \dfrac{3}{2}\pi$ 期间,$p > 0$,电容元件相当于负载,从电源取用功率。电容元件是把从电源取用的电能存储在它的电场中。

在 ωt 为 $\dfrac{\pi}{2} \sim \pi$ 和 $\dfrac{3}{2}\pi \sim 2\pi$ 期间,$p < 0$,电容元件实际上是发出功率。电容元件是把它存储的电场能送还给电源。

电容元件的平均功率为

$$P = \frac{1}{T}\int_0^T p\,\mathrm{d}t = \frac{1}{T}\int_0^T UI\sin 2\omega t\,\mathrm{d}t = 0 \tag{2-30}$$

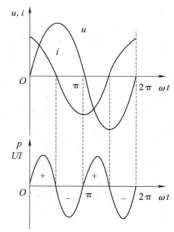

图 2-17 电容元件的功率

在正弦交流电路中,电容元件与电源之间不停地有能量的往返交换,在一个周期内电容元件从电源取用的能量等于它送还给电源的能量。电容元件不消耗能量,因此平均功率为零。

把电容元件瞬时功率的最大值定义为无功功率,用 Q_c 表示,即

$$Q_c = UI = X_c I^2 \tag{2-31}$$

无功功率的单位为乏(var)或千乏(kvar),$1\ \text{kvar} = 10^3\ \text{var}$。

例 2-7 在电容电路中,已知 $C = 4.7\ \mu\text{F}$,$f = 50\ \text{Hz}$,$i = 0.2\sqrt{2}\sin(\omega t + 60°)\ \text{A}$,试求:

①$\dot{U}$;

②若电流的有效值不变,电源的频率改为 1 000 Hz,求电路中的 u。

解　①

$$X_c = \frac{1}{2\pi fC} = \frac{1}{2 \times 3.14 \times 50 \times 4.7 \times 10^{-6}} \Omega = 677.3 \ \Omega$$

$$\dot{I} = 0.2\angle 60° \ A$$

$$\dot{U} = -jX_c\dot{I} = 677.3\angle -90° \times 0.2\angle 60° \ V = 135.5\angle -30° \ V$$

②

$$X_c = \frac{1}{2\pi fC} = \frac{1}{2 \times 3.14 \times 1\ 000 \times 4.7 \times 10^{-6}}\Omega = 33.88 \ \Omega$$

$$\dot{U} = -jX_c\dot{I} = 33.88\angle -90° \times 0.2\angle 60° \ V = 6.77\angle -30° \ V$$

$$u = 6.77\sqrt{2}\sin(\omega t - 30°) = 6.77\sqrt{2}\sin(2\ 000\pi t - 30°) \ V$$

四、基尔霍夫定律的相量形式

1. 正弦交流电路的基尔霍夫电流定律

基尔霍夫电流定律指出:任一瞬时,电路中流入任一节点的电流瞬时值的代数和等于零,即

$$\sum i = 0$$

在正弦交流电路中,所有的电流都是同频率的正弦量。根据同频率的正弦量求和运算的结论,若各个电流都用相量表示,则有

$$\sum \dot{I} = 0 \tag{2-32}$$

由此可见,在正弦交流电路中,流入任一节点的各支路电流的相量代数和等于零。式(2-32)就是基尔霍夫电流定律的相量形式。若流入节点的电流的相量取正号,则流出节点的电流的相量取负号。

2. 正弦交流电路的基尔霍夫电压定律

基尔霍夫电压定律指出:任一瞬时,电路中任一闭合回路上各部分的电压瞬时值的代数和等于零,即

$$\sum u = 0$$

在正弦交流电路中,所有的电压都是同频率的正弦量。根据同频率的正弦量求和运算的结论,若各个电压都用相量表示,则有

$$\sum \dot{U} = 0 \tag{2-33}$$

由此可见,在正弦交流电路中,任一闭合回路上各部分电压相量代数和等于零。式(2-33)就是基尔霍夫电压定律的相量形式,对参考方向与回路的绕行方向一致的电压的相量取正号,反之取负号。

任务实施

测量交流电路等效参数

一、测量白炽灯电阻

图 2-18 所示电路中的 Z 为一个 220 V、25 W 的白炽灯,用自耦调压器调压,使电源有效值 U 为 220 V,用电压表测量,并测量电流和功率,计算白炽灯的电阻值。

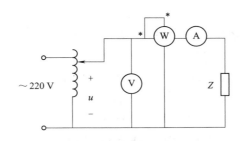

图 2-18 测量白炽灯电阻

二、测量电容器容抗

将图 2-18 所示电路中的 Z 换为 4.7 μF 的电容器,改接电路时必须断开交流电源,将电压 U 调到 220 V,测量电压、电流和功率,并计算电容器的容抗。

 **任务评价**

任务评价表见表 2-2。

表 2-2 任务评价表

评价项目	评价内容	评价标准	分数	评分记录		
				学生	小组	教师
综合素养	工作现场整理、整顿	整理、整顿不到位,扣 5 分	30			
	操作遵守安全规范要求	违反安全规范要求,每次扣 5 分				
	遵守纪律,团结协作	不遵守教学纪律,有迟到、早退等违纪现象,每次扣 5 分				
知识技能	元器件选择正确、接线无误	(1)元器件选择错误,每处扣 3 分。 (2)电路连接错误,每处扣 3 分	20			
	电源电压调节	电源电压调整错误,扣 10 分	10			
	测量过程准确,测量结果在允许误差范围内	(1)功率测量错误,每处扣 3 分。 (2)电压、电流测量错误,每处扣 2 分	30			
	计算正确	计算错误每处扣 5 分	10			
总 分			100			

学习任务三 分析与测量电阻、电感、电容元件串联电路

任务描述

一个实际电路可以用单一电路参数电路元件连接组成其电路模型。例如一个交流电磁铁线圈,可以用 R、L 串联的电路模型来表示。本任务介绍电阻、电感、电容元件串联电路的特点、分析方法、伏安关系、功率和能量转换等内容,以荧光灯照明电路为例,学习测量方法及其应用。

相关知识

一、电阻、电感、电容元件串联电路的电压、电流关系

电阻 R、电感 L、电容 C 串联电路如图 2-19（a）所示，图中标出了各电压、电流的参考方向。为了方便起见，选电流为参考正弦量，即设电流相量为

$$\dot{I} = I\angle 0°$$

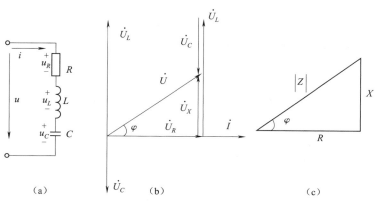

图 2-19　RLC 串联电路

则各元件的电压相量分别为

$$\dot{U}_R = R\dot{I}$$
$$\dot{U}_L = jX_L\dot{I}$$
$$\dot{U}_C = -jX_C\dot{I}$$

由基尔霍夫电压定律，端口电压相量为

$$\dot{U} = \dot{U}_R + \dot{U}_L + \dot{U}_C = [R + j(X_L - X_C)]\dot{I}$$
$$= (R + jX)\dot{I} = |Z|e^{j\varphi}\dot{I} = Z\dot{I} \tag{2-34}$$

式（2-34）是电路的端口电压、电流相量的关系式，其中包含了电压、电流的有效值关系，也包含了相位关系，这两方面的关系都包含在 Z 这一复数中。

设 $\dot{I} = Ie^{j\psi_i}$、$\dot{U} = Ue^{j\psi_u}$，则

$$\frac{\dot{U}}{\dot{I}} = \frac{Ue^{j\psi_u}}{Ie^{j\psi_i}} = \frac{U}{I}e^{j(\psi_u - \psi_i)} = Z = |Z|e^{j\varphi} = R + jX \tag{2-35}$$

式中，Z 称为复阻抗，它是关联参考方向下二端网络的电压相量与电流相量的比值，单位为 Ω。

Z 只是一个复数，为与相量区别，代表它的字母 Z 上不加圆点。

复阻抗 Z 的实部为电路的电阻 R，Z 的虚部为 $X = X_L - X_C$，称为电抗，单位为 Ω。X 为有正、负的代数量，$X_L > X_C$ 时，X 为正值；$X_L < X_C$ 时，X 为负值。

复阻抗 Z 的模为

$$|Z| = \sqrt{R^2 + X^2} = \sqrt{R^2 + (X_L - X_C)^2} \tag{2-36}$$

称为阻抗，单位为 Ω。$|Z|$ 就是端口电压与电流有效值的比值，即

$$|Z| = \frac{U}{I}$$

复阻抗 Z 的辐角 φ 称为阻抗角,表达式为

$$\varphi = \arctan \frac{X}{R} = \arctan \frac{X_L - X_C}{R} \tag{2-37}$$

阻抗角 φ 就是关联参考方向下端口电压超前电流的相位差,即

$$\varphi = \psi_u - \psi_i$$

X 为正值时,φ 为正值;X 为负值时,φ 为负值。

由图 2-19(b)可知

$$U_R = RI\,;\quad U_X = XI\,;\quad U = |Z|I$$

所以,组成一个与电压三角形相似的,以 $|Z|$ 为斜边的直角三角形称为阻抗三角形,如图 2-19(c)所示。

已知 R、X_L、X_C,可求出 Z,再由 Z、$\dot{I}$ 可求得 $\dot{U} = Z\dot{I}$ 或由 Z、$\dot{U}$ 可求得 $\dot{I} = \dfrac{\dot{U}}{Z}$,所以,$\dot{U} = Z\dot{I}$ 这一关系是相量形式的欧姆定律。

二、电阻、电感、电容元件串联电路中的功率

1. 瞬时功率

由图 2-19(a)所示电路,已知 R、L、C 串联电路中的端口电压、电流分别为

$$u = U_m \sin(\omega t + \varphi)$$

$$i = I_m \sin \omega t$$

则瞬时功率为

$$p = ui = U_m \sin(\omega t + \varphi) I_m \sin \omega t = UI\cos\varphi - UI\cos(2\omega t + \varphi)$$

2. 有功功率

有功功率等于瞬时功率的平均值,即

$$P = \frac{1}{T} \int_0^T p\,\mathrm{d}t = \frac{1}{T} \int_0^T \left[UI\cos\varphi - UI\cos(2\omega t + \varphi) \right] \mathrm{d}t$$

$$= UI\cos\varphi \tag{2-38}$$

从电压三角形可知:$UI\cos\varphi = U_R = IR$,于是 $P = UI\cos\varphi = U_R I = I^2 R = \dfrac{U^2}{R}$。这说明,在交流电路中只有电阻元件消耗电能,交流电路有功功率的大小不但与总电压和电流两者有效值的乘积有关,还与电压和电流的相位差 φ 的余弦 $\cos\varphi$ 成正比。$\cos\varphi$ 称为电路的功率因数,φ 称为功率因数角。

3. 无功功率、视在功率和功率三角形

在 RLC 串联电路中,感性无功功率 $Q_L = U_L I$,容性无功功率 $Q_C = U_C I$,由于 $\dot{U}_L$ 与 $\dot{U}_C$ 反相,因此总无功功率为

$$Q = Q_L - Q_C = (U_L - U_C)I = UI\sin\varphi$$

U 和 I 的乘积称为视在功率,用 S 表示,即

$$S = UI$$

视在功率 S 虽具有功率的形式,但并不表示交流电路实际消耗的功率,而只表示电源可能提供

的最大有功功率或电路可能消耗的最大有功功率。其单位用伏·安（V·A）或千伏·安（kV·A）表示，$1\ kV·A = 1\ 000\ V·A$。

由于
$$P = UI\cos \varphi = S\cos \varphi$$
所以，功率因数可写成

$$\cos \varphi = \frac{P}{S}$$

交流电源设备的额定电压 U_N 与额定电流 I_N 的乘积称为额定视在功率 S_N，即 $S_N = U_N I_N$，又称额定容量，它表明电源设备允许提供的最大有用功率。

由于
$$P^2 + Q^2 = (S\cos \varphi)^2 + (S\sin \varphi)^2 = S^2$$
即
$$S = \sqrt{P^2 + Q^2}$$

$$\varphi = \arctan \frac{Q}{P}$$

由 P、Q、S 构成的直角三角形称为功率三角形，如图 2-20（a）所示。在同一个 RLC 串联电路中，功率、电压、阻抗三个三角形是相似三角形，如图 2-20（b）所示。

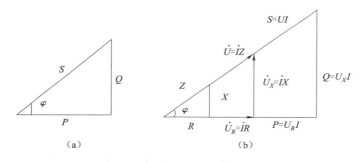

图 2-20　功率、电压、阻抗三角形

例 2-8　设有电阻 $R = 30\ \Omega$、电感 $L = 31.53\ mH$ 和电容 $C = 79.6\ \mu F$ 三个元件串联接入频率 $f = 50\ Hz$，电压 $U = 220\ V$ 的交流电源上，试计算：

①电路中的电流 I；

②各元件两端的电压 U_R、U_L、U_C；

③电路的功率因数 $\cos \varphi$ 及电路中的功率 P、Q、S。

解　①
$$X_L = 2\pi fL = 2 \times 3.14 \times 50 \times 31.53 \times 10^{-3}\ \Omega = 10\ \Omega$$

$$X_C = \frac{1}{2\pi fC} = \frac{10^6}{2 \times 3.14 \times 50 \times 79.6}\ \Omega = 40\ \Omega$$

$$Z = R + j(X_L - X_C) = [30 + j(10 - 40)]\Omega = (30 - j30)\Omega = 42.42 \angle -45°\Omega$$

$$I = \frac{U}{|Z|} = \frac{220}{42.42}\ A = 5.19\ A$$

②
$$U_R = IR = 5.19 \times 30\ V = 155.7\ V$$

$$U_L = IX_L = 5.19 \times 10\ V = 51.9\ V$$

$$U_C = IX_C = 5.19 \times 40\ V = 207.6\ V$$

③

$$\cos \varphi = \cos(-45°) = 0.707$$

$$P = U_R I = 155.7 \times 5.19 \text{ W} = 808 \text{ W}$$

$$Q = (U_L - U_C)I = (51.9 - 207.6) \times 5.19 \text{ var} = -808 \text{ var}$$

$$S = UI = 220 \times 5.19 \text{ V} \cdot \text{A} = 1\ 142 \text{ V} \cdot \text{A}$$

4. 电路的三种情况

图 2-20(b)是按 $X_L > X_C$ 作出的,随着 ω、L、C 的值不同,R、L、C 串联电路有三种情况:

①当 $X_L > X_C$ 时,电抗 $X = X_L - X_C$ 为正值,电感电压的有效值大于电容电压的有效值,$\dot{U}_X = \dot{U}_L + \dot{U}_C$,$\dot{U}$ 比 $\dot{I}$ 超前 φ,阻抗角 φ 为正值,端口电压比电流超前,这种情况的电路呈感性,其相量图如图 2-21(a)所示。

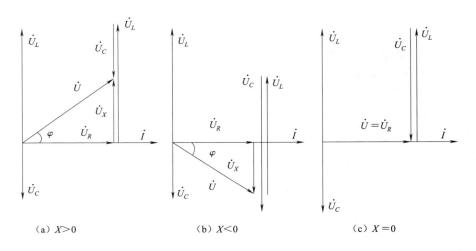

(a) $X > 0$ (b) $X < 0$ (c) $X = 0$

图 2-21 *RLC* 串联电路的三种情况

就能量方面而言,当 $X_L > X_C$ 时,$Q_L > Q_C$,$Q = Q_L - Q_C > 0$,这样的 R、L、C 串联电路,除电阻 R 耗能外,电路与其外部进行着磁场能交换。

②当 $X_L < X_C$ 时,电抗 X 为负值,$U_L < U_C$,$\dot{U}$ 比电流滞后 φ,φ 为负值,端口电压滞后电流,电路除电阻 R 耗能外,与其外部进行着电场能的交换,这种电路呈容性,其相量图如图 2-21(b)所示。

③当 $X_L = X_C$ 时,$X = 0$,$U_L = U_C$,$U_X = 0$,$\varphi = 0$,$Z = R$,$\dot{U} = \dot{U}_R$,电感、电容自给自足地交换储能,这样的电路称为谐振电路,相量图如图 2-21(c)所示。

三、复阻抗的串联和并联

1. 复阻抗的串联电路

图 2-22(a)所示是两个复阻抗 Z_1 和 Z_2 串联的电路,根据基尔霍夫定律,可得

$$\dot{U} = \dot{U}_1 + \dot{U}_2 = Z_1 \dot{I} + Z_2 \dot{I} = (Z_1 + Z_2)\dot{I} = Z\dot{I}$$

式中,Z 为电路的等效复阻抗,如图 2-22(b)所示,$Z = Z_1 + Z_2$。

若 n 个复阻抗串联,则其等效复阻抗的一般式为

$$Z = \sum_{i=1}^{n} Z_i$$

各个复阻抗上的电压分配为

$$\dot{U}_i = \frac{Z_i}{Z}\dot{U}$$

式中,$\dot{U}$ 为总电压;$\dot{U}_i$ 为第 i 个复阻抗 Z_i 上的电压。

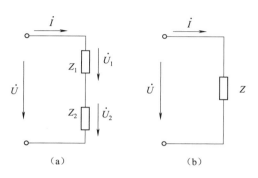

图 2-22　复阻抗的串联

例 2-9　在图 2-22 中,已知 $Z_1 = (2 + j9)\,\Omega$,$Z_2 = (4 - j17)\,\Omega$,接在电压 $u = 220\sqrt{2}\sin(18\,000t - 45°)$ V 的电压上,试求:

①等效复阻抗;

②电流 i 的瞬时值表达式;

③复阻抗 Z_1 和 Z_2 上的电压 u_1 和 u_2 的瞬时值表达式。

解　①等效复阻抗为

$$Z = Z_1 + Z_2 = \left[(2 + j9) + (4 - j17)\right]\Omega = (6 - j8)\,\Omega = 10e^{j(-53.1°)}\,\Omega$$

②电流 i 的瞬时值表达式为

$$\dot{I} = \frac{\dot{U}}{Z} = \frac{220e^{j(-45°)}}{10e^{j(-53.1°)}}A = 22e^{j8.1°}\,A$$

$$i = 22\sqrt{2}\sin(18\,000t + 8.1°)\,A$$

③电压 u_1 和 u_2 的瞬时值表达式为

$$Z_1 = (2 + j9)\,\Omega = 9.22e^{j77.5°}\,\Omega$$

$$Z_2 = (4 - j17)\,\Omega = 17.5e^{j(-76.8°)}\,\Omega$$

$$\dot{U}_1 = \dot{I}Z_1 = 22e^{j8.1°} \times 9.22e^{j77.5°}\,V = 203e^{j85.6°}\,V$$

$$\dot{U}_2 = \dot{I}Z_2 = 22e^{j8.1°} \times 17.5e^{j(-76.8°)}\,V = 385e^{j(-68.7°)}\,V$$

$$u_1 = 203\sqrt{2}\sin(18\,000t + 85.6°)\,V$$

$$u_2 = 385\sqrt{2}\sin(18\,000t - 68.7°)\,V$$

2. 复阻抗的并联电路

图 2-23(a)是两个复阻抗的并联电路,根据基尔霍夫定律,可得

$$\dot{I} = \dot{I}_1 + \dot{I}_2 = \frac{\dot{U}}{Z_1} + \frac{\dot{U}}{Z_2} = \dot{U}\left(\frac{1}{Z_1} + \frac{1}{Z_2}\right) = \frac{\dot{U}}{Z}$$

式中,Z 为并联电路的等效复阻抗,如图 2-23(b)所示。

$$\frac{1}{Z} = \left(\frac{1}{Z_1} + \frac{1}{Z_2}\right) \quad 或 \quad Z = \frac{Z_1 Z_2}{Z_1 + Z_2}$$

若 n 个复阻抗并联,则其等效复阻抗的一般式为

$$Z = \frac{1}{\sum\limits_{i=1}^{n} \frac{1}{Z_i}}$$

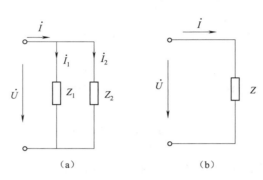

图 2-23　复阻抗的并联

任务实施

● 视频

荧光灯照明
电路

测量荧光灯照明电路

一、荧光灯照明电路

荧光灯俗称日光灯,荧光灯具有发光效率高、发光柔和、使用寿命长等优点,因此,在生产、生活中得到了广泛应用。电感镇流器型荧光灯照明电路由开关、荧光灯管、辉光启动器、镇流器、灯座等组成,如图 2-24(a)所示。

在荧光灯电路中,灯管相当于一电阻 R,镇流器可等效为电阻 R_L 和电感 L 的串联。可以将电路简化,把电感镇流器型荧光灯电路等效为电阻和纯电感电路的串联,即 RL 串联电路,如图 2-24(b)所示。

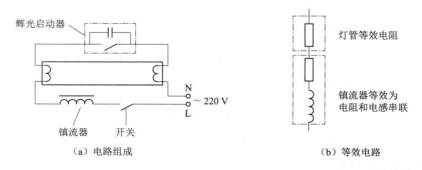

图 2-24　荧光灯照明电路

二、荧光灯照明电路参数测试

荧光灯照明电路如图 2-25 所示，L 为电感镇流器，A 为灯管，电源电压为 220 V。按图连接照明电路，测量电路的电压、电流和功率，并计算电路的功率因数。

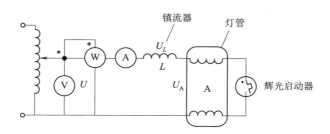

图 2-25　荧光灯照明电路

 **任务评价**

任务评价表见表 2-3。

表 2-3　任务评价表

评价项目	评价内容	评价标准	分数	评分记录		
				学生	小组	教师
综合素养	工作现场整理、整顿	整理、整顿不到位，扣 5 分	30			
	操作遵守安全规范要求	违反安全规范要求，每次扣 5 分				
	遵守纪律，团结协作	不遵守教学纪律，有迟到、早退等违纪现象，每次扣 5 分				
知识技能	元器件选择正确、接线无误	(1) 元器件选择错误，每处扣 3 分。(2) 电路连接错误，每处扣 3 分	30			
	电源电压调节	电源电压调整错误，扣 10 分	10			
	测量过程准确，测量结果在允许误差范围内	(1) 功率测量错误，扣 5 分。(2) 电压、电流测量错误，每处扣 5 分	20			
	功率因数计算正确	计算错误扣 10 分	10			
总　　分			100			

学习任务四　提高交流电路功率因数

🎧 **任务描述**

交流电路的有功功率 $P = UI\cos\varphi$，φ 是电压与电流的相位差，$\cos\varphi$ 是电路的功率因数。电路功率因数低，会引起电源设备的容量不能充分利用、增加输电线路损耗等问题。本任务介绍提高交流电路功率因数的意义、方法及其测量应用等。

 **相关知识**

一、提高功率因数的意义

1. 提高功率因数能充分利用电源设备容量

每台发电设备都有一定的额定容量 $S_N = U_N I_N$，发电设备输出的有功功率取决于 $\cos\varphi$，$\cos\varphi$ 越高，输出的有功功率 P 值越大，设备容量利用率越高。例如额定容量为 1 000 kV·A 的发电机，如果 $\cos\varphi = 1$，表明能发出的有功功率为 1 000 kW。而 $\cos\varphi = 0.5$ 时，则只能发出 500 kW 的有功功率，只是额定容量的一半。显然提高负载的功率因数，有利于充分利用电源的容量。

2. 提高功率因数能减小供电线路的功率损耗，提高供电效率

由于输电线路有一定的电阻值 R_1，电流 I 越大，则输电线路的功率损耗（$\Delta P = R_1 I^2$）越大，供电效率$\left(\eta = \dfrac{P}{P + R_1 I^2}\right)$越低。而 $\cos\varphi$ 提高将使输电线路电流 I 减小，$\Delta P = R_1 I^2$ 减小，输电线路的功率损耗减小，从而提高了供电效率。

二、提高功率因数的方法

常用在电感性负载两端并联电容的方法来提高交流电路的功率因数，并联电容不会影响负载原有工作状态。

● 视频

提高功率
因数

大多数负载都是电感性的，可用电阻 R 和电感 L 串联的等效电路来代替，采用并联电容 C 的方法来提高功率因数。图 2-26（a）由于实际电容器基本上不消耗有用功率，接近于理想电容，故在一般情况下，不计其电阻。以电压相量为参考相量作相量图，如图 2-26（b）所示，由相量图可以看出，在未并联电容器前，负载的功率因数为 $\cos\varphi_1$，负载消耗的有功功率 $P = UI\cos\varphi_1$，总电流 $\dot{I} = \dot{I}_1$。并联电容器后，电路总电流 $\dot{I} = \dot{I}_1 + \dot{I}_C$，$\dot{I}$ 与 $\dot{U}$ 的相位差 $\varphi < \varphi_1$，所 $\cos\varphi > \cos\varphi_1$，即电路的功率因数提高了，总电流 I 比 I_1（并联电容器前的总电流）减小了。并联电容器后，电路中的总电流之所以会减小，可以理解为电容器的无功功率抵偿了感性负载的部分无功功率，从而减小了电源与负载之间互换的能量，如图 2-26（c）所示。由于电容器不消耗有功功率，即 $P_C = 0$，因而 $P = UI\cos\varphi = UI_1\cos\varphi_1$ 并未受影响。由于电容器与负载并联，对负载的工作状态也无影响。并联电容器的电容量 C 应选择适当，如果 C 过大，增加了投资，且 $\cos\varphi > 0.9$ 以后，再增大 C 值意义不是很大。下面通过例子来说明并联电容器的计算方法。

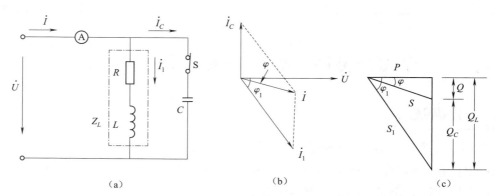

（a）　　　　　　　　（b）　　　　　　　　（c）

图 2-26　功率因数的提高

**例2-10**　一个220 V、40 W的荧光灯,功率因数$\cos\varphi_1 = 0.5$,与$f = 50$ Hz,$U = 220$ V的正弦电源连接,要求把功率因数提高到$\cos\varphi = 0.95$,计算所需并联电容器的电容量C。

解　因为$\cos\varphi_1 = 0.5$,$\cos\varphi = 0.95$;$\tan\varphi_1 = 1.732$,$\tan\varphi = 0.329$

$$Q_C = P(\tan\varphi_1 - \tan\varphi) = 40 \times (1.732 - 0.329)\,\text{var} = 56.12\,\text{var}$$

$$C = \frac{Q_C}{\omega U^2} = \frac{56.12}{314 \times 220^2}\text{F} = 3.69\,\mu\text{F}$$

**任务实施**

测量荧光灯照明电路功率因数

用一盏220 V、40 W荧光灯(相当于感性负载R、L串联),接在交流220 V、50 Hz的单相电源上,如图2-27所示。

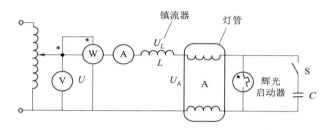

图2-27　日光灯电路功率因数提高

①开关S闭合前,测量电路电压、电流和功率因数$\cos\varphi$值。

②闭合开关S,在荧光灯两端并联电容C,测量电压、电流和功率因数$\cos\varphi$。

③比较开关S闭合前后,电路中电流、功率因数变化情况,分析电流与功率因数之间的关系。

任务评价

任务评价表见表2-4。

表2-4　任务评价表

评价项目	评价内容	评价标准	分数	评分记录		
				学生	小组	教师
综合素养	工作现场整理、整顿	整理、整顿不到位,扣5分	30			
	操作遵守安全规范要求	违反安全规范要求,每次扣5分				
	遵守纪律,团结协作	不遵守教学纪律,有迟到、早退等违纪现象,每次扣5分				
知识技能	元器件选择正确、接线无误。	(1)元器件选择错误,每处扣3分。(2)电路连接错误,每处扣3分	30			
	电源电压调节	电源电压调整错误,扣10分	10			
	测量过程准确,测量结果在允许误差范围内	(1)功率、功率因数测量错误,每处扣3分。(2)电压、电流测量错误,每处扣3分	30			
总　　分			100			

 **拓展知识**

正弦交流电路的谐振现象

在具有 R、L、C 元件的正弦交流电路中，电路两端的电压与电流，一般是不同相位的。如果改变电路的参数值或调节电源频率，促使电压与电流同相位，则电路呈纯电阻性质。这种现象称为谐振。处于谐振状态的电路，称为谐振电路。

一、串联谐振

在具有 R、L、C 元件的串联正弦交流电路中，当 $X_L = X_C$ 时，则阻抗角 $\varphi = 0$，即电源电压和电路中的电流同相位，这时电路产生串联谐振。因此，串联谐振的条件为

$$X_L = X_C, \omega L = \frac{1}{\omega C}, 2\pi f L = \frac{1}{2\pi f C}$$

可得谐振时的频率为

$$f_0 = \frac{1}{2\pi\sqrt{LC}} \tag{2-39}$$

式（2-39）中，f_0 称为谐振电路的固有频率，它由电路的参数决定。当改变电源频率 f、电路参数 L 和 C 三个量中的任意一个，电路都能产生谐振，这个调节过程称为调谐。

串联谐振电路的特点：

①谐振时的阻抗值最小，即

$$|Z_0| = \sqrt{R^2 + (X_L - X_C)^2} = R$$

②谐振时的电流最大，即

$$I_0 = \frac{U}{|Z_0|} = \frac{U}{R}$$

③串联谐振时，$\dot{U}_L = -\dot{U}_C$，相加时互相抵消，所以电阻元件上的电压等于电源电压，即

$$U_R = U$$

电感元件上的电压为

$$U_L = I_0 X_L = \frac{X_L}{R}U$$

电容元件上的电压为

$$U_C = I_0 X_C = \frac{X_C}{R}U$$

若 $X_L = X_C \gg R$，$U_L = U_C \gg U$，因而可能出现电感元件上的电压和电容元件上的电压远大于电源电压的现象，所以串联谐振又称电压谐振。

电力工程中，应尽量避免串联谐振现象，因为串联谐振时，电感或电容元件上的电压增高，可能导致电感线圈和电容绝缘被击穿的危险。在无线电工程中，串联谐振现象得到了广泛的应用。

例 2-11 某线圈 $R = 10\ \Omega$，$L = 10\ \text{mH}$，将它与电容 $C = 0.1\ \mu\text{F}$ 串联。试求：

①电路的谐振频率；

②若电路发生谐振时,电源电压为 10 V,则电路中的电流 I,电压 U_R、U_L、U_C 的值为多少。

解 ① $f_0 = \dfrac{1}{2\pi\sqrt{LC}} = \dfrac{1}{2\pi\sqrt{10 \times 10^{-3} \times 0.1 \times 10^{-6}}}$ Hz = 5 035 Hz

② $\quad I = \dfrac{U}{R} = \dfrac{10}{10}$ A = 1 A

$\quad\quad U_R = U = 10$ V

$\quad\quad U_L = U_C = I2\pi f_0 L = I\dfrac{1}{2\pi f_0 C} = 1 \times 2 \times 3.14 \times 5\,035 \times 10 \times 10^{-3}$ V = 316.2 V

二、并联谐振

在 R、L、C 并联电路中,当电源电压 u 与电路中的电流 i 同相时,这时电路发生谐振,称为并联谐振。在并联电路中有如下关系式:

$$\dot{I} = \dot{I}_R + \dot{I}_L + \dot{I}_C = \left[\frac{1}{R} + j\left(\omega C - \frac{1}{\omega L}\right)\right]\dot{U}$$

上式中,若要使电压与电流同相位,虚部必须为零,即

$$\omega C - \frac{1}{\omega L} = 0$$

谐振角频率和谐振频率分别为

$$\omega_0 = \frac{1}{\sqrt{LC}}, \quad f_0 = \frac{1}{2\pi\sqrt{LC}}$$

电路处于并联谐振状态时,具有下列特征:

①电路端电压与电流同相位,电路呈电阻性。

②电路并联谐振时阻抗最大,等于电阻值。因此,当电压一定时,电路中的总电流最小。

③电感电流与电容电流的幅值大小相等,相位相反,互相补偿,电路总电流等于电阻支路的电流。

④各并联支路的电流为

$$\dot{I}_L = \frac{\dot{U}}{j\omega_0 L} = \frac{R}{j\omega_0 L}\dot{I}$$

$$\dot{I}_C = j\omega_0 C\dot{U} = j\omega_0 CR\dot{I}$$

电路并联谐振时,$I_L = I_C$,它们比并联总电流可以大许多倍。因此,并联谐振又称电流谐振。

项目测试题

2.1 从正弦交流电的瞬时值表达式中,能获得交流电的三要素吗?

2.2 交流电的有效值的意义是什么?

2.3 若 i_1 超前 i_2,则 i_1 的幅值一定比 i_2 的幅值大吗?

2.4 已知正弦电压 $u = 100\sin(100\pi t - 30°)$ V,试求:

(1)它的幅值、有效值和初相位;

(2)角频率和频率;

（3）当 $t=0\,\mathrm{s}$、$0.01\,\mathrm{s}$ 时，电压的瞬时值各为多少？

2.5 已知三个电流的瞬时值表达式分别为 $i_1=5\sin(\omega t+30°)\,\mathrm{A}$；$i_2=10\sin(\omega t+60°)\,\mathrm{A}$；$i_3=3\sin\omega t\,\mathrm{A}$。画出这三个电流的相量图。判断 i_1 与 i_2 的超前或滞后关系，以及 i_3 与 i_2 的超前或滞后关系。

2.6 把一个 $L=100\,\mathrm{mH}$ 的电感线圈接在电压 $U=220\,\mathrm{V}$，$f=50\,\mathrm{Hz}$ 的电源上，试求：

（1）线圈的感抗 X_L。

（2）通过线圈中的电流 I，无功功率 Q。

（3）若把电源频率改为 $f=500\,\mathrm{Hz}$，其他条件不变，X_L、I 各为多少？

（4）以电流为参考相量，画出其相量图。

2.7 已知加在 $C=50\,\mu\mathrm{F}$ 电容上的电压 $u_C=100\sqrt{2}\sin200t\,\mathrm{V}$，试求电流有效值 I 和无功功率 Q。

2.8 一个交流电磁铁线圈（电路模型为 R、L 串联），额定电压为 $380\,\mathrm{V}$，电源频率为 $50\,\mathrm{Hz}$，工作时通过线圈的电流为 $50\,\mathrm{mA}$，测得线圈的电阻为 $2\,\mathrm{k\Omega}$，试求线圈的电感 L。

2.9 R、L 串联电路接于 $50\,\mathrm{Hz}$，$100\,\mathrm{V}$ 正弦电源上，测电流 $I=2\,\mathrm{A}$，功率 $P=100\,\mathrm{W}$，试求电路参数 R、L 的值。

2.10 荧光灯电路中，灯管和镇流器串联，灯管的等效电阻 $R_1=300\,\Omega$，镇流器的电阻 $R_2=20\,\Omega$、电感 $L=1.5\,\mathrm{H}$，电源电压 $U=220\,\mathrm{V}$，频率 $f=50\,\mathrm{Hz}$。试求：

（1）电路中的电流 I。

（2）灯管两端的电压 U_{R_1} 和镇流器两端的电压 U_{R_2}。

（3）电路的有功功率 P、无功功率 Q、视在功率 S 及功率因数 $\cos\varphi$。

2.11 在 R、L、C 串联电路中，设电源电压的频率为 $50\,\mathrm{Hz}$，电流 $I=10\,\mathrm{A}$，$U_R=80\,\mathrm{V}$、$U_L=180\,\mathrm{V}$、$U_C=120\,\mathrm{V}$。试求：

（1）电源电压 U。

（2）电源电压与电流的相位差 φ。

（3）电路中的有功功率 P、无功功率 Q、视在功率 S 及功率因数 $\cos\varphi$。

2.12 在 R、L、C 串联电路中，$R=500\,\Omega$、$L=60\,\mathrm{mH}$、$C=0.053\,\mu\mathrm{F}$。当电路中发生谐振时，谐振频率和谐振阻抗各为多少？

2.13 将 R、L、C 串联后接在 $f=1\,000\,\mathrm{Hz}$、$U=10\,\mathrm{V}$ 的交流电源上，若已知 $R=5\,\Omega$、$L=25\,\mathrm{mH}$。试求：

（1）C 为何值时，电路产生谐振现象。

（2）谐振时各元件的电压。

2.14 有一 $60\,\mathrm{W}$ 的荧光灯，接在 $50\,\mathrm{Hz}$、$220\,\mathrm{V}$ 交流电源上，通过的电流是 $0.55\,\mathrm{A}$，求其功率因数 $\cos\varphi$。在荧光灯两端并联一个 $5\,\mu\mathrm{F}$ 电容器，问功率因数变为多少？

2.15 有一感性负载，其额定电压为 $220\,\mathrm{V}$，额定功率为 $10\,\mathrm{kW}$，功率因数 $\cos\varphi_1=0.6$，接在 $220\,\mathrm{V}$、$50\,\mathrm{Hz}$ 的交流电源上，如果将功率因数提高到 $\cos\varphi=0.95$，试计算与负载并联的电容 C 大小和补偿的无功功率 Q_C。

项目三
三相交流电路分析与应用

项目导入

　　三相交流电路在生产上应用最为广泛,发电和输配电一般都采用三相制,在用电方面,最主要的负载是三相交流异步电动机。

学习目标

知识目标

(1)理解三相交流电路中各电量之间的关系。

(2)掌握对称三相交流电路的分析、计算方法。

(3)掌握三相交流异步电动机的基本知识。

能力目标

(1)会分析、计算三相正弦交流电路。

(2)能正确连接三相交流电路,能够熟练使用交流电压表、电流表、功率表及功率因数表测量三相交流电路的基本电学量。

(3)会选择和使用三相交流异步电动机。

素质目标

(1)培养安全规范和质量标准意识。

(2)培养敬业、精益、专注、创新等工匠精神。

(3)理论联系实际,分析问题和解决问题的能力。

🔖 **学习导图**

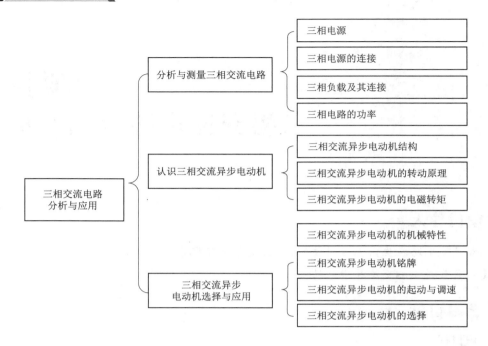

学习任务一　分析与测量三相交流电路

🎧 **任务描述**

　　三相交流电路是指由三个频率相同、幅值相等、相位互差120°电角度的正弦交流电动势按照一定的方式连接而成的电源，接上三相负载后形成的三相电路的统称。本任务介绍三相交流电源、三相负载的基本知识、连接方法、测量分析及其应用等。

⚙️ **相关知识**

● 视频

三相交流电

一、三相电源

　　对称的三相电源是由三个频率相同、幅值相等、初相位依次相差120°的正弦电源，按一定方式(星形或三角形)连接组成的。

　　在图3-1中，三个正弦电源正极性端记为 L1、L2、L3，负极性端记为 L1′、L2′、L3′，图中每一个电压源称为三相电源的一相，依次为1相、2相、3相，三个相电压分别记为 u_1、u_2、u_3，则有

$$u_1 = U_m \sin \omega t$$
$$u_2 = U_m \sin(\omega t - 120°)$$
$$u_3 = U_m \sin(\omega t - 240°)$$
$$= U_m \sin(\omega t + 120°)$$

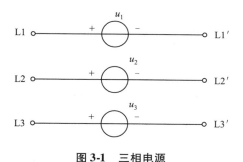

图 3-1　三相电源

对应的相量为

$$\dot{U}_1 = U\angle 0°$$

$$\dot{U}_2 = U\angle -120°$$

$$\dot{U}_3 = U\angle -240° = U\angle 120°$$

对称三相电源的波形图、相量图如图 3-2 所示。

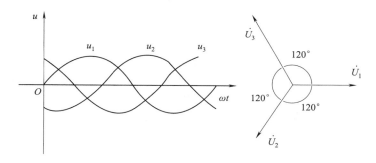

图 3-2　三相电源的波形图、相量图

通过三相电源的波形图、相量图分析可得,在任何瞬间对称三相电源的电压之和为 0,即

$$u_1 + u_2 + u_3 = 0$$

$$\dot{U}_1 + \dot{U}_2 + \dot{U}_3 = 0$$

1 相超前 2 相、2 相超前 3 相,1—2—3 相序称为顺序;反之,为逆序。在电力系统中一般用黄、绿、红三种颜色区别 1、2、3 三相。

二、三相电源的连接

1. 三相电源的星形联结

如图 3-3 所示,若将电源的三相定子绕组末端 U2、V2、W2 连在一起,分别由三个首端 U1、V1、W1 引出三条输电线,称为星形联结。这三条输电线称为相线或端线,俗称火线,用 L1、L2、L3 表示;U2、V2、W2 的连接点称为中性点,从中性点引出的导线称为中性线,俗称零线。在图 3-3 中,每相上的电压 $\dot{U}_1$、$\dot{U}_2$、$\dot{U}_3$ 方向从始端指向末端,称为相电压;相线之间的电压 $\dot{U}_{12}$、$\dot{U}_{23}$、$\dot{U}_{31}$ 称为线电压。

由图 3-3 可知,线电压和相电压有如下的关系式:

视频 ●

三相电源的连接 ●

$$\dot{U}_{12} = \dot{U}_1 - \dot{U}_2$$

$$\dot{U}_{23} = \dot{U}_2 - \dot{U}_3$$

$$\dot{U}_{31} = \dot{U}_3 - \dot{U}_1$$

可见相电压对称,线电压同样也对称。用图 3-4 表示线电压与相电压之间的关系。

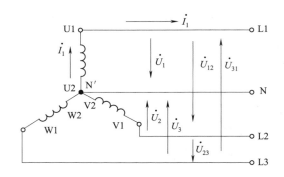

图 3-3　三相电源的星形联结

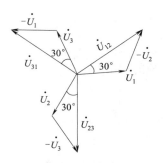

图 3-4　星形联结电压相量图

从图 3-4 中可以得到

$$\dot{U}_{12} = \sqrt{3}\,\dot{U}_1 \angle 30°$$

$$\dot{U}_{23} = \sqrt{3}\,\dot{U}_2 \angle 30°$$

$$\dot{U}_{31} = \sqrt{3}\,\dot{U}_3 \angle 30°$$

在对称三相电源的星形联结中,线电压 U_1(线电压有效值)是相电压 U_p(相电压有效值)的 $\sqrt{3}$ 倍,线电压超前对应的相电压 30°。

2. 三相电源的三角形联结

在图 3-5 中,电源的三绕组还可以将一相的末端与相应的另一相的始端依次连接成三角形,并从连接点引出三条相线 L1、L2、L3 给用户供电,称为三角形联结。

三角形联结时,每相的正负不能接错,如果接错,$\dot{U}_{12} + \dot{U}_{23} + \dot{U}_{31} \neq 0$,引起环流把电源损坏。这点要引起注意。在三角形联结中,线电压等于电源的相电压。

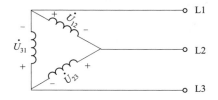

图 3-5　三相电源的三角形联结

三、三相负载及其连接

● 视频
三相负载的连接

交流电气设备种类繁多,其中有些设备必须接到三相电源上才能正常工作,如三相交流电动机、大功率的三相电炉等,这些设备统称三相负载。三相负载的连接方式有两种——星形联结和三角形联结。采用何种连接方式取决于三相电源盒每相负载的额定电压,应使每一相负载承受的电压等于其额定电压。

1. **三相负载的星形联结**

假定把三相负载 Z_1、Z_2、Z_3 的一端连接在一起,用 N′ 来表示,这点称为负载的中性点;三相负载 Z_1、Z_2、Z_3 的另一端及中性点用导线分别与三相电源及电源的中性点 N 相连接(见图 3-6)组成的供电系统,称为三相四线制电路。如果不接中性线 NN′ 的供电系统,称为三相三线制电路。电压和电流的方向如图 3-6 所示。

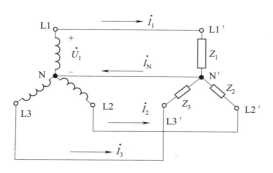

图 3-6 负载的星形联结

在三相四线制电路中,通过每相负载的电流称为相电流,用 I_p 表示,通过每根相线的电流称为线电流,用 I_1 表示。当负载采用星形联结时,各个负载的电流就是对应的线电流。即

$$I_1 = I_p$$

三相负载相同,即 $Z_1 = Z_2 = Z_3 = Z$,称为对称三相负载。如果三相电源对称,三相负载对称,相线的复阻抗相等,由此组成的供电系统,称为对称三相电路。在对称三相电路中,各相电流也是对称的,此时中性线电流 $I_N = 0$。

2. **三相负载的三角形联结**

假定三相负载对称,都等于 Z,连接成三角形,如图 3-7 所示。设线电流为 $\dot{I}_1$、$\dot{I}_2$、$\dot{I}_3$,相电流为 $\dot{I}_{12}$、$\dot{I}_{23}$、$\dot{I}_{31}$,可得

$$\dot{I}_1 = \dot{I}_{12} - \dot{I}_{31}$$

$$\dot{I}_2 = \dot{I}_{23} - \dot{I}_{12}$$

$$\dot{I}_3 = \dot{I}_{31} - \dot{I}_{23}$$

通过相量图(见图 3-8)分析可得

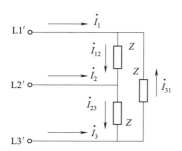

图 3-7 负载的三角形联结

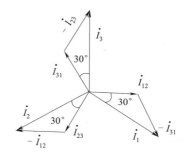

图 3-8 负载的三角形联结相量图

$$\dot{I}_1 = \sqrt{3}\dot{I}_{12}\angle -30°$$

$$\dot{I}_2 = \sqrt{3}\dot{I}_{23}\angle -30°$$

$$\dot{I}_3 = \sqrt{3}\dot{I}_{31}\angle -30°$$

在对称三相负载的三角形联结中,线电流 I_L 等于相电流 I_P 的 $\sqrt{3}$ 倍,线电流滞后于对应的相电流 30°。

综上所述,在对称三相电路中,有如下结论:

①在星形($\curlyvee$)联结的情况下,$U_L = \sqrt{3}U_P$,$I_L = I_P$。

②在三角形($\triangle$)联结的情况下,$U_L = U_P$,$I_L = \sqrt{3}I_P$。

例 3-1 某三相三线制供电线路上,接入三相电灯负载,接成星形,如图 3-9 所示。设线电压为 380 V,每一组电灯负载的电阻是 400 Ω,试求:

①在正常工作时,电灯负载的电压和电流为多少?

②如果一相断开时,其他两相负载的电压和电流为多少?

③如果一相发生短路,其他两相负载的电压和电流为多少?

④如果采用三相四线制(加了中性线)供电(见图 3-10),试重新计算一相断开时或一相短路时,其他各相负载的电压和电流。

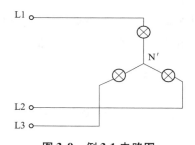

图 3-9 例 3-1 电路图

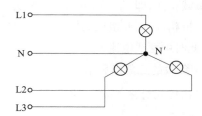

图 3-10 例 3-11 中第④问电路图

解 ①在正常情况下,三相负载对称,则

$$U_{L1N'} = U_{L2N'} = U_{L3N'} = \frac{380}{\sqrt{3}}\text{ V} = 220\text{ V}$$

$$I_1 = U_{L1N'} = \frac{220}{400}\text{ A} = 0.55\text{ A}$$

$$I_2 = I_3 = 0.55\text{ A}$$

②一相断开,如图 3-11 所示,有

$$U_{L2N'} = U_{L3N'} = \frac{380}{2}\text{ V} = 190\text{ V}$$

$$I_2 = I_3 = \frac{190}{400}\text{ A} = 0.475\text{ A}(\text{灯暗})$$

$$I_1 = 0$$

二相和三相每组电灯两端电压低于额定电压,电灯不能正常工作。

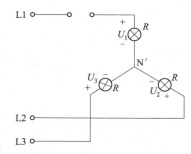

图 3-11 例 3-1 中第②问电路图

③一相发生短路,如图 3-12 所示,有

$$U_{L2N'} = U_{L3N'} = 380 \text{ V}$$

$$I_2 = I_3 = \frac{380}{400} \text{ A} = 0.95 \text{ A}(灯亮)$$

二相和三相每组电灯两端电压超过额定电压,电灯将会被损坏。

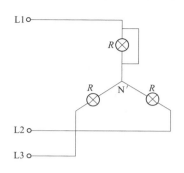

图 3-12 例 3-1 中第③问电路图

④采用三相四线制,见图 3-10。

一相断开,其余两相

$$U_{L2N'} = U_{L3N'} = 220 \text{ V}$$

$$I_2 = I_3 = \frac{220}{400} \text{ A} = 0.55 \text{ A}$$

当一相短路时,其余两相

$$U_{L2N'} = U_{L3N'} = 220 \text{ V}$$

$$I_2 = I_3 = 0.55 \text{ A}$$

采用三相四线制供电时,当一相断开或一相短路,其余两相仍能正常工作,这就是三相四线制的优点。为了保证每相负载正常工作,中性线不能断开。中性线是不允许接入开关或熔丝的。

四、三相电路的功率

在三相电路中,三相负载吸收的有功功率等于各相有功功率之和,即

$$P = P_1 + P_2 + P_3 = U_{P1}I_{P1}\cos\varphi_1 + U_{P2}I_{P2}\cos\varphi_2 + U_{P3}I_{P3}\cos\varphi_3$$

式中,φ_1、φ_2、φ_3 分别是一相、二相、三相的相电压与相电流之间的相位差。

如果三相负载对称,电路吸收的有功功率为

$$P = 3U_PI_P\cos\varphi$$

式中,φ 为相电压与相电流之间的相位差。

一般为方便起见,常用线电压和线电流来计算三相对称负载的有功功率。

对称三相负载的有功功率为

$$P = \sqrt{3}\,U_LI_L\cos\varphi$$

式中,φ 仍为相电压与相电流之间的相位差。

同理,三相对称负载的无功功率和视在功率分别为

$$Q = \sqrt{3}\,U_LI_L\cos\varphi$$

$$S = \sqrt{3}\,U_LI_L$$

视频 ●

三相电路的功率

●

例 3-2 对称三相三线制的线电压为 380 V,每相负载阻抗 $Z = 10\angle 53.1°$ Ω,试求负载为星形和三角形连接时的三相功率。

解 负载为星形联结时,有

相电压 $\qquad\qquad U_P = \dfrac{U_L}{\sqrt{3}} = \dfrac{380}{\sqrt{3}} \text{ V} = 220 \text{ V}$

线电流 $\qquad\qquad I_L = I_P = \dfrac{220}{10} \text{ A} = 22 \text{ A}$

相电压与相电流的相位差为53.1°,则三相功率为

$$P = \sqrt{3}\, U_L I_L \cos \varphi = \sqrt{3} \times 380 \times 22 \times \cos 53.1° \text{W} = 8\ 688 \text{ W}$$

负载为三角形联结时,有

相电流

$$I_P = \frac{380}{10} \text{ A} = 38 \text{ A}$$

线电流

$$I_L = \sqrt{3}\, I_P = 38\sqrt{3} \text{ A}$$

相电压与相电流的相位差为53.1°,则三相功率为

$$P = \sqrt{3}\, U_L I_L \cos \varphi = \sqrt{3} \times 380 \times \sqrt{3} \times 38 \times \cos 53.1° \text{W} = 26\ 064 \text{ W}$$

通过上面例题的分析,可得电源电压一定的情况下,三相负载连接形式的不同,负载的有功功率不同,所以一般三相负载在电源电压一定的情况下,都有确定的连接形式,不能任意连接。如有一台三相电动机,当电源线电压为380 V时,电动机要求接成星形,如果错接成三角形会造成功率过大而损坏电动机。

 **任务实施**

连接与测量三相交流电路

一、连接三相交流电路

用三相调压器调压输出作为三相交流电源,用三组白炽灯作为三相负载,连接三相电路。负载分别进行星形和三角形联结。

二、测量三相电路线电压与相电压,线电流与相电流

1. 测量负载星形联结时的电压、电流

负载采用100 W、220 V白炽灯组成的灯箱,电源选用380 V/220 V电源,根据表3-1所列参数,完成各项测量任务。

表3-1 三相负载的星形联结

类型		每相灯数			测量参数					
		U	V	W	相电压	线电压	相电流	线电流	I_N
负载对称	有中性线	2	2	2					
	无中性线	2	2	2					
不对称负载	有中性线	2	2	断					
	无中性线	2	2	断					

2. 测量负载三角形联结时的电压、电流

将负载接成三角形,按表3-2所列参数,完成各项测量任务。

表3-2 三相负载的三角形联结

每相灯数			测量参数			
U	V	W	相电压	线电压	相电流	线电流
2	2	2				
2	2	断				

3. 注意事项

①每次接线完毕，同组同学应自查一遍，然后由指导教师检查后，方可接通电源，必须严格遵守先接线，后通电；先断电，后拆线的操作原则。

②星形联结负载作短路实验时，必须首先断开中性线，以免发生短路事故。

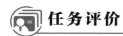

任务评价

任务评价表见表3-3。

表3-3　任务评价表

评价项目	评价内容	评价标准	分数	评分记录		
				学生	小组	教师
综合素养	工作现场整理、整顿	整理、整顿不到位，扣5分	30			
	操作遵守安全规范要求	违反安全规范要求，每次扣5分				
	遵守纪律，团结协作	不遵守教学纪律，有迟到、早退等违纪现象，每次扣5分				
知识技能	电路接线无误（星形和三角形）	电路连接错误，每处扣3分	30			
	电源电压调节	电源电压调整错误，扣10分	10			
	测量过程准确，测量结果在允许误差范围内	电压、电流测量错误，每处扣2分	30			
总　　分			100			

学习任务二　认识三相交流异步电动机

任务描述

三相交流异步电动机具有结构简单、价格低廉、坚固耐用、使用维护方便等优点。根据转子结构不同，三相交流异步电动机可以分为笼型和绕线型。本任务重点介绍三相异步电动机结构特点、旋转磁场、转动原理及其机械特性等内容。

相关知识

一、三相交流异步电动机结构

三相交流异步电动机如图3-13所示。

三相交流异步电动机的结构分为两大部分：一部分是固定不动的部分，称为定子；另一部分是旋转部分，称为转子。其主要部件如图3-14所示。

1. 定子

三相交流异步电动机的定子由机座、定子铁芯、定子绕组、端盖和风扇罩等部件组成。

图3-13　三相交流异步电动机

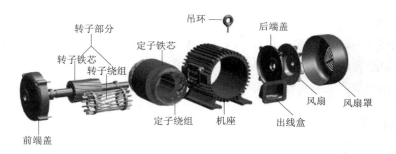

图 3-14 三相交流异步电动机主要部件

机座一般用铸铁制成,主要是起固定和支撑作用。

定子铁芯是异步电动机磁路的一部分,装在机座里。为了降低定子铁芯的涡流损耗和磁滞损耗,定子铁芯由导磁性能好、0.5 mm 厚的硅钢片叠压而成,在硅钢片的两面涂有绝缘漆,在定子铁芯内圆表面开有槽,槽内放置三相对称的定子绕组。

定子绕组是用绝缘铜线或铝线绕制的三相对称绕组,用来通入三相对称交流电产生旋转磁场。三相定子绕组一般有六个出线端。按照国家标准 GB/T 1971—2021《旋转电机　线端标志与旋转方向》三相绕组分别用 U1-U2、V1-V2、W1-W2 表示。六个端子均引出至机座外部的接线盒,并根据需要接成星形或三角形,如图 3-15 所示。

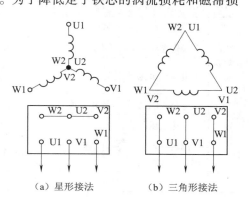

（a）星形接法　　（b）三角形接法

图 3-15　定子绕组接线图

2. 转子

三相交流异步电动机的转子由转子铁芯、转子绕组和转轴等部件构成。

转子铁芯也是电动机磁路的一部分,同定子铁芯一样,也是用 0.5 mm 厚的硅钢片叠压而成。转子铁芯的外表面开有槽,槽内放置转子绕组。中小型异步电动机的转子直接固定在转轴上,大型异步电动机的转子套在转子支架上,然后让支架固定在转轴上。

转子绕组的作用是产生感应电动势,流过电流并产生电磁转矩。按其结构分为鼠笼式和绕线式。

（1）鼠笼式转子绕组

根据导体材料不同,鼠笼式转子分为铜条转子和铸铝转子。在转子铁芯的每个槽中放置一根铜条,在铁芯两端的槽口处,用两个铜环短接成一个回路,形成一个笼子的形状,如图 3-16（a）所示。小型笼型异步电动机的转子以及冷却风扇通常采用一次性浇注铝液而成,称为铸铝转子,如图 3-16（b）所示。

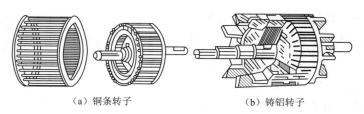

（a）铜条转子　　　　　　　（b）铸铝转子

图 3-16　鼠笼式转子

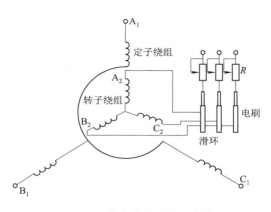

（2）绕线式转子绕组

绕线转子异步电动机的转子绕组和定子绕组一样，也是对称三相绕组，连接成星形。星形绕组的三根相线，接到装在转轴的相互绝缘的三个铜制的滑环上，并通过一组电刷引出与外电阻相连。通过外接电阻可以改善电动机的运行特性。通常就是根据绕线转子异步电动机具有三个滑环的结构特点来辨认它的。其接线示意图如图3-17所示。

图3-17 绕线式转子接线示意图

二、三相交流异步电动机的转动原理

1. 旋转磁场

三相交流异步电动机的定子绕组是一个空间位置对称的三相绕组，如果在定子绕组中通入三相对称的交流电流，就会在电动机内部建立起一个恒速旋转的磁场，称为旋转磁场，它是异步电动机工作的基本条件。

（1）旋转磁场的产生

三相交流异步电动机的定子槽中放有三相对称绕组 U1-U2、V1-V2 和 W1-W2，其中 U1、V1、W1 是绕组的首端，U2、V2、W2 是绕组的尾端。将三相绕组星形联结，如图3-18所示，接到电源线上，绕组中便通入三相对称电流

$$i_1 = I_m \sin \omega t$$
$$i_2 = I_m \sin(\omega t - 120°)$$
$$i_3 = I_m \sin(\omega t + 120°)$$

三相对称电流波形如图3-19所示。取绕组首端到尾端的方向作为电流的参考方向。在电流的正半周时，其值为正，实际方向与参考方向一致；在负半周时，其值为负，实际方向与参考方向相反。根据这个条件，下面分析在不同瞬间由定子绕组中三相电流产生的旋转磁场情况，如图3-20所示。

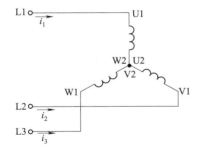

图3-18 定子绕组的星形联结

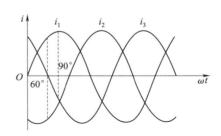

图3-19 三相对称电流波形

在图3-20（a）中，$\omega t = 0°$时，由图3-19可知，此时 $i_1 = 0$；$i_2 < 0$，方向为 V2→V1；$i_3 > 0$，方向为 W1→W2。将每相电流所产生的磁场叠加，便得出三相电流的合成磁场，显然合成磁场轴线的方向是自上而下的。

在图3-20（b）中，$\omega t = 60°$时，由图3-19可知，$i_1 > 0$；$i_2 < 0$；$i_3 = 0$，将每相电流所产生的磁场叠加，得出合成磁场，显然合成磁场轴线的方向也转过了60°。

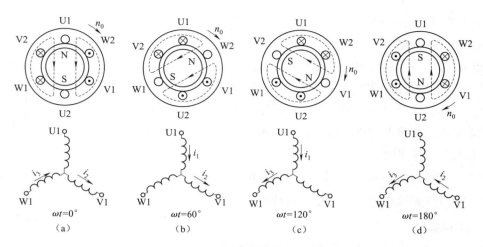

图 3-20　三相电流产生的旋转磁场

在图 3-20（c）、（d）中，结合图 3-19，同理可得在 $\omega t = 120°$ 和 $\omega t = 180°$ 时，合成磁场的方向也分别比前一位置转过了 60°。

分析可见，当定子绕组中通入三相电流后，它们共同产生的合成磁场是随电流的交变而在空间不断旋转着，这就是旋转磁场。

（2）旋转磁场的转向

上述旋转磁场的转向是顺时针的。若将电源的任意两相对调再接入三相定子绕组，即相序为逆序，则合成磁场的方向为逆时针。因此，旋转磁场的方向是与通入三相绕组的三相电流的相序是一致的。

（3）旋转磁场的转速

以上分析的是两极（磁极对数 $p = 1$）三相异步电动机定子绕组产生的旋转磁场。旋转磁场的磁极对数与三相绕组在空间的分布有关。

旋转磁场的转速取决于磁场的磁极对数和电源频率。在 $p = 1$ 时，电流每交变一个周期，旋转磁场在空间就旋转一周。若电流的频率为 f_1，即电流每秒交变 f_1 次，旋转磁场就转过 f_1 周。显然，旋转磁场的转速为 $n_1 = 60f_1$。在 $p = 2$ 时，电流每交变一个周期，旋转磁场在空间只旋转半周。显然，旋转磁场的转速为 $n_1 = 60f_1/2$。这样，具有 p 对磁极的旋转磁场的转速 n_1 表示为

$$n_1 = \frac{60f_1}{p} \tag{3-1}$$

旋转磁场转速又称同步转速。在我国，工频 $f_1 = 50$ Hz。由式（3-1）可得对应于不同磁极对数 p 时的旋转磁场的转速，见表 3-4。

表 3-4　磁极对数与旋转磁场的转速的关系

p	1	2	3	4	5	6
$n_1/(\text{r/min})$	3 000	1 500	1 000	750	600	500

2. 三相交流异步电动机的转动原理

由以上分析可知，如果在定子绕组中通入三相对称电流，则定子内部产生某个方向转速为 n_1

的旋转磁场。这时,转子导体和旋转磁场之间存在相对运动,切割磁感线而产生感应电动势,感应电动势的方向可以根据右手定则判断。由于转子绕组是闭合的,所以在感应电动势的作用下,转子绕组内有电流流过。转子电流与旋转磁场相互作用,便在转子绕组中产生电磁力,电磁力的方向由左手定则判断。该力对转轴形成了电磁转矩,使转子按旋转磁场的方向转动。异步电动机的定子和转子之间的能量传递是靠电磁感应作用的,故异步电动机又称感应电动机。

转子转速 n 能否与旋转磁场的转速 n_1 相同呢?回答是不可能的,n 必须总小于 n_1。否则,由于两者之间没有相对运动,就不会产生感应电动势及感应电流,电磁转矩无法形成,这就是异步电动机名称的由来。

3. 转差率

由转动原理可知,转子转速小于旋转磁场的转速是保证转子旋转的必要条件。常用转差率 s 来表示转子转速 n 与旋转磁场的转速 n_1 相差的程度,即

$$s = \frac{n_1 - n}{n_1} \tag{3-2}$$

或

$$n = n_1(1 - s) \tag{3-3}$$

转差率是异步电动机的一个重要的物理量。转子转速愈接近同步转速,则转差率愈小。由于三相异步电动机的额定转速与同步转速相近,所以它的转差率通常很小,为 $0.01 \sim 0.06$。当 $n = 0$(起动瞬间)时,$s = 1$,这时转差率最大。

例 3-3　一台异步电动机,额定转速 $n_N = 1\,475$ r/min,电源频率 $f_1 = 50$ Hz。求电动机的磁极对数和额定转差率。

解　①由于电动机的额定转速略低于同步转速 n_1,可判断其同步转速 $n_1 = 1\,500$ r/min,故得

$$p = 60f_1/n_1 = 60 \times 50/1\,500 = 2$$

②额定转差率 s_N 为

$$s_N = (n_1 - n_N) = (1\,500 - 1\,455)/1\,500 = 0.03$$

三、三相交流异步电动机的电磁转矩

三相交流异步电动机的电磁转矩 T 是由旋转磁场的每极磁通 Φ 与转子电流 I_2 相互作用而产生的。但因转子电路是电感性的,转子电流比转子电动势滞后一定角度,所以电磁转矩 T 与磁通 Φ 和转子电流 I_2 的有功分量成正比,即

$$T = K_T \Phi I_2 \cos \varphi_2 \tag{3-4}$$

式中,K_T 是与电动机结构有关的常数。

电磁转矩的另一个表达式为

$$T = K \frac{s R_2 U_1^2}{R_2^2 + (s X_{20})^2} \tag{3-5}$$

式中,K 为常数;s 为转差率;R_2 为转子每相绕组的电阻;X_{20} 为 $n = 0$ 时转子每相绕组的感抗;U_1 为电源电压。

由式(3-5)可见,电磁转矩 T 不仅与 U_1 的二次方成正比,还与转子电阻 R_2 有关。

四、三相交流异步电动机的机械特性

1. 机械特性曲线

当三相交流异步电动机定子外加电压 U_1 及其频率 f_1 一定时,转矩与转差率的关系曲线 $T = f(s)$ 如图 3-21 所示,转速与转矩的关系曲线 $n = f(T)$ 如图 3-22 所示,二者统称为三相交流异步电动机的机械特性曲线。

机械特性是三相交流异步电动机的主要特性,它有四个特征点,分析如下。

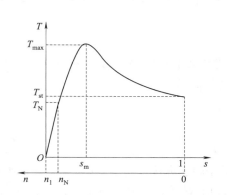

图 3-21 三相交流异步电动机 $T = f(s)$ 曲线   图 3-22 三相交流异步电动机 $n = f(T)$ 曲线

(1)理想空载与硬特性

由图 3-21 可见,当 $n = n_1$,即 $s = 0$ 时,$T = 0$,这种运行情况,称为三相交流异步电动机的理想空载。当三相交流异步电动机的负载转矩从理想空载增加到额定转矩 T_N 时,它的转速相应地从 n_1 下降到额定转速 n_N,n_N 略低于 n_1。电动机转速 n 随着转矩的增加而稍微下降的这种特性,称为硬特性。以最大转矩为界限,机械特性分为两个区:上面的为三相交流异步电动机的稳定工作区,下面的为三相交流异步电动机的不稳定工作区。

(2)额定转矩 T_N

额定转矩 T_N 表示三相交流异步电动机在额定工作状态时的转矩。三相交流异步电动机的额定转矩可根据三相交流异步电动机铭牌上给出的额定输出功率 P_N 和额定转速 n_N 计算出来。

在图 3-21 中,$T = T_N$,$n = n_N$ 时对应的点称为额定工作状态。如果忽略电动机本身的空载损耗,可以近似地认为,额定转矩 T_N 等于额定输出转矩 T_{2N}。根据动力学分析,旋转体功率 P 等于旋转体转矩 T 乘以角速度 ω,可得

$$P_2 = T_2 \cdot \omega$$

$$T \approx T_2 = \frac{P_2 \times 10^3}{\dfrac{2\pi n}{60}} = 9\,550\,\frac{P_2}{n}$$

额定状态时

$$T_N = T_{2N} = 9\,550\,\frac{P_{2N}}{n_N} \tag{3-6}$$

式中,P_{2N} 为三相交流异步电动机轴上的额定输出功率,也用 P_N 表示,单位 kW;n_N 的单位是

r/min，T_N 的单位是 $N \cdot m$。

（3）最大转矩 T_{max}

T_{max} 表示三相交流异步电动机产生的最大电磁转矩，又称临界转矩。如图 3-21 中的 b 点（$T = T_{max}, n = n_m$）。对应于 T_{max} 的转差率 s_m 称为临界转差率，如图 3-22 所示。

由式（3-5）可求得当 $s = s_m = \dfrac{R_2}{X_{20}}$ 时，电磁转矩最大，将其代入式（3-5），可得

$$T_{max} = K \frac{U_1^2}{2X_{20}} \tag{3-7}$$

可见，最大电磁转矩 T_{max} 与电源电压 U_1 的二次方成正比，而与转子电阻 R_2 无关；但临界转差率 s_m 与 R_2 有关，R_2 愈大，s_m 也愈大。

电源电压的下降，将使最大转矩减小，影响三相交流异步电动机过载能力。

三相交流异步电动机的最大过载，可以接近最大转矩，如果时间较短，三相交流异步电动机的发热不超过允许温升，这样的过载是允许的。当负载转矩超过最大转矩时，三相交流异步电动机将带不动负载，会发生"闷车"停转现象（又称"堵转"），这时应立即切断电源，并卸除过重负载。而最大转矩也表示电动机允许的短时的过载能力。

最大转矩 T_{max} 与额定转矩 T_N 的比值，即

$$\lambda = T_{max}/T_N \tag{3-8}$$

称为电动机的过载系数，代表电动机的过载能力。λ 一般为 1.8 ~ 2.2。

（4）起动转矩 T_{st}

T_{st} 是表示三相交流异步电动机的转子起动瞬间，即 $n = 0, s = 1$ 时的电磁转矩。将 $s = 1$ 代入式（3-5），可得

$$T_{st} = K \frac{R_2 U_1^2}{R_2^2 + X_{20}^2} \tag{3-9}$$

由式（3-9）可见，T_{st} 与转子电阻 R_2 和电源电压 U_1 等参数有关。当 U_1 降低时，T_{st} 减小。适当增大 R_2，会提高起动转矩 T_{st}。

为了保证三相交流异步电动机能够起动，起动转矩必须大于三相交流异步电动机静止时的负载转矩。三相交流异步电动机一旦起动，会迅速进入机械特性的稳定区运行。通常 T_{st}/T_N 取 1.1 ~ 2.2。

显然，电源电压的下降，将使起动转矩和最大转矩都减小，直接影响三相交流异步电动机的起动性能和过载能力。通常在三相交流异步电动机的运行过程中，规定电网电压一般允许在 ±5% 范围内波动。

例 3-4 有一台三相交流异步电动机的技术数据为：额定功率 $P_N = 40$ kW，额定电压 $U_N = 380$ V，额定转速 $n_N = 1\,475$ r/min，额定工作时的效率 $\eta_N = 90\%$，定子功率因数为 0.85，起动能力 $T_{st}/T_N = 1.2$，过载系数 $\lambda = 2.0$。试求：

①额定电流 I_N、额定输入功率 P_{1N}；

②额定转矩 T_N、起动转矩 T_{st}、最大转矩 T_{max}。

解 ①求 I_N, P_{1N}：

$$P_{1N} = \frac{P_N}{\eta_N} = \frac{40}{0.85} \text{ kW} \approx 47.1 \text{ kW}$$

由于对称三相负载的功率为

$$P = \sqrt{3} U_N I_N \cos \varphi_N$$

所以

$$I_N = \frac{P_{1N}}{\sqrt{3} U_N \cos \varphi_N} = \frac{47.1 \times 10^3}{\sqrt{3} \times 380 \times 0.85} \text{ A} \approx 84.2 \text{ A}$$

②求 T_N、T_{st}、T_{max}:

$$T_N = 9\,550 \frac{P_N}{n_N} = 9\,550 \times \frac{40}{1\,475} \text{ N} \cdot \text{m} \approx 259.0 \text{ N} \cdot \text{m}$$

$$T_{st} = 1.2 T_N = 1.2 \times 259.0 \text{ N} \cdot \text{m} \approx 310.8 \text{ N} \cdot \text{m}$$

$$T_{max} = 2 T_N = 2 \times 259.0 \text{ N} \cdot \text{m} \approx 518.0 \text{ N} \cdot \text{m}$$

 **任务实施**

拆装小型笼型异步电动机

一、拆装

①拆除电动机与外部电气设备连接线,并做好电源相序标记。

②拆卸带轮或联轴器。

③卸下前轴承外盖、前端盖。

④卸下风扇罩、风扇。

⑤卸下后轴承外盖、后端盖,抽查转子。

⑥装配:与拆卸流程相反。

二、装配后的检查

1. 机械检查

①所有紧固螺钉是否拧紧。

②用手转动转轴,查看转子转动是否灵活,有无扫膛,有无松动;轴承是否有杂声等。

2. 电气性能检查

①直流电阻三相平衡。

②测量绕组的绝缘电阻,检测三绕组每相对地的绝缘电阻和相间绝缘电阻,其阻值不得小于 0.5 MΩ。

③接好电源线,在机壳上接好保护接地线,接通电源,用钳形电流表检测三相空载电流,看是否符合允许值。

3. 其他检查

检查电动机温升是否正常,运转中有无异常响动等。

 **任务评价**

任务评价表见表3-5。

表3-5　任务评价表

评价项目	评价内容	评价标准	分数	评分记录		
				学生	小组	教师
综合素养	工作现场整理、整顿	整理、整顿不到位,扣5分	30			
	操作遵守安全规范要求	违反安全规范要求,每次扣5分				
	遵守纪律,团结协作	不遵守教学纪律,有迟到、早退等违纪现象,每次扣5分				
知识技能	铭牌参数记录与识读	每错1处,扣2分	10			
	电动机拆卸与装配	未能按工艺拆卸与装配电动机,每错1处扣2分	30			
	电动机检查	(1)定子绕组直流电阻检查,每错1项扣5分。 (2)绝缘检查,仪表使用错误扣5分;测量与记录错误扣5分。 (3)钳形电流表使用错误扣5分,测量错误扣5分。 (4)其他检查,每错1处扣2分	30			
总　　分			100			

学习任务三　三相交流异步电动机选择与应用

任务描述

三相交流异步电动机的使用,主要涉及两方面的问题:一是如何选用电动机,二是如何应用电动机拖动生产机械运行。本任务以三相交流异步电动机的机械特性为基础,分析三相交流异步电动机的起动、制动与调速问题,以及三相交流异步电动机的选用依据。

相关知识

一、三相交流异步电动机铭牌

每台三相交流异步电动机的机座上都有一块铭牌,上面标有电动机的主要额定技术数据。现以 Y112M-4 型三相交流异步电动机的铭牌为例进行说明,如图 3-23 所示。

三相交流异步电动机					
型号	Y112M-4	功率	4 kW	频率	50 Hz
电压	380 V	电流	8.8 A	接法	△
转速	1 440 r/min	绝缘等级	E	工作方式	S1
温升	80℃	防护等级	IP44	质量	45 kg
××电机厂　　××年××月××日					

图 3-23　三相交流异步电动机的铭牌

1. 型号

型号是电动机类型、规格的代号。国产异步电动机的型号由汉语拼音字母、国际通用符号和阿拉伯数字组成,如图3-24所示。

图3-24 电动机的型号

三相交流异步电动机代号意义和适用场合见表3-6。

表3-6 三相交流异步电动机代号意义和适用场合

产品名称	代号	汉字意义	适用场合
三相异步电动机	Y	异	一般用途
绕线转子三相异步电动机	YR	异绕	小容量电源场合
防爆型三相异步电动机	YB	异爆	石油、化工、煤矿井下
三相异步电动机(高起动转矩)	YQ	异起	静负荷、惯性较大的机械

2. 定子绕组接法

接法表示电动机定子绕组的连接方法,例如:220△/380Y,表示电源为220 V时采用三角形(△)接法,电源为380 V时采用星形(Y)接法。图3-23中规定该三相交流异步电动机定子绕组的接线方式为三角形(△)接法。

3. 额定值

①额定电压 U_N:额定电压是指三相交流异步电动机在正常运行时,定子绕组上应加的线电压。

②额定电流 I_N:额定电流是指三相交流异步电动机在额定状态运行时,定子电路输入的最大允许线电流。

③额定功率 P_N:额定功率是指三相交流异步电动机在额定运行时轴上输出的机械功率。

④效率 η_N:效率是指三相交流异步电动机在额定运行状态下,轴上输出的机械功率 P_N 与定子输入电功率 P_{1N} 的比值,即

$$\eta_N = P_N / P_{1N}$$

值得注意的是,三相交流异步电动机是三相对称负载,根据三相对称负载的功率计算方法,不管电动机是星形联结还是三角形联结,三相功率即为三相交流异步电动机的输入功率

$$P_{1N} = \sqrt{3}\, U_N I_N \cos \varphi_N \tag{3-10}$$

⑤功率因数 $\cos \varphi_N$:功率因数是指三相交流异步电动机在额定负载时定子侧的功率因数。

⑥额定转速 n_N:额定转速表示三相交流异步电动机在额定工作状态下运行的转速。

4. 温升

温升是指三相交流异步电动机在运行中定子绕组发热而升高的温度。三相交流异步电动机在使用时容许的极限温度与绕组的绝缘材料耐热性能有关。常见绝缘等级与温升允许值关系见表3-7。

表 3-7   常见绝缘等级与温升允许值关系

绝缘等级	环境温度 40 ℃时的温升允许值	最大允许温度
A	65 ℃	105 ℃
E	80 ℃	120 ℃
B	90 ℃	130 ℃
F	115 ℃	155 ℃
H	140 ℃	180 ℃

如电动机用的是 E 级绝缘,定子绕组的允许温度不能超过 40 ℃ + 80 ℃ = 120 ℃的极限值。

5. 工作方式及防护等级

三相交流异步电动机有三种工作方式:

①连续工作方式:用 S1 表示,允许在额定负载下连续长期运行。

②短时工作方式:用 S2 表示,在额定负载下只能在规定时间内短时运行。我国规定的短时运行时间为 10 min、30 min、60 min、90 min 四种。

③断续工作方式:用 S3 表示,电动机按铭牌值工作时,运行一段时间就要停止一段时间,周而复始地按一定周期重复运行。

防护等级是指外壳防护型电动机的分级,如图 3-25 所示。

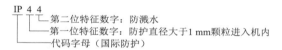

图 3-25   电动机防护等级

二、三相交流异步电动机的起动与调速

1. 三相交流异步电动机的起动

三相交流异步电动机的起动就是将电动机接通电源后,转速由零上升到某一稳定速度。在起动过程中,三相交流异步电动机的起动性能,主要是指起动电流和起动转矩。

（1）起动电流

起动初始瞬间,$n=0$ 即 $s=1$,在转子绕组中感应产生的电动势和电流都很大,因此定子电流也随之增大。一般笼型异步电动机的起动电流 $I_{st} = (5 \sim 7)I_N$。

如此大的起动电流对不频繁起动的三相交流异步电动机本身影响并不大。虽然起动电流很大,但是起动时间短（3～5 s）,一旦起动,电流便很快减小,三相交流异步电动机本身来不及过热。然而,过大的起动电流会引起电网电压的显著降低,因而影响接在同一电网上的其他电气设备的正常运行,可能会使其他电动机速度降低甚至停止运行。

（2）起动转矩

起动时,$n=0$ 即 $s=1$,转子电流很大,但转子的漏电抗 X_2 也很大,所以,转子功率因数 $\cos \varphi_2$ 很低,因而实际起动转矩并不大,通常 $T_{st}/T_N = 1.1 \sim 2.0$。起动转矩如果太小,就不能带载起动,或者使起动时间延长;起动转矩过大,则会冲击负载,甚至造成机械负载设备的损坏。

显然,三相交流异步电动机的起动性能较差,即起动电流过大,起动转矩较小,这与生产实际要求有时不能适应,因此,为了限制起动电流并得到适当的起动转矩,对三相交流异步电动机的起动要根据电网及电动机容量的大小、负载轻重等具体情况,采用不同的起动方法。

一般绕线转子异步电动机的起动只要在转子电路中接入大小适当的起动电阻,即可达到减小起动电流、提高起动转矩的目的,常用于要求起动转矩较大的生产机械上。笼型异步电动机有直接起动和降压起动两种方法。

2. 三相交流异步电动机的调速

调速是在保持三相交流异步电动机电磁转矩(即负载转矩)一定的情况下改变三相交流异步电动机的转动速度。三相交流异步电动机的转速公式为

$$n = n_1(1-s) \tag{3-11}$$

也可表示为

$$n = \frac{60f}{p}(1-s) \tag{3-12}$$

由式(3-12)可见,对三相交流异步电动机的调速可以从以下几方面进行:

(1)改变磁极对数 p 调速

改变磁极对数 p 调速(简称变极调速)只在笼型异步电动机中采用。要改变异步电动机的磁极对数,当然可以在定子铁芯槽内嵌放两套不同磁极对数的三相绕组,从制造的角度看,这种方法很不经济。通常是利用改变定子绕组的接法来改变磁极对数,如图3-26所示。

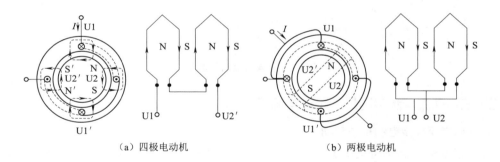

(a)四极电动机   (b)两极电动机

图 3-26　改变磁极对数的调速方法

图3-26中以U相绕组为例,图3-26(a)为四极电动机,图3-26(b)为两极电动机。这种调速方法,只能使电动机的转速成倍变化,常见的有双速电动机。

变极调速中,定子绕组的接线方式改变的同时,还需要改变定子绕组的相序,以保证变极调速前后电动机的转向不变。

(2)改变转差率 s 调速

改变转差率调速的方法有很多,常用的方案有改变异步电动机定子绕组电压调速、转子回路串电阻调速等。

(3)改变电源频率 f 调速

随着变频技术的发展,通过改变供电电源的频率 f 来改变电动机的转速(简称变频调速)得到了越来越多的应用。

三、三相交流异步电动机的选择

在生产上,三相交流异步电动机的使用非常广泛,正确地选择它的功率、种类、型式,以及正确选择它的保护电器和控制电器,是极为重要的。

1. 功率的选择

(1)连续运行电动机功率的选择

先计算出生产机械的功率,所选三相交流异步电动机的额定功率等于或稍大于生产机械的功率即可。

(2)短时运行电动机功率的选择

如机床中的夹紧电动机、刀架电动机、快速进给电动机等都是短时运行的电动机。它们共同的特点是工作时间短,要求有一定的短时过载能力。通常要根据过载系数 λ 来选择短时运行电动机的功率。电动机的功率可以是生产机械要求的功率的 $1/\lambda$。

2. 种类和结构型式的选择

(1)种类的选择

选择电动机的种类是从交流或直流、机械特性、调速与起动性能、维护及价格等方面来考虑的。若没有特殊的要求,都应选择交流电动机,并尽可能选用笼型异步电动机。绕线转子异步电动机起动性能、调速性能较好,但价格贵,维护亦较不便,常用来作为起重机、卷扬机、锻压机及重型机床的横梁移动等不能采用笼型异步电动机的场合。

(2)结构型式的选择

异步电动机结构型式的选择应主要根据生产现场和工作环境。常见的结构型式如下:

开启式:在构造上无特殊防护装置,用于干燥、无灰尘的场所,特点是通风良好。

防护式:在机壳或端盖下面有通风罩,以防止杂物掉入。也有将外壳做成挡板状,以防止在一定角度内有雨水溅入。

封闭式:电动机外壳严密封闭。电动机靠自身风扇或外部风扇冷却,并在外壳带有散热片。在灰尘多、潮湿或含有酸性气体的场所,可采用这种电动机。

防爆式:整个电动机严密封闭,用于有爆炸性气体的场所,例如在矿井中。

此外,也要根据安装要求,采用不同的安装结构型式,如机座是否带底脚、端盖是否有凸缘。

3. 电压和转速的选择

(1)电压的选择

电动机电压等级的选择,要根据电动机的类型、功率以及场所提供的电网电压来决定。通常生产车间的低压电网的电压为 380 V,因此一般中小型三相交流异步电动机多为低压,其额定电压为 380 V(Y 接法或 △ 接法)、220 V/380 V(△/Y 接法)。对于大中容量的异步电动机,为减小起动电流,通常采用高压电动机,其额定电压有 1 kV、3 kV、6 kV 等。

只有 100 kW 以上大功率异步电动机才用 3 000 V 或 6 000 V。

(2)转速的选择

电动机的转速应根据生产机械的要求来选定。但通常转速应不低于 500 r/min。因为当电动机的功率一定时,转速愈低,尺寸愈大,价格愈贵,而且效率也较低。此时就不如用一台高速电动机,再另配减速器来满足生产设备对速度的要求。异步电动机通常采用同步转速 $n_0 = 1\,500$ r/min 的四极电动机。

 **任务实施**

三相交流异步电动机的起动和正反转

一、三相交流异步电动机的起动

①三相交流异步电动机的直接起动。将三相交流异步电动机接在额定电压的交流电源上起动电动机,测量直接起动电流 I_{st}。

②三相交流异步电动机 Y-△ 降压起动,电路如图 3-27 所示,测量电动机星形(Y)联结时起动电流和三角形(△)联结时起动电流。

二、三相交流异步电动机的正反转

用倒顺开关控制三相交流异步电动机的正转和反转,电路如图 3-28 所示,观察电动机的转向与电源相序的关系。

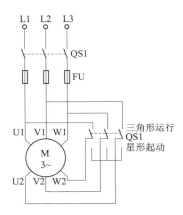

图 3-27 Y-△降压起动电路

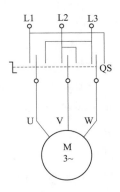

图 3-28 三相交流异步电动机的正反转

 **任务评价**

任务评价表见表 3-8。

表 3-8 任务评价表

评价项目	评价内容	评价标准	分数	评分记录		
				学生	小组	教师
综合素养	工作现场整理、整顿	整理、整顿不到位,扣5分	30			
	操作遵守安全规范要求	违反安全规范要求,每次扣5分				
	遵守纪律,团结协作	不遵守教学纪律,有迟到、早退等违纪现象,每次扣5分				

续上表

评价项目	评价内容	评价标准	分数	评分记录		
				学生	小组	教师
知识技能	电动机选用	电动机选择错误,扣10分	10			
	电源电压调节	未能按电动机铭牌要求,用调压器调整电源电压,扣10分	10			
	电动机起动	(1)电路连接错误,每处扣3分。 (2)起动电流测量错误,每处扣3分	30			
	电动机正反转	(1)电路连接错误,每处扣3分。 (2)回答电动机转向与电源相序关系问题错误,每次扣5分	20			
总　　分			100			

项目测试题

3.1　对称三相电源向对称星形联结的负载供电,如图 3-29 所示。当中性线开关 S 闭合时,电流表读数为 2 A。试说明:

(1)如开关 S 打开,电流表读数是否改变,为什么?

(2)若 S 闭合,一相负载 Z 断开,电流表读数是否改变,为什么?

3.2　如图 3-30 所示,电路为对称三相四线制电路,电源线电压有效值为 380 V,$Z = (6 + j8)\ \Omega$,求线电流 $\dot{I}_1$、$\dot{I}_2$、$\dot{I}_3$。

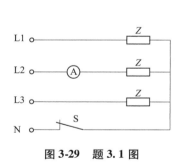

图 3-29　题 3.1 图

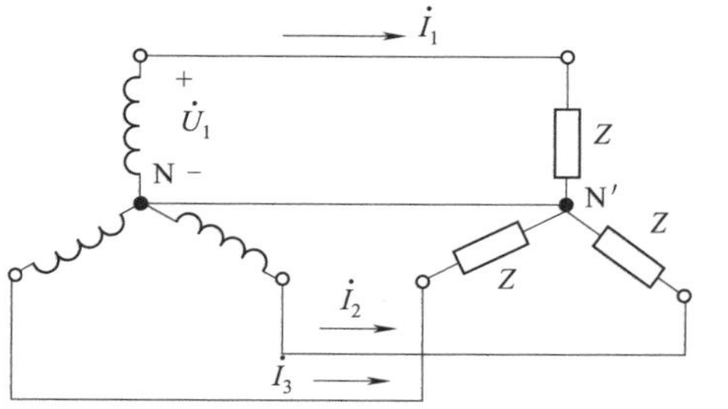

图 3-30　题 3.2 图

3.3　对称三相电源向三角形联结的负载供电,如图 3-31 所示,已知三相负载对称,$Z_1 = Z_2 = Z_3$,各电流表读数均为 1.73 A,突然负载 Z_3 断开,此时三相电源不变,问各电流表读数如何变化,分别是多少?

3.4　当使用工业电阻炉时,常常采取改变电阻丝的接法来调节加热温度,今有一台三相电阻炉,每相电阻为 8.68 Ω,试计算:

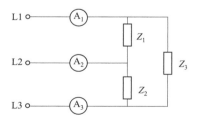

图 3-31　题 3.3 图

(1)线电压为 380 V 时,电阻炉为三角形和星形联结的功率各是多少?

（2）线电压为 220 V 时,电阻炉为三角形联结的功率是多少?

3.5 有一台四极三相异步电动机,电源电压的频率为 50 Hz,满载时电动机的转差率为 0.02。求三相异步电动机的同步转速、转子转速。

3.6 有一三相异步电动机,其绕组接成三角形,接在线电压 $U_1 = 380$ V 的电源上,从电源所取用的功率为 $P_1 = 11.43$ kW,功率因数 $\cos \varphi = 0.87$,试求电动机的相电流和线电流。

3.7 已知某三相异步电动机的技术数据为:$P_N = 2.8$ kW,$U_N = 220$ V/380 V $I_N = 10$ A/ 5.8 A,$n_N = 2\ 890$ r/min,$\cos \varphi_N = 0.89$,$f_1 = 50$ Hz,试求:

（1）电动机的磁极对数 p。

（2）额定转矩 T_N 和额定效率 η_N。

3.8 一台三相异步电动机的铭牌数据见表 3-9。

表 3-9 铭牌数据

额定功率 P_N/kW	接线	额定电压 U/V	额定转速 n_N/(r/min)	额定效率 η_N/%	$\cos \varphi_N$	I_{st}/I_N	T_{st}/T_N	T_{st}/T_N
10	△	380	1 450	0.86	0.88	6.5	1.4	2.0

电源频率为 50 Hz。试求:

（1）额定状态下的转差率 s_N、电流 I_N 和转矩 T_N。

（2）起动电流 I_{st}、起动转矩 T_{st}、最大转矩 T_m。

项目四
直流稳压电源分析与应用

📊 项目导入

在工农业生产和日常生活中,主要采用交流电,但是在某些场合,例如电解、电镀、蓄电池充电、直流电动机等,都需要用直流电源供电。此外,在电子电路和自动控制装置中还需要用电压非常稳定的直流电源。为了得到直流电,除了用直流发电机外,目前广泛采用各种半导体直流电源。

图 4-1 所示是直流稳压电源的结构图,它表示把交流电变换为直流电的过程,图中各环节功能如下:

①电源变压器:把交流电源电压变成所需要的直流电压幅值。

②整流电路:利用整流元件的单向导电性,将交流电压转变为脉动的直流电压。

③滤波电路:利用储能元件电容两端的电压(或通过电感中的电流)不能突变的特性,滤掉整流电路输出电压中的交流成分,保留其直流成分,达到平滑输出电压波形的目的。

④稳压电路:为电路或负载提供稳定的输出电压。稳压电路可以是整个电子系统的一个组成部分,也可以是一个独立的电子部件。

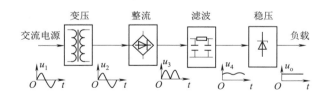

图 4-1 直流稳压电源的结构图

💻 学习目标

知识目标

(1)理解半导体材料的结构特征和导电特性;掌握 PN 结的形成原理和导电特性。

(2)掌握二极管的伏安特性曲线及其应用。

(3)理解整流电路、滤波电路和稳压电路的工作原理。

(4)掌握稳压电源各部分参数的计算方法。

能力目标

(1)能识别二极管类型、极性,会用仪表测试二极管极性以及二极管质量。

(2)会识别和选择集成稳压器。

(3)能组装及测试直流稳压电源。

素质目标

(1)培养质量意识和安全规范操作意识。

(2)培养信息检索与查阅意识。

(3)培养严谨细致、精益求精的工匠精神。

学习导图

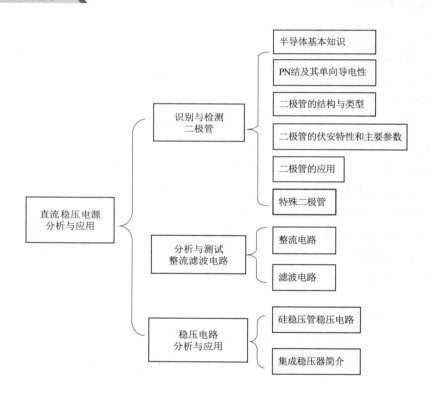

学习任务一　识别与检测二极管

任务描述

　　二极管是非常重要的半导体元件,广泛应用于电源电路、检波电路、钳位电路等。本任务主要介绍半导体的导电特性和 PN 结的单向导电性,二极管的基本结构、类型、参数、特性和测试方法等。

相关知识

一、半导体基本知识

视频 ●
半导体基本知识

自然界中的各种物质就导电能力来说,可以划分为导体、绝缘体和半导体三大类。导电能力介于导体和绝缘体之间的物质称为半导体。它具有热敏性、光敏性和掺杂性。利用光敏性可制成光电二极管、光电三极管和光敏电阻;利用热敏性可制成各种热敏元件;利用掺杂性可制成二极管、晶体管(三极管)、场效应管等。

1. 本征半导体

常用的半导体材料是单晶硅(Si)和单晶锗(Ge)。所谓单晶,是指整块晶体中的原子按照一定规律整齐地排列着的晶体。非常纯净的半导体单晶称为本征半导体。

（1）本征半导体的共价键结构

半导体硅和锗都是四价元素,在原子结构中最外层轨道上有四个价电子。每个原子的四个价电子不仅受自身原子核的束缚,同时还受到相邻原子核的吸引。因此,每个价电子不仅围绕自身原子核运动,同时也出现在相邻原子核的轨道上,为两个原子所共有。于是两个相邻的原子共有一对价电子,形成共价键结构,如图4-2所示。在共价键结构中,每个原子都和周围四个原子用共价键的形式互相紧密地联系在一起。

（2）本征半导体的导电特性

物质内部运载电荷的粒子称为载流子,物质的导电能力取决于载流子的数目。本征半导体在接近热力学温度0 K时,价电子摆脱不了共价键的束缚,不能成为自由电子。本征半导体内没有载流子,所以不能导电,相当于绝缘体。

温度升高或受光照时,将有部分价电子从外界获得一定的能量,以克服共价键的束缚而成为自由电子,同时在原来共价键的位置上留下一个空位,这种空位称为空穴,如图4-3所示。当共价键中出现空穴时,相邻原子的价电子比较容易进来填补,在这个价电子原来的位置上又留下了新的空穴,这个空穴又可被相邻原子的价电子填补,再次出现空穴。从效果上看,这种价电子的填补运动,相当于带正电荷的空穴在运动一样,其运动方向与价电子的填补运动方向相反。为了与自由电子的运动区别开来,称为空穴运动,并将空穴看成带正电的载流子。

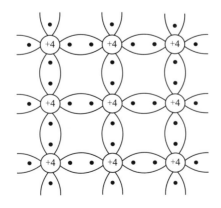

图4-2　硅和锗的共价键结构

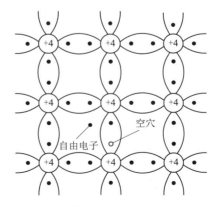

图4-3　本征激发产生的电子-空穴对

上述分析表明,半导体中存在两种载流子:带负电的自由电子和带正电的空穴。在外电场的作用下,两种载流子的运动方向相反,而形成的电流方向相同。

在本征半导体中,自由电子和空穴总是成对出现的,即电子-空穴对。把本征半导体在受激(热或光照)作用下产生电子-空穴对的现象称为本征激发。在任何情况下,本征半导体中的自由电子和空穴的数量都是相等的。

半导体中的价电子受激产生电子-空穴对,而自由电子在运动过程中,又会遇到空穴,并与空穴相结合而消失,这一过程称为复合。

由于物质运动,半导体中的电子-空穴对总是不断地产生,又总是不断地复合,在一定温度下,电子-空穴对的产生与复合最终达到动态平衡,使电子-空穴对的浓度一定。可以证明,在半导体材料确定后,载流子浓度与温度有关,随着温度的升高,基本上按指数规律增加。常温下,载流子的浓度很低,其导电能力很弱。

2. 杂质半导体

本征半导体没有导电能力,但是,如果在本征半导体中掺入某种特定的杂质,成为杂质半导体后,其导电性能将发生显著变化。根据掺入杂质的不同,可分为 N 型半导体和 P 型半导体。

(1)N 型半导体

在本征半导体硅(或锗)中掺入微量的五价元素(如磷),磷原子会取代原来晶格中的某些硅(或锗)原子,如图 4-4 所示。由于掺入微量的磷原子,因此整个晶体的结构基本不变。五价的磷原子同相邻四个硅(或锗)原子组成共价键时,有一个多余的价电子不能构成共价键,这个价电子就变成了自由电子。尽管只加入了微量的磷原子,但磷原子的个数却很多。因而,形成的自由电子数目很大。在掺磷后的硅(或锗)晶体中同样也有本征激发产生的电子-空穴对,但数量很少,因此,自由电子数远大于空穴数,成为多数载流子(简称多子),空穴则为少数载流子(简称少子)。导电以自由电子为主,故此类杂质半导体称为电子型半导体或 N 型半导体。

(2)P 型半导体

在本征半导体硅(或锗)中掺入微量的三价元素(如硼或铟),此类三价的杂质原子同相邻的四个硅(或锗)原子组成共价键时,由于缺少一个价电子而形成空穴,如图 4-5 所示。而本征激发产生的电子-空穴对数量很少,所以空穴的数量远大于自由电子的数量,空穴成为多数载流子(简称多子),自由电子为少数载流子(简称少子)。导电以空穴为主,故此类杂质半导体称为空穴型半导体或 P 型半导体。

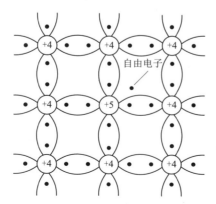

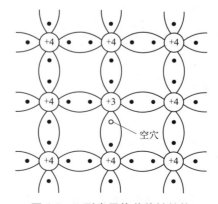

图 4-4　N 型半导体共价键结构　　　图 4-5　P 型半导体共价键结构

在杂质半导体中,少子的浓度远小于多子的浓度,少子的浓度虽然很低,但受温度影响较大;此为半导体器件性能不稳定的原因所在。多子的浓度基本上不受温度的影响,主要取决于掺入的杂质的浓度,尽管杂质含量甚微,但对半导体的导电能力却有很大影响。不同掺杂浓度的 P 型半导体和 N 型半导体的不同组合可制成各类性质完全不同的半导体器件。

二、PN 结及其单向导电性

视频 •······

PN结的形成
及特性

1. PN 结的形成

在一块完整的晶片上,通过一定的掺杂工艺使其一边形成 N 型半导体(即 N 区),另一边形成 P 型半导体(即 P 区)。无论是 N 区还是 P 区,从总体上看,仍然保持着中性。为简单起见,通常只画出其中的正离子和等量的自由电子(多子)来表示 N 型半导体;只画出负离子和等量的空穴(多子)来表示 P 型半导体,如图 4-6(a)所示。在 P 区和 N 区交界面的两侧明显地存在着两种载流子的浓度差。因此,P 区的空穴向 N 区扩散,与 N 区界面附近的自由电子复合而消失,同样 N 区的自由电子向 P 区扩散,与 P 区界面附近的空穴复合而消失。P 区一侧因失去空穴而留下不能移动的负离子,N 区一侧因失去自由电子而留下不能移动的正离子,这样在交界面两侧出现了由不能移动的正、负离子组成的空间电荷区,如图 4-6(b)所示。因而形成了一个由 N 区指向 P 区的内电场。内电场的建立阻碍了多子的继续扩散,而在内电场的作用下,N 区的少子空穴向 P 区运动,P 区的少子自由电子向 N 区运动,这种在内电场的作用下载流子的定向运动称为漂移运动。少子的漂移运动方向与多子的扩散运动方向相反。当少子的漂移运动与多子的扩散运动达到动态平衡时,将形成稳定的空间电荷区,称为 PN 结。由于空间电荷区内缺少载流子,所以空间电荷区又称耗尽层或高阻区。

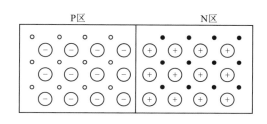
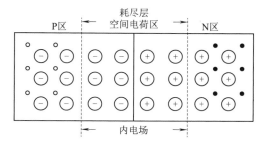

（a）多数载流子的扩散　　　　　　　　　　　（b）形成空间电荷区

图 4-6　PN 结的形成

2. PN 结的单向导电性

在 PN 结两端外加电压,即给 PN 结以偏置电压,将打破原来的动态平衡,使 PN 结呈现出单向导电性。

（1）PN 结正向偏置

给 PN 结加正向偏置电压,即 P 区接电路的高电位(如电源正极),N 区接电路的低电位(如电源负极),此时称 PN 结为正向偏置(简称正偏),如图 4-7 所示。

PN 结正偏时,由于外电场的方向与 PN 结中的内电场的方向相反,削弱了内电场,使 PN 结变窄,有利于多数载流子的扩散运动,形成一个较大的正向电流 I,其方向在 PN 结中是从 P 区流向 N 区。此时 PN 结处于正向导通状态。

正向偏置时，只要在 PN 结两端加上一个很小的正向电压，即可得到较大的正向电流。为防止回路中电流过大，一般可串入一个电阻 R。

（2）PN 结反向偏置

给 PN 结加反向偏置电压，即 N 区接电路的高电位（如电源正极），P 区接电路的低电位（如电源负极），此时称 PN 结为反向偏置（简称反偏），如图 4-8 所示。

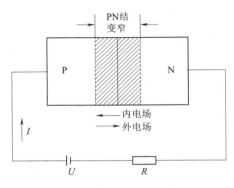
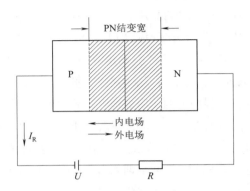

图 4-7　正向偏置的 PN 结　　　　　图 4-8　反向偏置的 PN 结

PN 结反偏时，由于外电场方向与 PN 结中的内电场方向一致，加强了内电场，使 PN 结变宽，阻碍了多数载流子的扩散运动，有利于少数载流子的漂移运动，形成了一个基本上由少数载流子运动产生的很微弱的反向电流 I_R，其方向在 PN 结中从 N 区流向 P 区。此时 PN 结处于反向截止状态。

在一定温度下，当外加反向电压超过某个值（大约零点几伏）后，反向电流将不随外加反向电压的增大而增大，所以称为反向饱和电流。反向饱和电流是少子产生的，且对温度十分敏感，受温度的影响很大。

综上所述，PN 结具有单向导电性，即正偏时处于导通状态，产生一个较大的正向电流；反偏时处于截止状态，产生一个非常小的反向电流，几乎等于零。

①PN 结的反向击穿。PN 结处于反向截止时，在一定电压范围内，流过 PN 结的电流是很小的反向饱和电流。但是当反向电压超过某一数值（U_{BR}）后，反向电流将急剧增大，这种现象称为 PN 结的反向击穿。PN 结反向击穿时的反向电压 U_{BR} 称为击穿电压。

②PN 结的结电容。PN 结内有电荷的存储，当外加电压变化时，存储的电荷量随之变化，表明 PN 结具有电容的性质。结电容的大小与结面积有关，通常很小，只有几皮法到几十皮法。

三、二极管的结构与类型

1. 二极管的结构及图形符号

视频

二极管结构类型、特性及其主要参数

半导体二极管是在 PN 结的 P 区和 N 区分别引出两根金属引线，并用管壳封装而成，简称二极管。其中，P 区引出的引线为阳极（或正极），N 区引出的引线为阴极（或负极）。图 4-9 为二极管的结构符号和外形图，二极管的文字符号用 V 或 VD 表示。

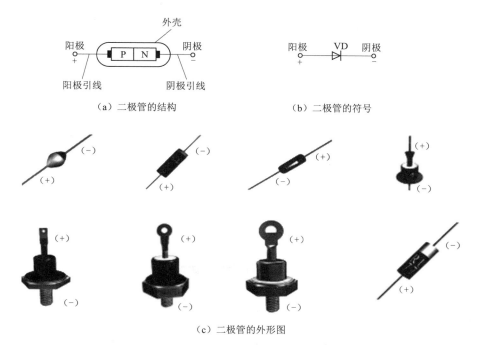

（a）二极管的结构   （b）二极管的符号

（c）二极管的外形图

图 4-9 二极管的结构、符号和外形图

2. 二极管的分类

二极管的类型很多,按制造二极管的材料分,有硅二极管和锗二极管。按二极管的结构分,有以下几种类型:

（1）点接触型二极管

其特点是结面积小,适用于高频下工作,但不能通过很大的电流。主要用于检波、混频及小功率整流电路。

（2）面接触型二极管

其特点是结面积大,能通过较大电流,但结电容也大,只能工作在较低的频率下,可用于整流电路。

（3）硅平面型二极管

其特点是结面积大的可通过较大电流,适用于大功率整流;结面积小的适用于在脉冲数字电路中作开关管。

四、二极管的伏安特性和主要参数

1. 二极管的伏安特性

二极管的核心是 PN 结,它的特性就是 PN 结的特性——单向导电性。常用伏安特性来描述二极管的单向导电性。二极管的伏安特性是指流过二极管的电流 i 与二极管两端所加的电压 u 的关系,表示这种关系的曲线称为二极管的伏安特性。它可以通过实验的方法测绘出来,也可以用晶体管特性图示仪显示出来,如图 4-10 所示。

（1）正向特性

当加在二极管上的正向电压比较小时,正向电流很小,几乎为零。只有当加在二极管两端的正向电压超过某一数值 U_{TH} 时,正向电流才明显增大。正向特性上的这一数值 U_{TH} 称为死区电压（也称为门限电压、门槛电压或阈值电压)，硅管为 $0.4 \sim 0.7$ V，锗管为 $0.2 \sim 0.4$ V，如图 4-10 中的 $A(A')$ 点。

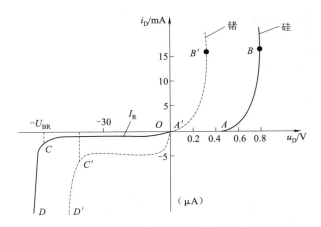

图 4-10   二极管的伏安特性曲线

当正向电压小于死区电压时，随着电压的升高，正向电流极小，几乎不变(约为 0)，这一区域称为死区，如图 4-10 所示的 $OA(OA')$ 段。

当正向电压超过死区电压以后，随着电压的升高，正向电流迅速增大，二极管呈现很小的电阻而处于导通状态。硅管的正向导通电压一般取 0.7 V，锗管取 0.4 V，如图 4-10 所示的 AB ($A'B'$) 段。

(2)反向特性

二极管两端加反向电压时，在起始的一定范围内，二极管呈现出非常大的电阻，反向电流很小，且不随反向电压的变化而变化，即达到了饱和，这个电流称为反向饱和电流，用 I_R 表示。此时，二极管处于截止状态，如图 4-10 所示的 $OC(OC')$ 段。

(3)反向击穿特性

当二极管反向电压增加到某一数值 U_{BR} 时，反向电流急剧增大，表明二极管被反向击穿，如图 4-10 所示的 $CD(C'D')$ 段。

(4)温度对二极管特性的影响

二极管的特性对温度很敏感，温度升高，正向特性曲线左移，正向电压减小；反向特性曲线下移，反向电流增大。

2. 二极管的主要参数

半导体器件的参数是其特性的定量描述，也是实际工作中选用器件的主要依据。各种器件的参数可由电子元件手册查得。二极管的主要参数有以下六种：

(1)最大整流电流 I_F

最大整流电流 I_F 是指二极管长期工作时允许通过的最大正向平均电流。使用时，二极管的正向平均电流不能超过此值，否则会使二极管因过热而损坏。

(2)最高反向工作电压 U_R

最高反向工作电压 U_R 是指二极管在反向工作状态下安全使用时的最高电压。为了保证二极管安全工作，U_R 值通常取击穿电压 U_{BR} 的一半左右。

（3）反向电流 I_R

反向电流 I_R 是指二极管未被击穿时的电流。I_R 越小,二极管的单向导电性越好。

（4）二极管的直流电阻 R_D

二极管的直流电阻 R_D 是指二极管两端所加直流电压与流过二极管的直流电流的比值。由于二极管伏安特性的非线性,对应不同工作点(即不同电压、电流值)的直流电阻也不同。工作点位置低,直流电阻大;工作点位置高,直流电阻小。

二极管正向电阻较小,为几欧到几千欧;反向电阻很大,一般可达到几十千欧以上。正、反向电阻相差越大,二极管单向导电性越好。

（5）二极管的交流电阻 r_d

二极管的交流电阻 r_d 又称动态电阻,它指二极管正向导通时,工作点附近电压的微变量 Δu 与相应电流微变量 Δi 之比。

对同一工作点而言,直流电阻 R_D 大于交流电阻 r_d,用万用表欧姆挡测出的电阻值为直流电阻值。

（6）最高工作频率 f_M

最高工作频率 f_M 是指二极管具有单向导电性能的最高频率。其大小与 PN 结的结电容有关。

五、二极管的应用

半导体二极管应用十分广泛,利用其单向导电特性,可实现整流、稳压、限幅、钳位、保护、开关等多种应用。下面介绍两种基本应用电路。

1. 限幅电路

在电子电路中,为了降低信号的幅度以满足电路工作的需要,或者为了保护某些器件不受过高的信号电压作用而损坏,常采用限幅电路,即限制输出信号幅度的电路。如图 4-11(a)所示电路是由二极管组成的单向限幅电路。设输入电压 $u_i = 5\sin \omega t$ V,直流电压 $U_S = +3$ V,限流电阻 $R = 1$ kΩ。其工作原理为:交流输入电压 u_i 和直流电源 U_S 同时作用于二极管 VD 上,当 u_i 的幅值大于 3 V 时,VD 导通,$u_o = 3$ V(忽略二极管正向压降);当 u_i 的幅值小于 3 V 时,VD 截止,$u_o = u_i$。输入、输出端电压波形如图 4-11(b)所示。

通常将输出电压 u_o 开始不变的电压称为限幅电压(或限幅电平)。改变 u_o 的值,可改变限幅电平大小。

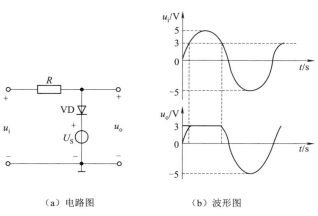

（a）电路图　　　　（b）波形图

图 4-11　单向限幅电路及波形图

2. 钳位电路

钳位电路是利用二极管正向导通后其两端电压很小且基本不变的特性,使输出电位钳制在某一数值上保持不变的电路。如图 4-12 所示电路中,设二极管为理想元件,当输入 $U_A = U_B = 3$ V 时,二极管 VD_1、VD_2 正向偏置导通,输出被钳制在 U_A 和 U_B 上,即 $U_Y = 3$ V;当 $U_A = 0$ V、$U_B = 3$ V,则 VD_1 导通,输出被钳制在 $U_Y = U_A = 0$ V,VD_2 反向偏置截止。

六、特殊二极管

除普通二极管外,另外还有一些特殊用途的二极管,如稳压二极管、发光二极管、光电二极管、光电耦合器和变容二极管等。

1. 稳压二极管

稳压二极管(简称稳压管),实质上是一个面接触型硅二极管。它具有陡峭的反向击穿特性,工作在反向击穿状态。其特性曲线和符号如图 4-13 所示。在反向击穿工作区,电流变化很大($I_{Zmin} \sim I_{Zmax}$),而电压变化很小,即 U_Z 基本稳定,利用这一特性可实现稳压。但必须注意:由"击穿"转化为"稳压"是有条件的,这就是电击穿不能引起热击穿而损坏稳压管。而普通二极管不具此特性。

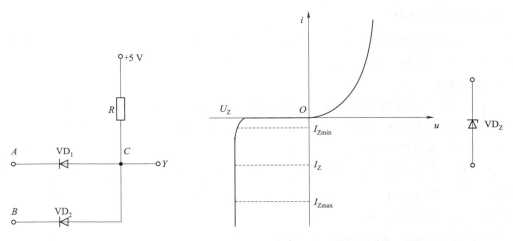

图 4-12　钳位电路　　　　图 4-13　稳压二极管的特性曲线和符号

稳压管的主要参数如下:

(1)稳定电压 U_Z

稳定电压 U_Z 是指稳压管反向击穿后两端的稳定工作电压。稳定电压 U_Z 是根据要求挑选稳压管的主要依据之一。不同型号的稳压管,其稳定电压的值不同。对于同一型号的稳压管,由于制造工艺的分散性,各个不同稳压管的 U_Z 值也有些差别。例如,稳压管 2CW14 的 U_Z 为 6 ~ 7.5 V。但对每一只稳压管来说,U_Z 是确定值。

(2)稳定电流 I_Z

稳定电流 I_Z 是指稳压管正常工作时的参考电流值。当稳压管稳定电流小于最小稳定电流 I_{Zmin} 时,无稳压作用;大于最大稳定电流 I_{Zmax} 时,稳压管将因过电流而损坏。

2. 发光二极管

发光二极管简称 LED,与普通二极管一样具有单向导电性,但正向导通时能发光,是一种将电能转化为光能的半导体器件,其图形符号如图 4-14 所示。当加正向电压时,由于 P 区和 N 区的多数载流子扩散至对方产生复合,在复合的过程中有一部分能量以光子的形式放出,使二极管发光。根据制成半导体的化合物材料(如砷化镓、磷化镓等)的不同,发出的光波可以是红外线,红、绿、黄、橙等单色光。

普通发光二极管常用作显示器件,如指示灯、七段数码管及手机背景灯等。红外线发光二极管可用在各种红外遥控发射器中。激光二极管常用于 CD 机及激光打印机等电子设备中。

发光二极管的检测方法与普通二极管相同,正向电阻一般为几十千欧,反向电阻为无穷大。

3. 光电二极管

光电二极管是将光能转换为电能的半导体器件,其图形符号如图 4-15 所示。它的结构与普通二极管相似,只是在管壳上留有一个玻璃窗口,以便接受光照。光电二极管在反向偏置下,产生漂移电流,在受到光照时,产生大量的自由电子和空穴,提高了少子的浓度,使反向电流增加。这时外电路的电流随光照的强弱而变化,此外还与入射光的波长有关。

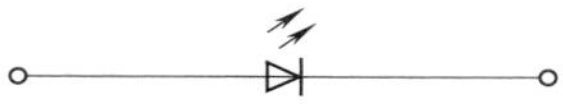

图 4-14　发光二极管的图形符号 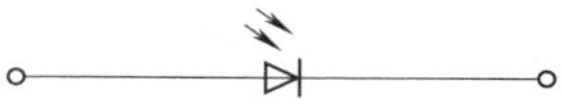　　　　图 4-15　光电二极管的图形符号

光电二极管广泛应用于遥控接收器、激光头中,还可作为新能源器件(光电池)使用。

光电二极管的检测方法与普通二极管相同,一般正向电阻为几千欧,反向电阻为无穷大。受光照时,正向电阻不变,反向电阻变化很大。

4. 光电耦合器

光电耦合器是将发光二极管和光敏元件(光敏电阻、光电二极管、光电池等)组装在一起而形成的双口器件,其图形符号如图 4-16 所示。它以光为媒介,将输入端的电信号传送到输出端,实现了电—光—电的传递和转换。由于发光二极管和光敏元件分别接到输入、输出回路中,相互隔离,因而常用在电路间需要电隔离的场合。

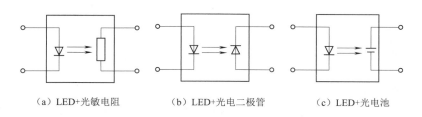

（a）LED+光敏电阻　　　（b）LED+光电二极管　　　（c）LED+光电池

图 4-16　光电耦合器的图形符号

5. 变容二极管

变容二极管是利用 PN 结的势垒电容随外加反向电压的变化而变化的原理制成的一种半导体器件,其图形符号如图 4-17 所示。变容二极管在电路中作可变电容使用,主要用于高频电子线路,如电子调谐、频率调制等。

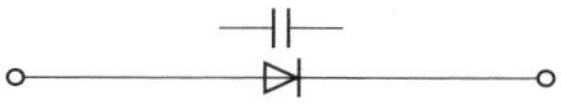

图 4-17　变容二极管的图形

变容二极管的检测方法与普通二极管相同,一般正向电阻为几千欧,反向电阻为无穷大。

 **任务实施**

识别与检测二极管

要了解一只二极管的类型、性能与参数,可用专门的测试仪器进行测试,但要粗略判断一只二极管的类型和引脚,可通过二极管的型号简单判别其类型,用万用表欧姆挡判断其引脚及质量好坏。

一、识别二极管

半导体器件的型号由五个部分组成,各组成部分的符号及其意义见附录 A。如 2CP6A,"2"表示电极数为 2,即二极管,"C"表示 N 型,硅材料,"P"表示小信号管,"6"表示登记顺序号,"A"表示规格号。

二、检测二极管

1. 二极管正、负极判别

万用表欧姆挡的内部电路可以用图 4-18(a)所示电路等效,黑表笔表示为内置电源正极,红表笔为负极。将万用表选在 R×100 或 R×1k 挡,红、黑两表笔分别接二极管两个引脚,如图 4-18(b)、(c)所示,可测得一个阻值,再将红、黑表笔对调,又测得另一阻值,如果两次测量的阻值为一大一小,则表明二极管是好的。在测得电阻值小的那一次,与黑表笔相接的引脚为二极管的正极,此时二极管正向导通;在测得电阻值大的那一次,与红表笔相接的引脚为二极管的正极,此时二极管反向截止。

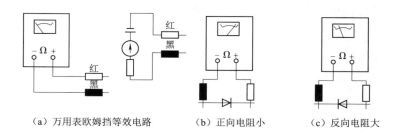

(a)万用表欧姆挡等效电路　　(b)正向电阻小　　(c)反向电阻大

图 4-18　万用表欧姆挡检测二极管示意图

2. 二极管质量判定

正、反向电阻差别越大,说明二极管单向导电性越好。如果正、反向电阻都很大,表明二极管内部已断路;如果正、反向电阻都很小,表明二极管内部已短路,不论是断路还是短路,均表明二极管已损坏。

 **任务评价**

任务评价表见表 4-1。

表 4-1　任务评价表

评价项目	评价内容	评价标准	分数	评分记录		
				学生	小组	教师
综合素养	工作现场整理、整顿	整理、整顿不到位,扣 5 分	30			
	操作遵守安全规范要求	违反安全规范要求,每次扣 5 分				
	遵守纪律,团结协作	不遵守教学纪律,有迟到、早退等违纪现象,每次扣 5 分				
知识技能	识读二极管型号	每错 1 项,扣 5 分	20			
	判别二极管极性	用万用表判别二极管极性,每错 1 处扣 5 分	20			
	检测二极管质量好坏	用万用表检测二极管质量好坏,每错 1 项扣 5 分	30			
总　　分			100			

学习任务二　分析与测试整流滤波电路

 任务描述

　　整流电路的作用是利用二极管的单向导电性,将交流电压变为单向脉动直流电压。这种大小变动的脉动电压远不能满足大多数电子设备对电源的要求。为了改善整流电压的脉动程度,提高其平滑性,在整流电路中要加滤波电路,滤波电路常用的元器件是电容和电感。本任务介绍整流电路、滤波电路类型、特点、应用及测试方法等。

相关知识

一、整流电路

　　在小功率直流稳压电源中,常常采用单相半波、单相桥式和单相全波整流电路。这里主要介绍前两种。

1. 单相半波整流电路

　　图 4-19 所示的单相半波整流电路是一个简单的整流电路。它由电源变压器 Tr、整流二极管 VD 和负载 R_L 组成。

视频

整流和滤波电路

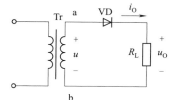

图 4-19　单相半波整流电路

　　当变压器二次电压 u 为正半周时,二极管导通,负载电阻 R_L 上得到一个极性上正下负的电压 u_o,流过的电流为 i_o。当变压器二次电压 u 为负半周时,二极管截止,负载电阻 R_L 上没有电压,电流基本为零。所以,负载电阻 R_L 上得到的是半波整流电压。为分析简单起见,把二极管当作理想元件处理,即二极管的正向导通电阻为零,反向电阻为无穷大。因此,u_o 与 u 的正半波相同,如图 4-20 所示。

　　负载上得到的整流电压是单向脉动电压,即极性一定,大小变化。它的大小常用一个周期的平均值来表示。单相半波整流电压的平均值为

$$U_O = \frac{1}{2\pi}\int_0^\pi \sqrt{2}\,U\sin\omega t\,\mathrm{d}(\omega t) = \frac{\sqrt{2}}{\pi}U = 0.45U \quad (4\text{-}1)$$

式中,U 表示交流电压有效值。

从而得出整流电流的平均值

$$I_O = \frac{U_O}{R_L} = 0.45\frac{U}{R_L} \quad (4\text{-}2)$$

二极管上的平均电流为

$$I_D = I_O \quad (4\text{-}3)$$

二极管不导通时承受的最高反向电压就是变压器二次侧
交流电压 u 的最大值 U_m,即

$$U_{DRM} = U_m = \sqrt{2}\,U \quad (4\text{-}4)$$

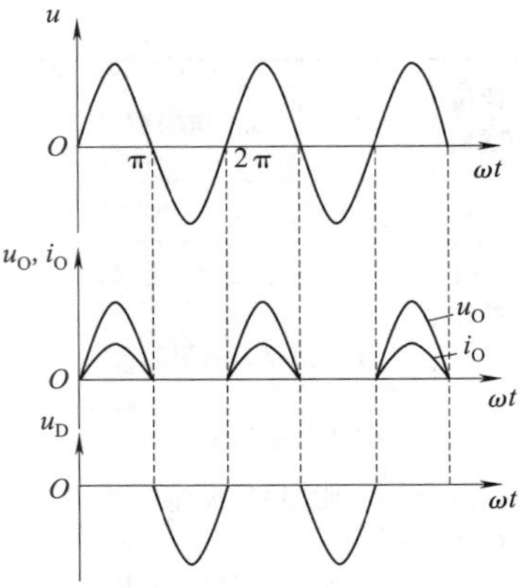

**图 4-20　单相半波整流电路的
电压与电流波形**

平均电流 I_D 与最高反向电压 U_{DRM} 是选择整流二极管的主
要依据。一般情况下,二极管的反向工作峰值电压要选得比 U_{DRM} 大一倍左右。

单相半波整流电路的结构简单,使用元器件少。但是输出电压脉动大,直流成分比较低,利
用率低。因此,单相半波整流电路适用于输出电流较小,要求较低的场合。

例 4-1　电路如图 4-19 所示,已知负载电阻 $R_L = 500\ \Omega$,变压器二次电压的有效值 $U =$
20 V,求 I_D 和 U_{DRM}。

解
$$U_O = 0.45U = 0.45 \times 20\ \text{V} = 9\ \text{V}$$

$$I_D = I_O = \frac{U_O}{R_L} = \frac{9}{500}\ \text{mA} = 18\ \text{mA}$$

$$U_{DRM} = \sqrt{2}\,U = \sqrt{2} \times 20\ \text{V} = 28.2\ \text{V}$$

2. 单相桥式整流电路

为了克服单相半波整流电路的缺点,提出了如图 4-21 所示的单
相桥式整流电路,电路中采用四个二极管,接成电桥形式。

由图 4-21 可知,在 u 的正半周内,二极管 VD_1、VD_3 导通,VD_2、
VD_4 截止;在 u 的负半周内,二极管 VD_1、VD_3 截止,VD_2、VD_4 导通。

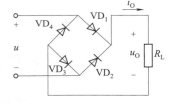

图 4-21　单相桥式整流电路　正负半周都有电流流过负载
电阻 R_L,且电流方向相同,提高了输出电压的直流成分,降
低了脉动成分,如图 4-22 所示。

单相桥式整流电路输出电压平均值比单相半波整流
电路增加了一倍,则

$$U_O = 2 \times 0.45U = 0.9U \quad (4\text{-}5)$$

单相桥式整流电路输出电流平均值也增加一倍,则

$$I_O = \frac{U_O}{R_L} = 0.9\frac{U}{R_L} \quad (4\text{-}6)$$

单相桥式整流电路中每个二极管流过的平均电流是
输出电流平均值的二分之一(每两个二极管串联导电半

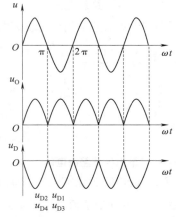

图 4-22　单相桥式整流电路的电压波形

周),则

$$I_{\mathrm{D}} = \frac{1}{2}I_{\mathrm{O}} = 0.45\frac{U}{R_{\mathrm{L}}} \tag{4-7}$$

单相桥式整流电路二极管上承受的最高反向电压是电源电压的最大值,即

$$U_{\mathrm{DRM}} = \sqrt{2}\,U \tag{4-8}$$

例4-2 单相桥式整流电路,已知交流电源电压为 380 V,负载电阻 $R_{\mathrm{L}} = 80\ \Omega$,负载电压 $U_{\mathrm{O}} = 110$ V,选择二极管的类型并求变压器的变比和容量。

解 负载电流

$$I_{\mathrm{O}} = \frac{U_{\mathrm{O}}}{R_{\mathrm{L}}} = \frac{110}{80}\ \mathrm{A} = 1.4\ \mathrm{A}$$

每个二极管流过的平均电流

$$I_{\mathrm{D}} = \frac{1}{2}I_{\mathrm{O}} = 0.7\ \mathrm{A}$$

变压器二次电压的有效值为

$$U = \frac{U_{\mathrm{O}}}{0.9} = \frac{110}{0.9}\ \mathrm{V} = 122\ \mathrm{V}$$

考虑变压器二次绕组和二极管上的压降,变压器二次电压约高出 10%,所以 $122 \times 1.1\ \mathrm{V} = 134\ \mathrm{V}$。那么

$$U_{\mathrm{DRM}} = \sqrt{2}\,U = \sqrt{2} \times 134\ \mathrm{V} = 189\ \mathrm{V}$$

可以选用 2CZ55E 型二极管,其反向工作峰值电压为 300 V,最大整流电流为 1 A。

变压器的变比

$$K = \frac{380}{134} = 2.8$$

变压器二次电流的有效值为

$$I = \frac{I_{\mathrm{O}}}{0.9} = \frac{1.4}{0.9}\ \mathrm{A} = 1.55\ \mathrm{A}$$

变压器的容量为

$$S = UI = 134 \times 1.55\ \mathrm{V} \cdot \mathrm{A} = 208\ \mathrm{V} \cdot \mathrm{A}$$

可以选用 BK300(300 V·A),380 V/134 V 的变压器。

二、滤波电路

滤波电路利用储能元件电容两端的电压(或流过电感中的电流)不能突变的特性,滤掉整流电路输出电压中的交流分量,保留其直流分量,减小了电路的脉动系数,提高了直流电压的质量,达到平滑输出电压波形的目的。下面介绍几种常用的滤波电路。

1. 电容滤波电路

以单相桥式整流电容滤波电路为例进行分析。

在图 4-23 中,设电容两端初始电压为零,并假定 $t = 0$ 时接通电路,变压器二次电压 u 处于正半周,当 u 由零上升时,二极管 VD_1、VD_3 导通,变压器二次电压给电容 C 充电,同时电流经 VD_1、

VD₃ 向负载电阻供电。忽略二极管正向压降和变压器内阻,电容充电时间常数近似为零,因此 $u_O = u_C \approx u$,在 u 达到最大值时,u_C 也达到最大值,在 $\omega t = \pi/2$ 时刻(图 4-24 中 a 点),u 开始下降,此时,$u_C > u$,VD₁、VD₃ 截止,电容 C 向负载电阻 R_L 放电,由于放电时间常数 $\tau = R_L C$ 一般较大,电容电压 u_C 按指数规律缓慢下降,当下降到图 4-24 中 b

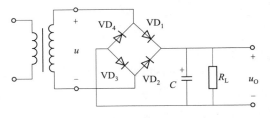

图 4-23　单相桥式整流电容滤波电路

点时,$|u| > u_C$,VD₂、VD₄ 导通,电容 C 再次被充电,输出电压增大,以后重复上述过程。其输出电压波形近似为一锯齿波直流电压。

图 4-25 所示的单相桥式整流电路的外特性曲线表示了输出电压 U_O 与输出电流 I_O 的变化关系,采用电容滤波时,输出电压受负载变化影响较大,即带负载能力较差。因此电容滤波适合于要求输出电压较高、负载电流较小且负载变化较小的场合。

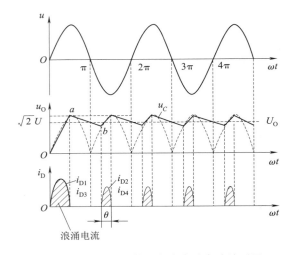

图 4-24　单相桥式整流电容滤波电路波形图

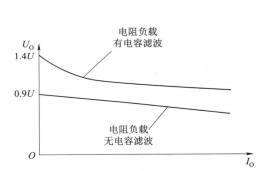

图 4-25　单相桥式整流电路的外特性曲线

由图 4-24 可见,采用电容滤波后,输出电压的脉动程度减小了,输出电压的平均值 U_O 增大了。U_O 的大小与滤波电容 C 和负载电阻 R_L 有关,C 的大小一定时,R_L 越大,放电时间常数 $\tau = R_L C$ 就越大,放电速度越慢,输出电压的脉动程度越小,U_O 越大。当 R_L 开路时,$U_O \approx \sqrt{2} U$。为了得到脉动较小的输出电压,一般取

$$R_L C \geqslant (3 \sim 5)\frac{T}{2} \qquad (4\text{-}9)$$

式中,T 是输入交流电压的周期。这时输出电压的平均值为

$$U_O \approx 1.2U \qquad (4\text{-}10)$$

另外,二极管的导通时间短(导通角 θ 小于 π),而且电容 C 充电的瞬时电流很大,形成了浪涌电流,容易使二极管损坏,因此要选择较大容量的二极管。

🖊例 4-3　单相桥式整流电容滤波电路如图 4-23 所示,交流电源频率 $f = 50$ Hz,负载电阻 $R_L = 40$ Ω,要求输出电压 $U_O = 20$ V。选择二极管及滤波电容。

解　流过二极管的电流平均值为

$$I_D = \frac{1}{2}I_O = \frac{1}{2}\frac{U_O}{R_L} = \frac{1}{2}\times\frac{20}{40}\ A = 0.25\ A$$

由式(4-10)可得变压器二次电压的有效值为

$$U = \frac{U_O}{1.2} = \frac{20}{1.2}\ V = 17\ V$$

二极管承受的最高反向电压为

$$U_{RM} = \sqrt{2}\,U = \sqrt{2}\times 17\ V = 24\ V$$

因此,可选用 2CZ55C 型二极管。

根据式(4-9),取 $R_L C = 4\times\frac{T}{2} = 2T$,所以

$$C = \frac{2T}{R_L} = \frac{2\times(1/50)}{40}\ F = 1\,000\ \mu F$$

可选用 1 000 μF,耐压为 50 V 的电解电容。

2. 电感滤波电路

电感滤波电路如图 4-26 所示,当流过电感的电流发生变化时,线圈中产生自感电势阻碍电流的变化,使负载电流和电压的脉动减小。

对直流分量而言,$X_L = 0$,L 相当于短路,电压大部分降在 R_L 上。对谐波分量而言,f 越高,X_L 越大,电压大部分降在 L 上。因此,在负载上得到比较平滑的直流电压。

电感滤波电路适合于负载电流较大,对输出电压的脉动程度要求不高的场合。其缺点是电感铁芯笨重、体积大,易引起电磁干扰。如果在图 4-26 的 R_L 上并联一个电容,就构成了电感电容滤波电路,如图 4-27 所示。它适合于电流较大、要求输出电压脉动较小的场合,更适用于高频电路。

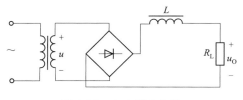

图 4-26　电感滤波电路

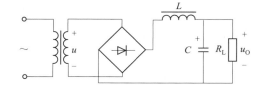

图 4-27　电感电容滤波电路

3. π 形滤波电路

图 4-28 表示了 π 形 LC 滤波电路。整流输出电压先经电容 C_1 滤除了交流成分后,再经电感 L 滤波,电容 C_2 上的交流成分极少,因此输出几乎是平直的直流电压。但由于铁芯电感体积大、笨重、成本高、使用不便。因此,在负载电流不太大而要求输出脉动很小的场合,可将铁芯电感换成电阻,即 π 形 RC 滤波电路,如图 4-29 所示。电阻 R 对交流和直流分量均产生压降,故会使输出电压下降,但只要 $R_L \gg 1/(\omega C_2)$,经电容 C_1 滤波后的输出电压绝大部分数降在电阻 R_L 上。R_L 越大,C_2 越大,滤波效果越好。它主要适用于负载电流较小,又要求输出电压脉动很小的场合。

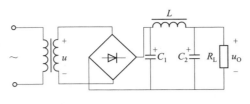

图 4-28　π形 LC 滤波电路

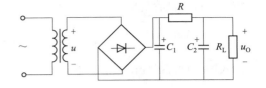

图 4-29　π形 RC 滤波电路

 任务实施

测试整流滤波电路

按图 4-30 连接实验电路。取可调工频电源电压为 15 V，作为整流电路输入电压 U_2。测试要求：

①取 $R_L = 240\ \Omega$，不加滤波电容，测量直流输出电压 U_L，并用示波器观察 U_2 和 U_L 波形，记入表 4-2 中。

②取 $R_L = 240\ \Omega$，$C = 470\ \mu\mathrm{F}$，重复内容（1）的要求，记入表 4-2 中。

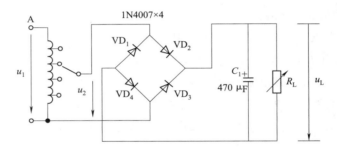

图 4-30　整流滤波电路测试

表 4-2　整流滤波电路测试

电路形式		U_L/V	U_L 波形
$R_L = 240\ \Omega$			
$R_L = 240\ \Omega$ $C = 470\ \mu\mathrm{F}$			

任务评价

任务评价表见表 4-3。

表4-3 任务评价表

评价项目	评价内容	评价标准	分数	评分记录		
				学生	小组	教师
综合素养	工作现场整理、整顿	整理、整顿不到位，扣5分	30			
	操作遵守安全规范要求	违反安全规范要求，每次扣5分				
	遵守纪律，团结协作	不遵守教学纪律，有迟到、早退等违纪现象，每次扣5分				
知识技能	元器件选择正确	元器件选择错误，每处扣3分	10			
	电路连接无误	电路连接错误，每处扣3分	20			
	（1）仪表使用正确，测量过程准确。（2）数据及图形记录规范	（1）仪表使用不规范，扣5分。（2）电压测量错误，每处扣5分。（3）波形测试错误，每处扣5分	40			
总　　分			100			

学习任务三　稳压电路分析与应用

任务描述

在整流滤波电路的后面加上稳压电路，能够得到更加稳定的直流电源。稳压电路的输出电压大小基本上与电网电压、负载及环境温度的变化无关。理想的稳压器是输出阻抗为零的恒压源。实际上，它是内阻很小的电压源。其内阻越小，稳压性能越好。

相关知识

一、硅稳压管稳压电路

整流滤波后的直流电压作为稳压电路的输入电压 U_1，稳压管 D_Z 与负载电阻 R_L 并联，电阻 R 为限流电阻，这样就构成了硅稳压管稳压电路，如图4-31所示。

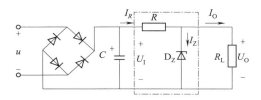

图4-31　硅稳压管稳压电路

在此电路中，U_Z 基本恒定，而 $U_O = U_Z$，所以对于电网电压的波动和负载电阻 R_L 的变化，稳压管稳压电路都能起到稳压作用。下面从两方面来分析稳压电路的工作原理。

假设电网电压保持不变，当负载电阻 R_L 阻值增大时，负载电流 I_L 减小，限流电阻 R 上的压降 U_R 将会减小。由于 $U_O = U_Z = U_I - U_R$，所以导致 U_O 升高，即 U_Z 升高，这样必然使 I_Z 显著增加。由于流过限流电阻 R 的电流为 $I_R = I_Z + I_L$，这样可以使流过 R 上的电流基本不变，导致压降

U_R 基本不变,则 U_0 也就保持不变。

假设 R_L 保持不变,电网电压升高使 U_I 升高,导致 U_0 随之升高,而 $U_0 = U_Z$。根据稳压管的特性,当 U_Z 升高一点时,I_Z 将会显著增加,这样必然使电阻 R 上的压降增大,抵消了 U_I 增加的部分,从而保持 U_0 基本不变。

选取稳压二极管时,其参数一般取

$$\begin{cases} U_Z = U_0 \\ I_{ZM} = (1.5 \sim 3)I_{OM} \\ U_I = (2 \sim 3)U_0 \end{cases} \tag{4-11}$$

例 4-4 在图 4-31 所示电路中,假设稳压电路的输入电压 $U_I = 15$ V,稳压管的输出电压 $U_0 = 12$ V,稳压管的安全工作电流范围为 5 ~ 50 mA,负载电阻 $R_L = 400$ Ω,求限流电阻 R 的取值范围。

解 由题意可知,流过负载电阻的电流为

$$I_0 = \frac{U_0}{R_L} = \frac{12}{400} \text{ mA} = 30 \text{ mA}$$

因此流过限流电阻的电流的变化范围为

$$35 \text{ mA} \leqslant I_R \leqslant 80 \text{ mA}$$

限流电阻两端的电压

$$U_R = U_I - U_0 = 3 \text{ V}$$

于是,可求得 R 的范围为

$$\frac{3 \text{ V}}{80 \text{ mA}} \leqslant R \leqslant \frac{3 \text{ V}}{35 \text{ mA}}$$

即

$$37.5 \text{ Ω} \leqslant R \leqslant 85.7 \text{ Ω}$$

二、集成稳压器简介

1. 串联型稳压电路

串联型稳压电路由采样电阻、放大电路、基准电压和调整管组成,如图 4-32 所示。所谓串联型稳压电路,就是指调整管与负载串联。在图 4-32 中,调整管 T 工作在线性放大区,所以又称线性稳压电路。基准电压由 R_3 和稳压管 D_Z 构成,R_1 和 R_2 是采样电阻,集成运放是放大电路。

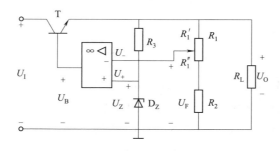

图 4-32 串联型稳压电路原理图

由图 4-32 可得

$$U_- = U_F = \frac{R_1'' + R_2}{R_1 + R_2} U_O$$

$$U_+ = U_Z$$

$$U_B = A_{uo}(U_Z - U_F)$$

当由于电源电压或负载电阻的变化使输出电压 U_O 升高时，采样电压 U_F 随着增大，则 U_B 减小，集电极电流 I_C 减小，U_{CE} 增大，使输出电压 U_O 降低，这一反馈过程使输出电压更为稳定。

2. 三端集成稳压器

三端集成稳压器有输入端、输出端和公共端（接地）三个接线端子，所需外接元件少，使用方便，性能可靠，因此得到广泛应用。按输出电压是否可调，三端集成稳压器可分为固定式和可调式两种。它们都采用串联型稳压电路。这里主要介绍常用的 7800、7900 系列固定输出式三端集成稳压器组件及其应用，其外形及引脚排列如图 4-33 所示。

（1）正电压输出稳压器

常用的三端固定正电压稳压器有 7800 系列，型号中的 00 两位数表示输出电压的稳定值，分别为 5 V、6 V、9 V、12 V、15 V、18 V、24 V。例如，7812 的输出电压为 12 V，7805 的输出电压是 5 V。

7800 系列三端固定输出集成稳压器的引脚排列如图 4-33（a）所示，1 引脚为输入端，2 引脚为输出端，3 引脚为公共端。

（2）负电压输出稳压器

常用的三端固定负电压稳压器有 7900 系列，型号中的 00 两位数表示输出电压的稳定值，和 7800 系列相对应，分别为 – 5 V、– 6 V、– 9 V、– 12 V、– 15 V、– 18 V、– 24 V。

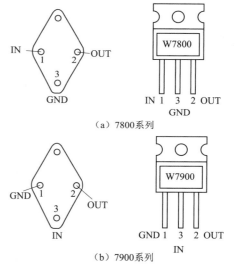

图 4-33　三端固定输出集成稳压器外形及引脚排列

7900 系列三端固定输出集成稳压器。引脚排列如图 4-33（b）所示，1 引脚为公共端，2 引脚为输出端，3 引脚为输入端。

（3）三端固定输出集成稳压器的应用电路

① 输出为固定电压的电路，如图 4-34 所示。

为了保证电路正常工作，图 4-34 中输入与输出之间的电压不得低于 2.5 ~ 3 V，C_1 用来抵消输入端接线较长时的电感效应，防止产生自激振荡，用来改善波形，一般取 0.1 ~ 1 μF。C_O 为了瞬时增减负载电流时，不致引起输出电压有较大的波动，用来改善负载的瞬态响应，一般为 1 μF。

② 提高输出电压的电路。图 4-35 中 $U_{××}$ 是 W78 × × 的固定输出电压，由图可见 $U_O = U_{××} + U_Z$。

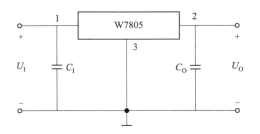

图 4-34 输出为固定电压的电路

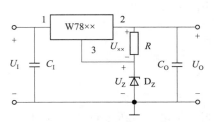

图 4-35 提高输出电压的电路

③输出电压可调的电路,如图 4-36 所示。

根据集成运放"虚短"的性质,由图 4-36 可得

$$\frac{R_3}{R_3 + R_4} U_{\times\times} = \frac{R_1}{R_1 + R_2} U_O$$

$$U_O = \left(1 + \frac{R_2}{R_1}\right) \frac{R_3}{R_3 + R_4} U_{\times\times}$$

由此可知,通过调节 $\frac{R_2}{R_1}$ 的值,可产生变化的输出电压 U_O。

④输出正、负电压的电路,如图 4-37 所示。

图 4-37 所示的电路能够同时输出 + 15 V 和 - 15 V 电压。

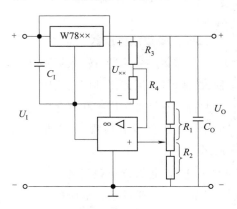

图 4-36 输出电压可调的电路

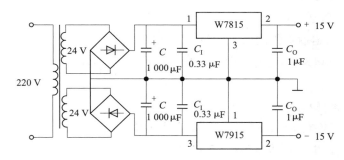

图 4-37 输出正、负电压的电路

⑤恒流源电路,如图 4-38 所示。

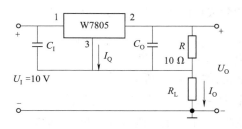

图 4-38 恒流源电路

集成稳压器输出端串联合适的电阻,就能得到恒流源电路,如图 4-38 所示。图中 $C_I = 0.33\ \mu F$,$C_O = 0.1\ \mu F$,$U_{23} = 5\ V$,R_L 是输出负载电阻,由图可见

$$I_{\text{O}} = \frac{U_{23}}{R} + I_{\text{Q}}$$

式中，I_{Q} 是稳压器的静态工作电流，只有当 $\frac{U_{23}}{R}$ 远大于 I_{Q} 时，输出电流 I_{O} 才比较稳定。

图 4-38 中，$\frac{U_{23}}{R} = 0.5$ A，远大于 I_{Q}，所以 $I_{\text{O}} \approx 0.5$ A，I_{Q} 对 I_{O} 的影响不大。

前面介绍了 78、79 系列集成稳压电路，这些都是固定输出的稳压电源。实际应用中还有可调的 CW117、CW217、CW317、CW337 和 CW337L 系列。使用时可查阅有关手册。

 **任务实施**

测试三端固定输出集成稳压器

电路如图 4-35 所示。按图接线，经检查无误后接通工作电源。保持电阻 $R = 470$ Ω 不变，改变输入电压 U_{I} 值，填写表 4-4 中的内容，根据结果验证公式 $U_{\text{O}} = U_{\times\times} + U_{\text{Z}}$，其中 $U_{\times\times} = 5$ V。

表 4-4　三端固定集成稳压器测试

U_{I}/V	10	14	18	22
U_{O}/V				

任务评价

任务评价表见表 4-5。

表 4-5　任务评价表

评价项目	评价内容	评价标准	分数	评分记录		
				学生	小组	教师
综合素养	工作现场整理、整顿	整理、整顿不到位，扣 5 分	30			
	操作遵守安全规范要求	违反安全规范要求，每次扣 5 分				
	遵守纪律，团结协作	不遵守教学纪律，有迟到、早退等违纪现象，每次扣 5 分				
知识技能	元器件选择正确	器件选择错误，每处扣 3 分	10			
	电路连接无误	电路连接错误，每处扣 3 分	20			
	(1) 仪表使用正确，测量过程准确。 (2) 参数查阅	(1) 仪表使用不规范，扣 5 分。 (2) 电压测量错误，每处扣 5 分。 (3) 不能自主进行相关参数查阅，扣 10 分	40			
总　　分			100			

项目测试题

4.1　N 型半导体中的自由电子多于空穴，而 P 型半导体中的空穴多于自由电子，是否 N 型半导体带负电,而 P 型半导体带正电?

4.2　图 4-39(a)是输入电压 u_i 的波形。试根据图 4-39(b)所示电路画出对应于 u_i 的输出电压 u_o、电阻 R 上电压 u_R 和二极管 VD 上电压 u_D 的波形。二极管的正向压降忽略不计。

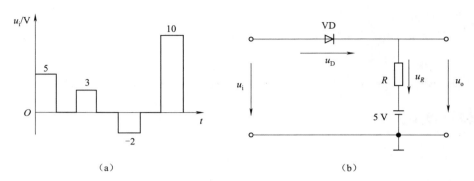

图 4-39　题 4.2 图

4.3　在图 4-40 所示各电路图中,$E = 5$ V,$u_i = 10\sin \omega t$ V,二极管的正向压降忽略不计,试分别画出输出电压 u_o 的波形。

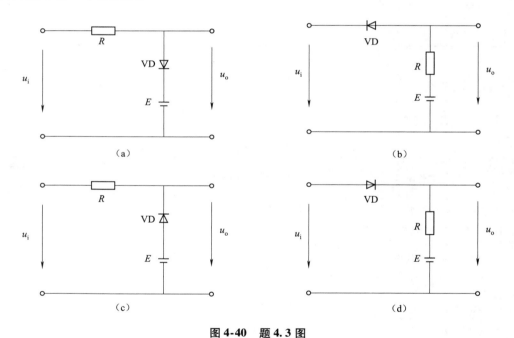

图 4-40　题 4.3 图

4.4　在图 4-19 所示的单相半波整流电路中,已知变压器二次电压的有效值 $U = 30$ V,负载电阻 $R_L = 100$ Ω,试求:

(1)输出电压的平均值 U_0 和输出电流的平均值 I_0 分别为多少?

(2)电源电压波动 ±10%,二极管承受的最高反向电压为多少?

4.5　在输出电压 $U_0 = 9$ V,负载电流 $I_0 = 20$ mA 时,桥式整流电容滤波电路的输入电压(即变压器二次电压)应为多大?若电网频率为 50 Hz,则滤波电容应选多大?

4.6　在图 4-41 中,已知 $R_L = 80\ \Omega$,直流电压表 V 的读数为 110 V,试求:

(1)直流电流表 A 的读数;

(2)整流电流的最大值;

(3)交流电压表 V_1 的读数。

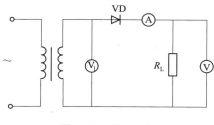

图 4-41　题 4.6 图

4.7　有一电压为 110 V,电阻为 55 Ω 的直流负载,采用单相桥式整流电路(不带滤波器)供电,试求变压器二次电压和二次电流的有效性值,并选用二极管。

4.8　单相桥式整流电容滤波电路,已知交流电压源电压为 220 V,$R_L = 50\ \Omega$,若要求输出直流电压为 12 V。

(1)求每只二极管的电流和最大反向工作电压;

(2)选择滤波电容的容量和耐压值。

4.9　单相桥式整流电容滤波电路,已知变压器二次电压的有效值 $U = 20$ V,现分别测得直流输出电压为 28 V、24 V、20 V、18 V、9 V,试判断说明每种电压所示的工作状态是正常还是故障?

项目五
晶体管放大电路分析与应用

📊 **项目导入**

在生产中往往要求用微弱的信号去控制较大功率的负载,如在自动控制机床上,需要将反映加工要求的控制信号加以放大,得到一定输出功率以推动执行元件(电磁铁、电动机、液压机构等)。本项目介绍晶体管及由其组成的各种常用基本放大电路,讨论它们的电路组成、工作原理、组装与调试方法、特点和应用等。

🖥 **学习目标**

知识目标
(1)掌握晶体管的结构、主要参数及其电流放大作用。

(2)了解基本放大电路的组成、多级放大电路的耦合方式。

(3)掌握基本放大的分析及调试方法。

(4)了解反馈电路的类型、判断方法及负反馈对放大电路性能的影响。

能力目标
(1)会识别晶体管的类型、型号。

(2)使用仪表测试晶体管极性和质量。

(3)会使用仪器仪表测试放大电路。

素质目标
(1)培养质量意识和安全规范操作意识。

(2)培养严谨、认真、一丝不苟的工作态度。

(3)培养信息检索能力。

学习导图

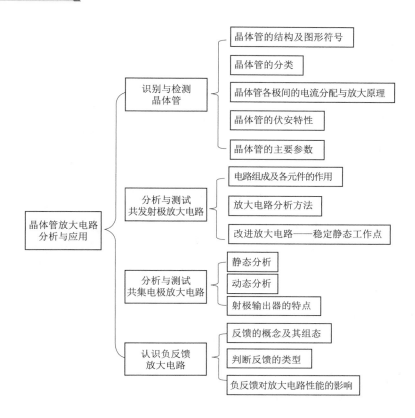

晶体管放大电路分析与应用

- 识别与检测晶体管
  - 晶体管的结构及图形符号
  - 晶体管的分类
  - 晶体管各极间的电流分配与放大原理
  - 晶体管的伏安特性
  - 晶体管的主要参数
- 分析与测试共发射极放大电路
  - 电路组成及各元件的作用
  - 放大电路分析方法
  - 改进放大电路——稳定静态工作点
- 分析与测试共集电极放大电路
  - 静态分析
  - 动态分析
  - 射极输出器的特点
- 认识负反馈放大电路
  - 反馈的概念及其组态
  - 判断反馈的类型
  - 负反馈对放大电路性能的影响

学习任务一　识别与检测晶体管

任务描述

半导体三极管又称晶体管、双极型三极管,简称三极管,目前一般多称为晶体管。晶体管是组成各种电子电路的核心器件,有三个电极,其外形图如图 5-1 所示。本任务介绍晶体管的结构、类型、工作原理、伏安特性、主要参数及其检测方法等。

图 5-1　几种晶体管的外形图

视频

晶体管的结构和电流放大作用

相关知识

一、晶体管的结构及图形符号

通过半导体制作工艺将一块半导体用两个 PN 结分成三个区域,按 P 区和 N 区的不同组合方式可分为 NPN 型或 PNP 型晶体管,其结构示意图和图形符号如图 5-2 所示。

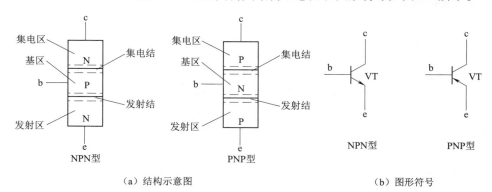

（a）结构示意图　　　　　　　　　（b）图形符号

图 5-2　晶体管结构示意图和图形符号

无论是 NPN 型管还是 PNP 型管,内部均包含三个区:发射区、基区、集电区。从三个区分别引出三个电极:发射极（e）、基极（b）、集电极（c）,同时在三个区的两两交界处形成两个 PN 结,发射区与基区之间形成的 PN 结称为发射结,集电区与基区之间形成的 PN 结称为集电结。

二、晶体管的分类

晶体管的种类很多,主要有以下几种分类方式:

①按其结构类型分为 NPN 型管和 PNP 型管。

②按其制作材料分为硅管和锗管。

③按制作工艺可分为合金管和平面管。

④按工作频率分为高频管和低频管。

⑤按功率大小分可分为大功率管、中功率管和小功率管。

⑥按工作状态分为放大管和开关管。

三、晶体管各极间的电流分配与放大原理

1. 晶体管实现电流放大作用的条件

（1）内部条件

为保证晶体管具有良好的电流放大作用,在晶体管的制作工艺中应做到:

①发射区掺杂浓度最高,以有效地发射载流子。

②基区掺杂浓度最低,且做得很薄,以有效地传输载流子。

③集电区面积最大,以有效地收集到发射区发射的载流子。

（2）外部条件

从外部条件来看,应保证发射结正向偏置,集电结反向偏置。

2. 晶体管内部载流子的运动过程

在满足了上述内部和外部条件的情况下,晶体管内部载流子的运动有三个过程,下面以 NPN 型管为例来讨论。图 5-3 为晶体管内部载流子的运动情况。

（1）发射区向基区发射电子的过程

由于发射结正向偏置,有利于多数载流子的扩散运动。发射区的多子电子向基区扩散,形成电子电流,因为电子带负电,所以电流的方向与电子流动的方向相反。与此同时,基区的多子空

穴也向发射区扩散形成空穴电流,由于基区空穴浓度远低于发射区电子浓度,与电子电流相比,空穴电流可忽略,可以认为,发射区向基区发射电子形成了发射极电流 I_E。

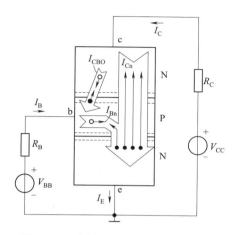

图 5-3 晶体管内部载流子的运动情况

(2)电子在基区扩散和复合的过程

电子到达基区后,由于基区很薄,而且掺杂浓度很低,因而只有很少一部分电子与基区空穴复合,复合了的空穴由外电源 U_{BB} 不断补充,形成基极电流 I_{Bn},因而基极电流 I_{Bn} 比发射极电流 I_E 小得多。大多数电子在基区中继续扩散,到达靠近集电结的一侧。

(3)集电区收集电子的过程

由于集电结反向偏置,外电场将阻止集电区中的多子向基区的扩散,有利于将基区中扩散到集电结附近的电子(是由发射区发射的电子)收集到集电区,在外电源 V_{CC} 的作用下形成集电极电流 I_{Cn}。

以上分析了晶体管中多数载流子的运动过程,由于集电结反偏,所以集电区中的少子空穴和基区中的少子电子在外电场作用下,进行漂移运动而形成反向电流,用 I_{CBO} 表示。I_{CBO} 数值很小,但受温度影响很大,是晶体管工作不稳定的原因之一。

3. 晶体管的电流分配关系与放大作用

图 5-4(a)所示为 NPN 管的偏置电路,确保满足外部放大条件,三个电极之间的电位关系应为 $U_C > U_B > U_E$;图 5-4(b)所示为 PNP 管的偏置电路,和 NPN 管的偏置电路相比,电源极性正好相反。同理,为保证晶体管实现放大作用,则必须满足 $U_C < U_B < U_E$。

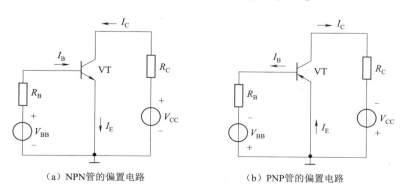

(a)NPN管的偏置电路   (b)PNP管的偏置电路

图 5-4 晶体管具有放大作用的外部条件

为了了解晶体管各极电流分配关系,以 NPN 型管为例,用图 5-5 所示的电路进行测试,调节电位器 R_P,可测得几组数据,见表 5-1。

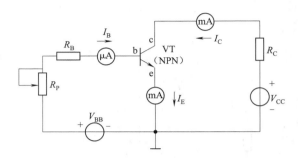

图 5-5 晶体管电流分配关系测试电路

表 5-1 晶体管各极电流测试数据

基极电流 I_B/μA	0	10	20	30	40	50
集电极电流 I_C/mA	0.1	1	2	3	4	5
发射极电流 I_E/mA	0.1	1.01	2.02	3.03	4.04	5.05

通过对表 5-1 进行分析、计算,可发现晶体管极间电流存在如下关系:

(1)$I_E = I_B + I_C$,其中 $I_C \gg I_B$,$I_E \approx I_C$,此结果满足基尔霍夫电流定律,即流进晶体管的电流等于流出晶体管的电流。

(2)$I_C \gg I_B$,即 I_C 比 I_B 大得多,将集电极电流与基极电流的比值称为共射直流电流放大系数,通常用 $\bar{\beta}$ 表示,表征晶体管的直流放大能力,即

$$\bar{\beta} = \frac{I_C}{I_B}$$

(3)很小的 I_B 变化可引起很大的 I_C 变化,即基极电流较小的变化可以引起集电极电流较大的变化。也就是说,基极电流对集电极电流具有小量控制大量的作用,这就是晶体管的电流放大作用(实质是控制作用)。为表征这一特性,将集电极电流的变化量与基极电流的变化量的比值,称为交流电流放大系数,通常用 β 表示,表示晶体管的交流放大性能,即

$$\beta = \frac{\Delta I_C}{\Delta I_B}$$

由上述数据分析可知:$\bar{\beta}$ 和 β 基本相等,为了表示方便,以后不加区分,统一用 β 表示。

(4)当 $I_E = 0$ 时,即发射极开路,$I_C = -I_B$,为集电结反偏而产生的反向饱和电流 I_{CBO}。

(5)当 $I_B = 0$ 时,即基极开路,$I_C = I_E \neq 0$,为集电极-发射极的穿透电流 I_{CEO}。

四、晶体管的伏安特性

晶体管各电极间的电压和电流之间的关系曲线,称为晶体管的伏安特性曲线,它是分析和计算晶体管电路的重要依据之一。在晶体管的应用中,经常用到的是反映晶体管外部特性的曲线,基本不涉及它的内部结构。晶体管的特性曲线可用晶体管特性图示仪直接显示出来,也可用图 5-6 所示测试电路图,通过改变 V_{BB}、V_{CC} 用描点法绘出。

下面讨论 NPN 型管的共射电路特性曲线。

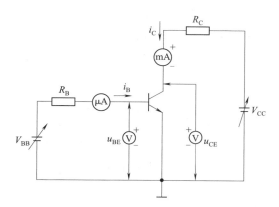

图 5-6　晶体管特性曲线测试电路

1. 输入特性曲线

当 u_{CE} 不变时，输入回路中的基极电流 i_B 与基极-发射极电压 u_{BE} 之间的关系曲线称为输入特性曲线，如图 5-7（a）所示。用函数式可表示为

$$i_B = f(u_{BE})\,\big|_{u_{CE} = 常数}$$

①$u_{CE} = 0$ 的一条曲线与二极管正向特性相似。由于 $u_{CE} = 0$ 时，集电极与发射极短路，相当于两个二极管并联，此时 i_B 与 u_{BE} 的关系就成了两个并联二极管的伏安特性。

②u_{CE} 由零开始逐渐增大时，输入特性曲线右移，当 $u_{CE} \geqslant 1$，各曲线几乎重合。这是因为 u_{CE} 由零逐渐增大时，集电结宽度逐渐增大，基区宽度相应减小，基区的复合电流减小，即 i_B 减小。如保证 i_B 为定值，就必须增加 u_{BE}，故曲线右移。当 $u_{CE} \geqslant 1$ 时，集电结反偏电压已足以将注入基区的载流子都收集到集电区，即 u_{CE} 再增大，i_B 也不会减小很多，故曲线重合。

在实际的放大电路中，晶体管 u_{CE} 一般都大于零，因此 $u_{CE} \geqslant 1$ 的输入特性更有实用意义。晶体管输入特性也有一段死区，只有当 u_{BE} 大于死区电压时，输入回路才有 i_B 产生。常温下，硅管死区电压约为 0.5 V，锗管约为 0.2 V。另外，当发射结完全导通后，晶体管发射结也具有恒压特性。常温下，硅管导通电压为 0.6～0.7 V，锗管导通电压为 0.2～0.3 V。

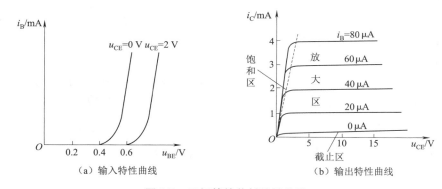

（a）输入特性曲线　　　　（b）输出特性曲线

图 5-7　三极管的共射特性曲线

2. 输出特性曲线

当 i_B 不变时，输出回路中的电流 i_C 与电压 u_{CE} 之间的关系曲线称为输出特性曲线。其函数

式可表示为

$$i_C = f(u_{CE})\big|_{i_B=常数}$$

固定一个 i_B 值，可绘出一条输出特性曲线，取不同的 i_B 值（如 $i_B=0$ μA、20 μA、40 μA、60 μA），可绘出一簇输出特性曲线，如图 5-7（b）所示。在输出特性曲线上可以划分为三个区域：截止区、饱和区和放大区。

（1）截止区

一般将 $i_B=0$ 以下的区域称为截止区。使晶体管工作在截止区，晶体管的发射结和集电结都应处于反向偏置。晶体管处于截止状态，没有放大作用，集电极只有微小的穿透电流 I_{CEO}，$u_{CE}=V_{CC}$，晶体管的 c-e 之间几乎相当于开路，类似于开关断开。

（2）饱和区

一般认为当 $u_{CE}=u_{BE}$，即 $u_{CB}=0$ 时，晶体管达到临界饱和状态，用临界饱和线（虚线）表示。临界饱和线和纵轴之间的区域称为饱和区。在此区域内 $u_{CE}<u_{BE}$，因此，晶体管的发射结和集电结都应处于正向偏置。晶体管处于饱和状态，无放大作用，此时 i_C 由外电路决定，与 i_B 无关，晶体管集电极与发射极之间的电压称为饱和管压降，用 U_{CES} 表示。一般情况下，小功率管 U_{CES} 小于 0.4 V（硅管约为 0.3 V，锗管约为 0.1 V），大功率管的 U_{CES} 为 1~3 V。晶体管的 c-e 间可看成短路，类似于开关闭合。

（3）放大区

在截止区以上，介于饱和区与击穿区（图中未画出，在放大区右方）之间的区域为放大区。在此区域内，特性曲线近似于一簇平行等距的水平线，有如下重要特征：

① i_B 一定时，i_C 值基本上不随 u_{CE} 而变化；

② i_C 随 i_B 的变化而变化，即 $i_C=\beta i_B$，表明晶体管具有电流放大作用。

使晶体管工作在放大区，必须满足发射结正偏、集电结反偏。晶体管处于放大状态，具有电流放大作用。

由以上分析可知，晶体管在电路中由于发射结、集电结所加的偏置电压的不同，有三种工作状态，即截止状态、饱和状态和放大状态；可作为开关元件使用，又可作为放大元件使用。

五、晶体管的主要参数

晶体管的参数反映了晶体管的各项性能指标和适用范围，是分析、设计晶体管电路和选用晶体管的依据。晶体管的参数很多，这里只介绍常用的主要参数。

1. 电流放大系数

晶体管电流放大系数是表征晶体管放大能力的参数，综合前面讨论有以下几种：

（1）共发射极交流电流放大系数 β

β 体现共发射极接法下的电流放大作用。在动态时，集电极电流的变化量 ΔI_C 与基极电流的变化量 ΔI_B 的比值定义为 β，称为动态电流（交流）放大系数，即

$$\beta = \frac{\Delta I_C}{\Delta I_B}$$

（2）共发射极直流放大系数 $\bar{\beta}$

在静态时，集电极电流 I_C 与基极电流 I_B 的比值定义为 $\bar{\beta}$，称为静态电流放大系数，即

$$\overline{\beta} = \frac{I_{\mathrm{C}}}{I_{\mathrm{B}}}$$

β 和 $\overline{\beta}$ 的含义是不同的,但两者数值相差不大,可认为 β 和 $\overline{\beta}$ 为同一值。

2. 反向饱和电流

（1）集电极-基极反向饱和电流 I_{CBO}

I_{CBO} 是指发射极开路,集电结在反向电压作用下,少子的漂移运动形成的反向电流,它受温度变化的影响很大。常温下,小功率硅管的 $I_{\mathrm{CBO}} < 1\ \mu\mathrm{A}$,锗管的 I_{CBO} 为几微安到几十微安。

（2）集电极-发射极穿透电流 I_{CEO}

I_{CEO} 是指基极开路,集电极和发射极之间的电流,它与 I_{CBO} 的关系为

$$I_{\mathrm{CEO}} = (1 + \beta) I_{\mathrm{CBO}}$$

I_{CBO} 和 I_{CEO} 是衡量晶体管热稳定性的重要参数,实际使用中应选用 I_{CBO} 和 I_{CEO} 小的晶体管,这两个反向电流值愈小,表明晶体管的质量愈高。

3. 极限参数

晶体管的极限参数是指使用晶体管时不得超过的极限值,以保证晶体管安全工作或工作性能正常。

（1）集电极最大允许电流 I_{CM}

当集电极电流过大时,晶体管的 β 值就要下降,一般规定在 β 值下降到正常值的 2/3 时,对应的集电极电流为集电极最大允许电流 I_{CM}。为保证晶体管正常工作,必须满足 $i_{\mathrm{C}} < I_{\mathrm{CM}}$。

（2）集电极和发射极之间的反向击穿电压 $U_{\mathrm{(BR)CEO}}$

$U_{\mathrm{(BR)CEO}}$ 是指当基极开路时,集电极与发射极之间的反向击穿电压。为安全工作,必须满足 $u_{\mathrm{CE}} < U_{\mathrm{(BR)CEO}}$。

（3）集电极最大允许耗散功率 P_{CM}

P_{CM} 是指晶体管工作时最大允许耗散的功率。超过此值,会使晶体管因温度过高而导致性能变坏或烧毁。为保证晶体管正常工作,必须满足 $P_{\mathrm{C}} = u_{\mathrm{CE}} i_{\mathrm{C}} < P_{\mathrm{CM}}$。

根据给定的极限参数 I_{CM}、$U_{\mathrm{(BR)CEO}}$、P_{CM},可以在晶体管的输出特性曲线上画出晶体管的安全工作区,如图 5-8 所示。

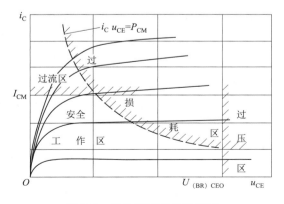

图 5-8　晶体管的安全工作区

另外,晶体管是一个温度敏感器件,当温度升高时,由于半导体的本征激发,使载流子浓度增加,晶体管的参数也会有所变化。主要体现在以下三个参数的变化上:

①U_{BE}随温度升高而减小。

②I_{CBO}和I_{CEO}随温度升高而增大。

③β值随温度升高而增大。

U_{BE}的减小,I_{CBO}和β的增大,集中体现为晶体管的集电极电流i_C增大,从而影响晶体管的工作状态。所以,在以后相关内容中将介绍采用不同的方法来限制温度对晶体管性能的影响。

 **任务实施**

识别与检测晶体管

要准确地了解一只晶体管的类型、性能及参数,可用专门的测试仪器进行测试。但是,一般粗略判断晶体管的类型和引脚,可通过晶体管的型号简单判别其类型,用万用表欧姆挡判别其管型及质量的好坏。

一、识别晶体管型号并查阅相关参数

晶体管的型号一般由五部分组成,各组成部分的符号及意义见附录 A。

举例:3DG6B,"3"表示电极数为3,即三极管,"D"表示 NPN 型,硅材料,"G"表示高频小功率管,"6"表示三极管的登记顺序号,"B"表示三极管的规格号。

借助资料,查阅如下晶体管的主要参数,并记录如下:

3DG6A:_____。

3DG6B:_____。

二、判别晶体管的管型和引脚

用万用表 R×100 或 R×1k 挡可对晶体管的管型(NPN 或 PNP)、三个引脚进行判别。

1. 判别基极和管型

由于基极对集电极和发射极的 PN 结方向相同,所以可先确定基极。将指针式万用表黑表笔接到某个假定基极的引脚上,用红表笔先后接到其余两个引脚上,如果两次测得的电阻值都很大(或都很小),即 PN 结反偏(或正偏),则可确定假定基极是正确的。如果两次测得的电阻值一大一小,则可确定假定基极不是基极,重新假定另一引脚为基极,重复上述测试。

当基极确定后,将黑表笔接基极,红表笔分别接其他两个电极,若两次测得的电阻值都较小,晶体管为 NPN 型,如图 5-9(a)所示;若两次测得的电阻值都较大,晶体管为 PNP 型,如图 5-9(b)所示。如果将红表笔接基极,黑表笔分别接其他两个电极,两次测得的电阻值都很大的为 NPN 型,两次测得的电阻值都很小的为 PNP 型。

2. 判别集电极和发射极

在基极与假定集电极之间接一个 100 kΩ 的电阻(也可用人体电阻代替,用手捏住 b、c 两电极,但不使 b、c 接触),如图 5-9 所示。对 NPN 型管,黑表笔接假定集电极,红表笔接假定发射极;对 PNP 型管,红表笔接假定集电极,黑表笔接假定发射极。测得一电阻值,将假定的集电极与假

定的发射极对调，又测得一电阻值，比较两值大小，可确定电阻值较小的那一次的假定是正确的。因为电阻值小，说明通过万用表的电流大，晶体管处于放大状态，即满足发射结正偏、集电结反偏。

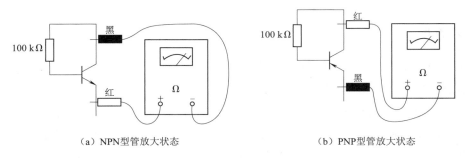

（a）NPN型管放大状态　　　　　　　　（b）PNP型管放大状态

图 5-9　判断晶体管集电极和发射极示意图

3. 检测晶体管质量

由于晶体管的基极与发射极、基极与集电极的内部均为同向的 PN 结，可用万用表 $R \times 100$ 或 $R \times 1k$ 挡分别检测两个 PN 结(发射结、集电结)的正、反向电阻。如果正向电阻都很小，反向电阻都很大，则晶体管正常，否则性能差或已损坏。

利用万用表，测试晶体管的管型、引脚及其质量好坏，并将测试结果填入表 5-2 中。

表 5-2　测试晶体管

型号	b-e 之间电阻		b-c 之间电阻		c-e 之间电阻		管型、材料及质量
	正向	反向	正向	反向	正向	反向	
3DG6A							
3DG6B							
其他型号							

任务评价

任务评价表见表 5-3。

表 5-3　任务评价表

评价项目	评价内容	评价标准	分数	评分记录		
				学生	小组	教师
综合素养	工作现场整理、整顿	整理、整顿不到位，扣 5 分	30			
	操作遵守安全规范要求	违反安全规范要求，每次扣 5 分				
	遵守纪律，团结协作	不遵守教学纪律，有迟到、早退等违纪现象，每次扣 5 分				
知识技能	识读晶体管型号	每错 1 项扣 5 分	10			
	判别晶体管管型和引脚	每错 1 处扣 5 分	30			
	检测晶体管质量好坏	用万用表检测二极管质量好坏，每错 1 处扣 3 分	30			
总　分			100			

学习任务二 分析与测试共发射极放大电路

任务描述

晶体管的主要用途之一是利用其放大作用组成各种放大器,将微弱电信号放大到满足要求的信号,以便有效地进行观察、测量、控制或调节。例如,在温度控制系统中,首先将温度这个非电量通过温度传感器变为微弱的电信号,经过放大以后,再去推动执行元件以实现温度的自动调节。放大电路在工业、农业、国防和日常生活中等应用极为广泛,它是整个电子电路的基础。

晶体管有三个电极,其中一个电极作为放大电路输入和输出电路的公共端。共发射极放大电路就是用晶体管的发射极作为放大电路的输入和输出电路的公共端。本任务介绍共发射极放大电路的组成、静态及动态分析方法,了解电路非线性失真问题及改善电路的方法。

相关知识

• 视频

共射基本放大
电路的组成及
工作原理

一、电路组成及各元件的作用

由一个放大元件组成的放大电路称为基本放大电路。图 5-10 是一个共发射极基本放大电路(简称"共射放大电路"),它是最基本的交流放大电路。输入端接需要放大的信号(通常可用一个理想电压源 u_S 和电阻 R_S 串联的交流电压源表示)。假定信号源的输出电压即放大器的输入电压为 u_i,放大器的输出端接负载电阻 R_L,输出电压为 u_o。

放大电路中各元件的作用如下:

1. 晶体管

它是放大(控制)元件,是放大电路的核心。利用它的电流控制作用,实现用微小的输入电压变化而引起基极电流的微小变化,在集电极上得到与输入信号成比例变化较大的集电极电流,从而在负载上获得比输入信号幅度大得多但又与其成比例的输出信号。

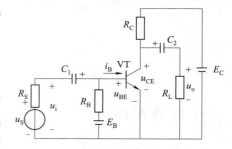

图 5-10 共发射极基本放大电路

2. 基极电源 E_B 和基极电阻 R_B

它们的作用是给晶体管的发射结提供正向偏置电压和合适的静态基极电流 I_B,简称偏置电路,R_B 称为偏置电阻,R_B 一般为几十千欧至几百千欧。

3. 集电极电源 E_C

它的作用有两个:一是在受输入信号控制的晶体管的作用下,适时向负载提供能量;二是保证晶体管工作在放大状态,即给集电结加反偏电压。一般 E_C 为几伏至几十伏。

4. 集电极负载电阻 R_C

简称集电极电阻。它的主要作用是将集电极电流的变化转换为电压的变化输出,以实现电压信号的放大。R_C 的阻值一般为几千欧至几十千欧。

5. 耦合电容 C_1 和 C_2

它们的作用是"隔直通交"。对于直流分量电容是开路，C_1 隔断信号源与放大器的直流联系，C_2 隔断放大器与负载的直流联系。对于交流信号，C_1、C_2 的容抗值较小，其交流压降可忽略不计，对交流信号来说，可将 C_1、C_2 视为短路。因此，需将其容量取得大些，一般为几微法至几十微法，常用的是极性电容器，正极必须接高电位，连接时需注意极性。

图 5-10 所示电路的电压信号放大过程如下：电路参数保证晶体管 VT 工作于放大状态。输入信号通过电容 C_1 直接耦合到晶体管发射结上，从而引起基极电流的变化。基极电流的变化经过晶体管放大后，集电极电流便有较大的变化量。从而集电极电阻 R_C 上有较大的电压变化量。又从集电极回路（即输出回路）可以看出，电阻 R_C 上的电压与集电极和发射极间的电压之和恒为电压源 E_C，所以，在集电极和发射极之间就有一个与 R_C 上大小相等、方向相反的电压变化量，该变化量经电容 C_2 耦合输出，在输出端便得到了放大的电压信号。

可见，组成电压放大电路的原则为：

①晶体管工作于合适的放大状态。

②输入信号能引起控制量——基极电流的变化。

③能将集电极电流的变化转换为电压的变化而输出。

图 5-10 中使用了两个直流电源，在实用的放大电路中，可以将 V_B 省去，一般都采用单电源供电，如图 5-11（a）所示。只要适当调整 R_B 的阻值，仍可保证发射结正向偏置，产生合适的基极偏置电流 I_B。在放大电路中，通常把公共端设为参考点，设其为零电位，而该端常接"地"。同时为了简化电路的画法，习惯上不画电源 E_C 的符号，而只在连接电源正极的一端标出它对参考点"地"的电压值 V_{CC} 和极性（" + "或" – "），如图 5-11（b）所示。由于在放大电路中既有直流分量也有交流分量，电压和电流的名称较多，符号不同，为便于对放大电路进行分析，规定如下，以便区别。

①直流分量用大写字母加大写下标表示，如 I_B、I_C、U_{CE} 等。

②交流分量的瞬时值用小写字母加小写下标表示，如 i_b、i_c、u_{ce} 等；有效值用大写字母加小写下标表示，如 I_b、I_c、U_{ce} 等，而幅值是在有效值基础上加小写下标"m"，如 I_{bm}、I_{cm}、U_{cem} 等。

③总电压或总电流则用小写字母加大写下标表示，如 i_B、u_{CE} 等，其中 $i_B = I_B + i_b$。

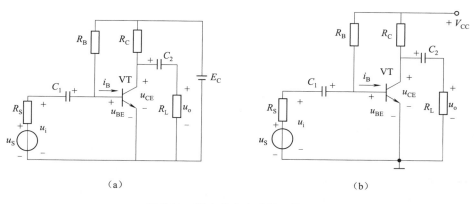

（a）   （b）

图 5-11　基本放大电路的习惯画法

放大电路中晶体管各电极电压、电流的符号归纳见表 5-4。

表 5-4 放大电路中晶体管各电极电压、电流的符号

类别	符号	下标	示　例
静态值	大写	大写	I_B、I_C、I_E、U_{BE}、U_{CE}
交流瞬时值	小写	小写	i_b、i_c、i_e、u_{be}、u_{ce}
总瞬时值	小写	大写	i_B、i_C、i_E、u_{BE}、u_{CE}
有效值	大写	小写	I_b、I_c、I_e、U_{be}、U_{ce}
幅值	大写	小写	I_{bm}、I_{cm}、I_{em}、U_{bem}、U_{cem}

视频

共射基本
放大电路的
分析方法

二、放大电路分析方法

放大电路的分析包括两方面的内容,即静态分析和动态分析,分析的过程一般是先静态、后动态。常用的分析方法有解析法(又称估算法)和图解法两种。解析法是根据电路特性和晶体管的等效电路实现对放大电路的工作点和各性能指标进行估算的分析方法;图解法是在晶体管的特性曲线上,直接用作图的方法分析放大电路工作情况的方法。

1. 解析法

(1)放大电路的直流通路和交流通路

在放大电路中既有直流电源 V_{CC} 又有输入的交流信号 u_i,所以放大电路是一个交流、直流共存的非线性复杂电路,其中直流分量所通过的路径称为直流通路,而交流分量所通过的路径称为交流通路。

直流电源单独作用时,C_1、C_2 可视为开路,由图 5-11 可得其直流通路如图 5-12(a)所示。

交流电源单独作用时,C_1、C_2 可视为短路,直流电源作用为零,可视为短路。由图 5-11 可得其交流通路如图 5-12(b)所示。

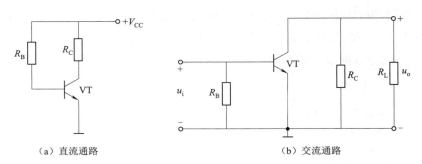

（a）直流通路　　　　　　　　　　（b）交流通路

图 5-12 基本放大电路的交、直流通路

(2)放大电路的静态分析

放大电路在没加输入信号,即 $u_i = 0$ 时,电路所处的工作状态称为静止工作状态,简称静态,也就是放大电路的直流状态。进行静态分析的目的是找出放大电路的静态工作点。

所谓静态工作点 Q,就是指输入信号为零的条件下,晶体管各极电流和各极间电压值。由于三个电极电流只有两个是独立的,通常求基极电流 I_B 与集电极电流 I_C 的值。而三个电极间电压

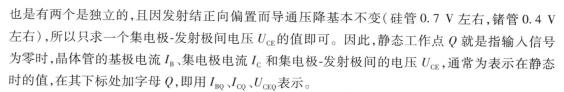

也是有两个是独立的,且因发射结正向偏置而导通压降基本不变(硅管 0.7 V 左右,锗管 0.4 V 左右),所以只求一个集电极-发射极间电压 U_{CE} 的值即可。因此,静态工作点 Q 就是指输入信号为零时,晶体管的基极电流 I_B、集电极电流 I_C 和集电极-发射极间的电压 U_{CE},通常为表示在静态时的值,在其下标处加字母 Q,即用 I_{BQ}、I_{CQ}、U_{CEQ} 表示。

解析法静态分析的步骤:

第一步:根据放大电路图画出直流通路。例如,图 5-11 所示放大电路的直流通路即图 5-12(a)所示电路。

第二步:根据基尔霍夫电压定律可得出基极电流 I_{BQ}

$$I_{BQ} = \frac{V_{CC} - U_{BE}}{R_B} \approx \frac{V_{CC}}{R_B}(V_{CC} \gg U_{BE}) \tag{5-1}$$

由 I_{BQ} 可得静态时集电极电流 I_{CQ},即

$$I_{CQ} = \beta I_{BQ} \tag{5-2}$$

在输出回路,根据基尔霍夫电压定律可求集电极与发射极间电压 U_{CEQ}:

$$U_{CEQ} = V_{CC} - I_{CQ}R_C \tag{5-3}$$

例 5-1　在图 5-11 所示基本放大电路中,已知 $V_{CC} = 10$ V,$R_B = 250$ kΩ,$R_C = 3$ kΩ,$\beta = 50$,试求放大电路的静态工作点。

解　根据图 5-12(a)所示直流通路图可得

$$I_{BQ} = \frac{V_{CC}}{R_B} = \frac{10}{250} \text{ mA} = 0.04 \text{ mA} = 40 \text{ μA}$$

$$I_{CQ} = \beta I_{BQ} = 50 \times 0.04 \times 10^{-3} \text{ A} = 2 \times 10^{-3} \text{A} = 2 \text{ mA}$$

$$U_{CEQ} = V_{CC} - I_{CQ}R_C = (10 - 2 \times 3)\text{V} = 4 \text{ V}$$

(3)放大电路的动态分析

放大电路输入信号 $u_i \neq 0$ 时的工作状态称为动态。对放大电路进行动态分析的目的主要是:获得用元件参数表示的放大电路的电压放大倍数 A_u、输入电阻 r_i、输出电阻 r_o 这三个放大电路的参数。以便知道该放大电路对输入信号的放大能力,与信号源及负载进行最佳匹配的条件。

解析法动态分析的步骤:

第一步:根据放大电路图画出交流通路。例如,图 5-11 所示放大电路的交流通路如图 5-12(b)所示。

第二步:根据放大电路的交流通路画出其等效电路图。

晶体管是非线性元件,这可从它的输入、输出特性曲线看出。这给放大电路的分析与计算带来很多不便。在电路分析中学过的各种线性电路的分析方法均不能使用。若能使非线性的晶体管等效成一个线性元件,则前面学的各种线性电路的分析方法就能有效运用于对这种电路的分析。放大电路特别是电压放大电路一般都工作在小信号状态,也就是说工作点在特性曲线上的移动范围很小。当工作点在特性曲线上小范围内运动时,虽然晶体管仍工作于非线性状态,但这时工作点的运动轨迹已接近直线,也就是说对工作于这种状态下的晶体管,若采用它的等效线性模型来分析,得到的结果与使用非线性模型分析得到的结果仅有很小的误差,对工程计算这样的

误差是允许的。这就为含有晶体管这样非线性元件,工作在小信号条件下的电路分析,增加了有效的工具。

①晶体管的微变等效电路。在小信号的条件下,用某种线性元件组合的电路模型来等效非线性的晶体管,称为晶体管的等效电路。如何把晶体管用一个线性元件的组合电路来等效,可以从晶体管的输入特性和输出特性两方面来分析讨论。

图 5-13(a)是晶体管的输入特性曲线,它是非线性的。但当输入信号很小时,在静态工作点 Q 附近的工作段可近似认为是直线,能最有效地表示这段曲线的直线是工作点处的切线。该切线的斜率可以用 $\Delta I_\mathrm{B}/\Delta U_\mathrm{BE}$ 表示,也就是说,该比值是一个常数。在小信号条件下,ΔU_BE 就近似等于 u_be,而 ΔI_B 就近似等于 i_b,所以工作在小信号条件下晶体管基极和发射极之间的伏安关系可以表示成

$$r_\mathrm{be} = \frac{\Delta U_\mathrm{BE}}{\Delta I_\mathrm{B}} = \frac{u_\mathrm{be}}{i_\mathrm{b}} \tag{5-4}$$

称此常数为晶体管的输入电阻 r_be,因此对工作在小信号条件下的晶体管的基极和发射极之间可用一个线性电阻来等效代替,如图 5-14(b)所示。同一个晶体管,静态工作点不同,r_be 值也不同。低频小功率晶体管的输入电阻常用下式估算:

$$r_\mathrm{be} = 300 + (1 + \beta)\frac{26}{I_\mathrm{E}} \tag{5-5}$$

式中,I_E 是发射极电流的静态值,单位为 mA;r_be 一般为几百欧到几千欧,它是一个动态电阻,在晶体管器件手册中常用 h_ie 表示。

图 5-13(b)是晶体管的输出特性曲线,在放大区是一簇近似与横轴平行的直线。

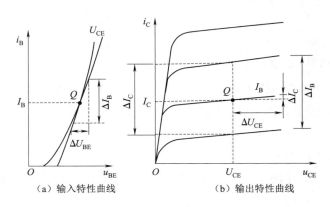

（a）输入特性曲线　　　　（b）输出特性曲线

图 5-13　晶体管的特性曲线

当 U_CE 为常数时,Δi_C 的大小主要与 Δi_B 的大小有关。在小信号的条件下,Δi_C 与 Δi_B 基本成线性关系,其比例系数 β 可近似为一个常数,即

$$\beta = \frac{\Delta i_\mathrm{C}}{\Delta i_\mathrm{B}}$$

式中,β 为晶体管的电流放大系数。由它确定 i_c 受 i_b 控制的关系,因此,晶体管的输出电路可用一个 $i_\mathrm{c} = \beta i_\mathrm{b}$ 的受控电流源来等效代替。这样晶体管的微变等效电路就可用图 5-14(b)所示电路替代。

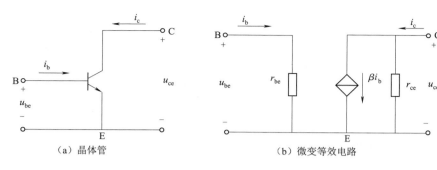

（a）晶体管　　　　　　　　　　（b）微变等效电路

图5-14　晶体管的等效电路

此外,由于集电极-发射极电压 U_{CE} 的大小对晶体管的放大能力也有影响,考虑此因素,可用一电阻 r_{ce}（称为晶体管的输出电阻）与受控电流源并联来表示,该电阻一般为几十千欧至几百千欧。由于 r_{ce} 阻值较大,故可视为开路。

对于 PNP 型管来讲,只是静态电压、电流极性与 NPN 型管的相反。对于交流而言,均有正负半周,可以认为是相同的,所以,其微变等效电路与 NPN 型管的相同,如图 5-14（b）所示。

②放大电路的微变等效电路。放大电路的微变等效电路是将放大电路的交流通路中的晶体管用其微变等效电路代替,即得到放大电路的微变等效电路,如图 5-15 所示。电路中的电压和电流都是交流分量,并表示了电压和电流的参考方向。

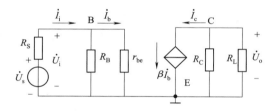

图5-15　放大电路的微变等效电路

将放大电路等效为线性电路后便可按照线性电路理论,由图 5-15 求取电压放大倍数 A_u、输入电阻 r_i 和输出电阻 r_o 等参数。

第三步:根据放大电路的微变等效电路分析放大电路的主要性能指标。

放大电路的质量要用一些性能指标来评价,常用的性能指标主要包括电压放大倍数 A_u、输入电阻 r_i、输出电阻 r_o 等。

①电压放大倍数 A_u。电压放大倍数表示放大电路的电压放大能力。它等于输出波形不失真时的输出电压与输入电压的比值,即

$$A_u = \frac{u_o}{u_i} \qquad (5-6)$$

式中, u_o 和 u_i 分别是输出电压和输入电压的值。当考虑其附加相移时,可用复数值之比来表示。

根据图 5-15 可列出:

$$u_i = i_b r_{be}$$

$$u_o = -i_c R_L' = -\beta i_b R_L'$$

式中, R_L' 为 R_C 和 R_L 并联的等效电阻,即

$$R'_L = \frac{R_C R_L}{R_C + R_L}$$

为集电极等效负载,故电压放大倍数为

$$A_u = \frac{u_o}{u_i} = -\beta \frac{R'_L}{r_{be}} \tag{5-7}$$

式中,负号表示输出电压 u_o 与输入电压 u_i 相位相反。

当放大电路输出端开路(未接 R_L)时

$$A_u = \frac{u_o}{u_i} = -\beta \frac{R_C}{r_{be}} \tag{5-8}$$

可见,接入 R_L 会使 A_u 降低,R_L 愈小,则放大倍数愈低。

电压放大倍数"分贝"表示法称为电压增益,即

$$A_u(\text{dB}) = 20\lg A_u \tag{5-9}$$

②输入电阻 r_i。输入电阻是指从放大电路的输入端看进去的交流电阻,相当于信号源的负载电阻。由图 5-15 输入端看进去的电阻即为输入电阻 r_i,考虑到 $R_B \gg r_{be}$ 有

$$r_i = \frac{R_B r_{be}}{R_B + r_{be}} \approx r_{be} \tag{5-10}$$

设信号源内阻为 R_S、电压为 U_S,则放大电路输入端所获得的信号电压即输入电压为

$$u_i = \frac{r_i}{r_i + R_S} U_S \tag{5-11}$$

因此,考虑信号源内阻 R_S 时,放大电路的电压放大倍数即源电压放大倍数,即

$$A_{us} = \frac{U_o}{U_S} = \frac{u_i}{U_S} \frac{U_o}{u_i} = \frac{r_i}{r_i + R_S} A_u \tag{5-12}$$

可见,r_i 越大,放大电路从信号源获得的电压越大,同时从信号源获取的电流越小,输出电压也将越大。一般情况下,特别是测量仪表用于第一级放大电路中,r_i 越大越好。

③输出电阻 r_o。输出电阻 r_o 是指从放大电路的输出端看进去的交流电阻。由图 5-15 所示电路的输出端看进去的电阻即为输出电阻 r_o,可见

$$r_o \approx R_C \tag{5-13}$$

式(5-13)的近似是因为忽略了晶体管输出电阻 r_{ce} 的影响。

注意: 输出电阻 r_o 不包括负载电阻 R_L。

输出电阻 r_o 的大小直接影响放大电路的带负载能力,r_o 越小,输出电压 U_o 随负载电阻 R_L 的变化就越小,带负载能力就越强。

 5-2 图 5-11 所示的电路中,晶体管的 $\beta = 60$,$V_{CC} = 6$ V,$R_C = R_L = 5$ kΩ,$R_B = 530$ kΩ,试求:

①估算静态工作点;

②r_{be} 的值;

③电压放大倍数 A_u、输入电阻 r_i 和输出电阻 r_o。

解 ①

$$I_{BQ} = \frac{V_{CC} - U_{BE}}{R_B} = \frac{(6 - 0.7)}{530 \times 10^3} \text{A} = 10 \text{ μA}$$

$$I_{CQ} = \beta I_{BQ} = 0.6 \text{ mA}$$

$$U_{CEQ} = V_{CC} - I_{CQ}R_C = (6 - 0.6 \times 5)\text{V} = 3\text{ V}$$

② $$r_{be} = 300 + \left(1 + \beta \frac{26}{I_E}\right) = \left(300 + 61 \times \frac{26}{0.6}\right)\Omega = 2\ 943\ \Omega \approx 2.9\text{ k}\Omega$$

③ $$A_u = -\beta \frac{R'_L}{r_{be}} = -60 \times \frac{5 \times 5/(5+5)}{2.9} = -52$$

$$r_i \approx r_{be} = 2.9\text{ k}\Omega$$

$$r_o \approx R_C = 5\text{ k}\Omega$$

2. 图解法

所谓电路的图解法,就是利用晶体管的特性曲线按照作图的办法对放大电路的静态和动态进行分析的一种方法。

(1)图解法的静态分析

在图 5-11 所示放大电路的直流通路中[见图 5-12(a)],按输出回路可以列出

$$U_{CE} = V_{CC} - I_C R_C$$

或 $$I_C = -\frac{1}{R_C}U_{CE} + \frac{V_{CC}}{R_C} \tag{5-14}$$

在 I_C-U_{CE} 输出特性曲线坐标系中,这是一个直线方程,其斜率为 $-1/R_C$,可过两点作出。它在横轴上的截距为 V_{CC},在纵轴上的截距为 V_{CC}/R_C。因为它是由直流通路得出的,且与集电极负载电阻 R_C 有关,故称为直流负载线。

用图解法确定静态工作点的步骤如下:

第一步:在直流通路中,由输入回路求出基极电流,即

$$I_{BQ} \approx \frac{V_{CC}}{R_B}$$

可知,所要求的静态工作点 I_{CQ}、U_{CEQ} 一定在 I_{BQ} 所对应的那条输出特性曲线上。

第二步:作直流负载线。

$$U_{CE} = V_{CC} - I_C R_C$$

即过 $(V_{CC}, 0)$、$(0, V_{CC}/R_C)$ 两点作直线。所要求的静态工作点 (I_{CQ}, U_{CEQ}) 一定在直流负载线上。

第三步:按上所述,I_{BQ} 所对应的输出特性曲线与直流负载线的交点即为所求静态工作点 Q,其纵、横坐标值即为所求 I_{CQ}、U_{CEQ} 值。

例 5-3　在图 5-11 所示电路中,已知 $V_{CC} = 12$ V,$R_C = 4$ kΩ,$R_B = 300$ kΩ。晶体管的输出特性曲线,如图 5-16 所示,试求静态值。

解　①由式(5-1)有

$$I_{BQ} \approx \frac{V_{CC}}{R_B} = \frac{12}{300 \times 10^3}\text{ A} = 40\ \mu\text{A}$$

②直流负载线为

$$U_{CE} = V_{CC} - I_C R_C = 12 - 4I_C$$

可得出

$$I_C = 0 \text{ 时}, U_{CE} = V_{CC} = 12 \text{ V}$$

$$U_{CE} = 0 \text{ 时}, I_C = \frac{V_{CC}}{R_C} = 3 \text{ mA}$$

连接(12,0)和(0,3)两点,即可得到直流负载线。

③直流负载线与 $I_{BQ} = 40 \text{ μA}$ 的输出特性曲线的交点 Q 即为所求静态值,即

$$I_{BQ} = 40 \text{ μA}$$

$$I_{CQ} = 1.5 \text{ mA}$$

$$U_{CEQ} = 6 \text{ V}$$

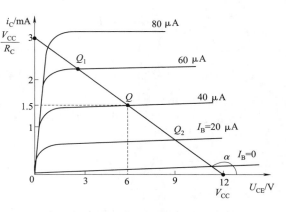

图 5-16　例 5-3 图

由图 5-16 可以看出 Q 点对应了三个值 I_{BQ}、I_{CQ}、U_{CEQ},这也就是静态工作点的由来。改变电路的参数,即可改变静态工作点。通常是改变 R_B 的阻值来调整偏流 I_{BQ} 的大小,从而实现静态值的调节。

（2）图解法的动态分析

在静态工作点的基础上,利用晶体管的特性曲线,用作图的方法可以进行动态分析,即分析各个电压和电流交流分量之间的传输关系。

①交流负载线。放大电路动态工作时,电路中的电压和电流都是在静态值的基础上产生与输入信号相对应的变化。由图 5-12(b)所示的交流通路,得

$$u_o = u_{ce} = - i_c R'_L \tag{5-15}$$

式中,$R'_L = \dfrac{R_C R_L}{R_C + R_L}$($R'_L$ 为 R_C 与 R_L 并联的等效电阻)称为集电极等效负载电阻。

式(5-15)是反映交流电压 u_{ce} 与电流 i_c 的关系,是一线性关系,故称为交流负载线,其斜率为 $-1/R'_L$。而当交流信号为零时,其晶体管的工作点一定是静态工作点,所以,交流负载线一定过静态工作点。

由以上分析可得出交流负载线的画法:交流负载线是过静态工作点作斜率为 $-1/R'_L$ 的直线。

因为直流负载线的斜率为 $-1/R_C$,而交流负载线的斜率为 $-1/R'_L$,故交流负载线比直流负载线要陡,如图 5-17 所示。

②图解法动态分析步骤。在确定静态工作点后画出交流负载线的基础上,根据已知的电压输入信号 u_i 的波形,在晶体管特性曲线上,可按下列作图步骤画出有关电压、电流波形。

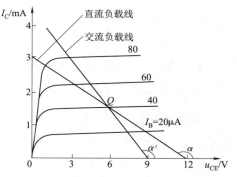

图 5-17　直流负载线与交流负载线

第一步:在输入特性曲线上可由输入信号 u_i 叠加到 U_{BE} 上得到的 u_{BE} 而对应画出基极电流 i_B 的波形。

第二步:在输出特性曲线上,根据 i_B 的变化波形可对应得到 u_{CE} 及 i_C 的变化波形,如图 5-18 所示。

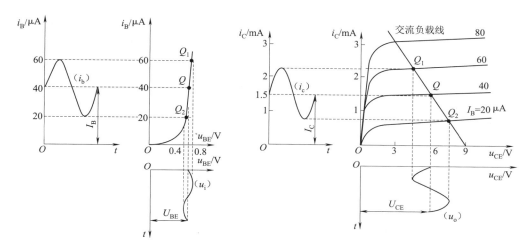

图 5-18　交流图解分析

由以上分析可以得出下述结论:

①晶体管各相电压和电流均有两个分量:直流分量和交流分量。

②输出电压 u_o(u_{ce})与输入电压 u_i(u_{be})相位相反,即晶体管具有倒相作用,集电极电位的变化与基极电位的变化极性相反。

③负载电阻 R_L 越小,交流负载线就越陡直,输出电压就越小,即接入 R_L 后使放大倍数降低,负载电阻 R_L 越小,电压放大倍数越小。

三、改进放大电路——稳定静态工作点

1. 非线性失真问题

所谓失真,是指输出信号的波形不同于输入信号的波形。显然,要求放大电路应该尽量不发生失真现象。引起失真的主要原因是静态工作点选择不合适或者信号过大,使晶体管工作于饱和状态或截止状态。由于这种失真是因为晶体管工作于非线性区所致,所以通常称为非线性失真。

图 5-19 所示为静态工作点 Q 不合适引起输出电压波形失真的情况。其中图 5-19(a)表示静态工作点 Q_1 的位置太低,输入正弦电压时,输入信号的负半周进入了晶体管的截止区工作,使输出电压交流分量的正半周削平。这是由于晶体管的截止而引起的,故称为截止失真。

图 5-19(b)所示为静态工作点 Q_2 过高,在输入电压的正半周,晶体管进入了饱和区工作,使输出严重失真。这是由于晶体管的饱和而引起的,故称为饱和失真。

因此,要放大电路不产生非线性失真,必须有一个合适的静态工作点,一般设置在直流负载线的中点附近。当发生截止失真或饱和失真时可通过改变电阻 R_B 的大小来调整静态工作点,实用电路中常用一固定电阻和一电位器的串联作为偏置电阻,以实现静态工作点的调节。另外,输入信号 u_i 的幅值不能太大,以免放大电路的工作范围超过特性曲线的线性范围,发生"双向"失真。在小信号放大电路中,一般不会发生这种情况。

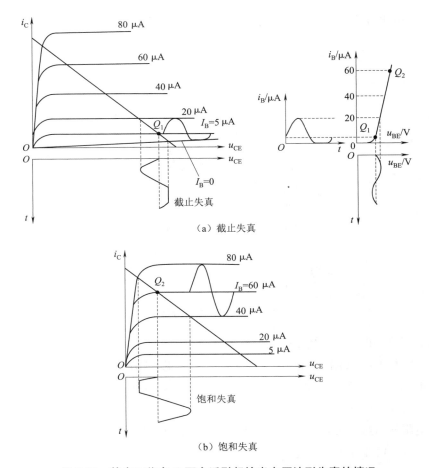

（a）截止失真

（b）饱和失真

图 5-19　静态工作点 Q 不合适引起输出电压波形失真的情况

2. 静态工作点的不稳定问题

通过前面的分析可以知道,放大电路不设置静态工作点不行,静态工作点合适不行,静态工作点不稳定也不行,当静态工作点不断变化时,将会引起输出的交流信号发生失真。那么,静态工作点为什么不稳定呢?

静态工作点不稳定的主要原因是温度变化使晶体管的参数发生变化。

可以证明,当温度升高时,晶体管的发射结导通压降 U_{BE} 降低,β 和 I_{CEO} 都将增大,这些参数的变化都将使 I_C 增大,使静态工作点上移;反之,温度降低时,晶体管参数的变化将使 I_C 减小,使静态工作点下移。因此,当温度变化时,都会引起静态工作点的移动,从而导致交流信号的失真。以温度升高为例:

$$T \uparrow \rightarrow I_{CBO} \uparrow \rightarrow I_{CEO} \uparrow \rightarrow I_C \uparrow$$

其中,"↑"表示增大,"→"表示因果关系。

由于温度升高引起 I_C 增大,反映到输出特性曲线上,将使每一条输出特性曲线均向上平行移动,如图 5-20 所示。当温度从 20 ℃升到 40 ℃时,输出特性曲线将上移至虚线所示位置。

在图 5-11 中,由于 V_{CC}、R_C 不变,故温度升高时直流负载线的位置不变;又因 R_B 不变,故偏流 I_B 也不变。于是从图 5-20 可以看出,设原来的静态工作点为 Q 点,温度上升后,Q 将上移到 Q_1

点,动态信号将进入饱和区,产生饱和失真。同时,由于 Q_1 点所对应的集电极电流 I'_C 较大 $(I'_C > I_C)$,使晶体管的集电极损耗增加,管温升高,又造成输出特性曲线更往上移,如此恶性循环,使晶体管不能正常工作,甚至会使晶体管损坏。图 5-11 所示的基本放大电路其基极偏流 $I_B \gg V_{CC}/R_B$,R_B 一经选定后,I_B 也就固定不变,因此,这种电路称为固定偏置电路。固定偏置电路具有电路简单、放大倍数高等优点,但其静态工作点不稳定,易受温度变化的影响。为了使静态工作点不受外界条件变化的影响,必须在电路结构上采取改进措施。

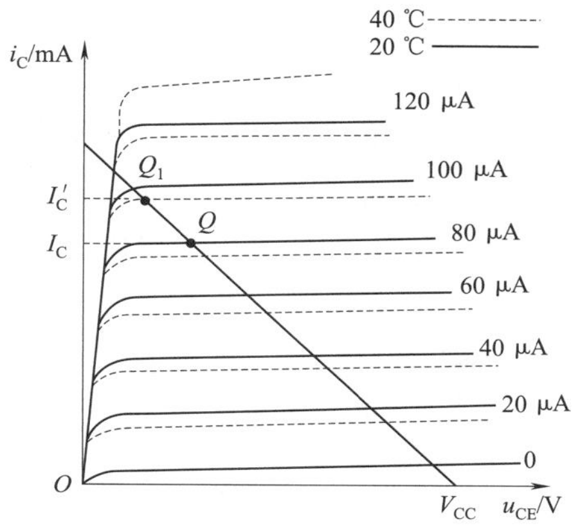

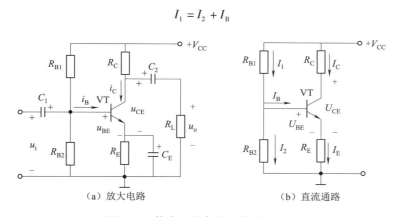

图 5-20　温度升高使输出特性曲线上移

3. 常用的静态工作点稳定电路

电子技术中应用最广泛的静态工作点稳定电路是分压式偏置放大电路,如图 5-21(a)所示。电阻 R_{B1} 与 R_{B2} 构成分压式偏置电路。

在图 5-21(b)所示的直流通路中

$$I_1 = I_2 + I_B$$

图 5-21　静态工作点稳定的放大电路

（a）放大电路　　　（b）直流通路

选择电路参数,使

$$I_2 \gg I_B$$

则有

$$U_B \approx \frac{R_{B2}}{R_{B1} + R_{B2}} V_{CC} \qquad (5\text{-}16)$$

由式(5-16)可见,基极电位由偏置电阻 R_{B1}、R_{B2} 分压所得,与晶体管的参数基本无关,不受温度影响,故也称该电路为分压偏置共发射极放大电路。

图 5-21(a)所示放大电路的静态工作点稳定的物理过程为

$$温度升高\ T \uparrow \rightarrow I_C \uparrow \rightarrow U_E \uparrow \rightarrow U_{BE} \downarrow \rightarrow I_B \downarrow \rightarrow I_C \downarrow$$

即当温度升高晶体管参数变化而使 I_C 和 I_E 增大时,$U_E = I_E R_E$ 也增大。由于基极电位由 R_{B1}、R_{B2} 分压电路所固定,所以发射结正偏电压 U_{BE} 将减小,从而引起 I_B 减小,I_C 也自动下降,使静态工作点恢复到原来位置而基本不变。可见,R_E 愈大,U_E 随 I_E 的变化就会愈明显,稳定性能就愈好。

R_E 一般取值几百欧到几千欧。

R_E 的接入,使发射极电流的交流分量在 R_E 上也要产生压降,这样会降低放大电路的电压放大倍数。为实现既稳定静态工作点又不减小电压放大倍数,可以利用电容器通交流、隔直流的特性,在 R_E 两端并联大容量的电容器 C_E,只要 C_E 容量足够大,对交流就可视为短路,而对直流分量并无影响,故 C_E 称为发射极交流旁路电容,其容量一般为几十微法到几百微法,因容量大常采用电解电容器。

（1）静态分析（静态工作点的估算）

由图 5-21（b）所示直流通路不难列出下列各式

$$U_B \approx \frac{R_{B2}}{R_{B1} + R_{B2}} V_{CC}$$

$$I_{CQ} \approx I_{EQ} = \frac{U_B - U_{BE}}{R_E} \approx \frac{U_B}{R_E} \tag{5-17}$$

$$I_{BQ} = \frac{I_{CQ}}{\beta} \tag{5-18}$$

$$U_{CEQ} = V_{CC} - I_{CQ}R_C - I_{EQ}R_E \approx V_{CC} - I_{CQ}(R_C + R_E) \tag{5-19}$$

对硅管而言,一般取 $I_2 = 5 \sim 10 I_B$,$U_B = 5 \sim 10 U_{BE}$

（2）动态分析（性能指标的估算）

将图 5-21（a）所示放大电路中的电容 C_1、C_2、C_E 和直流电源 V_{CC} 短路得到交流通路,然后再替代掉晶体管就可得到其微变等效电路,如图 5-22 所示。

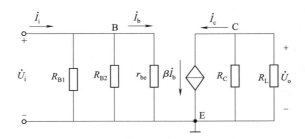

图 5-22　图 5-21（a）所示放大电路的微变等效电路

由上可以看出,C_E 的作用是交流短路让其交流分量通过而使 R_E 对交流不起作用,通常称为交流旁路电容,后面将会讨论。若没有 C_E 时,R_E 将对交流信号有抑制作用使放大倍数 A_u 减小。

由图 5-22 不难看出,电压放大倍数、输入电阻和输出电阻与图 5-11 所示固定偏置放大电路的微变等效电路相似,同样可求得

$$A_u = -\beta \frac{R'_L}{r_{be}} \tag{5-20}$$

$$r_i = \frac{R_{B1}R_{B2}r_{be}}{R_{B1}R_{B2} + R_{B1}r_{be} + R_{B2}r_{be}} \approx r_{be} \tag{5-21}$$

$$r_o \approx R_C \tag{5-22}$$

例 5-4　在图 5-21 所示静态工作点稳定的放大电路中,已知晶体管的 $\beta = 40$,$V_{CC} = 12$ V,$R_C = 2$ kΩ,$R_E = 2$ kΩ,$R_{B1} = 20$ kΩ,$R_{B2} = 10$ kΩ,$R_L = 2$ kΩ。试求:

①估算静态值。

②晶体管输入电阻 r_{be}。

③电压放大倍数 A_u。

④输入电阻 r_i 和输出电阻 r_o。

解　①由式(5-16)~式(5-19)可得

$$U_B = \frac{R_{B2}}{R_{B2} + R_{B1}}V_{CC} = \frac{10 \times 10^3}{(10 + 20) \times 10^3} \times 12 \text{ V} = 4 \text{ V}$$

$$I_{CQ} \approx \frac{U_B}{R_E} = \frac{4}{2 \times 10^3} \text{ A} = 2 \text{ mA}$$

$$I_{BQ} = \frac{I_{CQ}}{\beta} = \frac{2 \text{ mA}}{40} = 50 \text{ μA}$$

$$U_{CEQ} = V_{CC} - I_{CQ}(R_C + R_E) = [12 - 2 \times (2 + 2)] \text{ V} = 4 \text{ V}$$

②由式(5-5)可得

$$r_{be} = 300 + (1 + \beta)\frac{26}{I_E} = \left(300 + 41 \times \frac{26}{2}\right)\Omega \approx 0.8 \text{ k}\Omega$$

③由式(5-20)可得

$$A_u = -\beta \frac{R'_L}{r_{be}} = -40 \times \frac{2 \times 2/(2 + 2)}{0.8} = -50$$

④由式(5-21)和式(5-22)可得

$$r_i \approx r_{be} = 0.8 \text{ k}\Omega$$

$$r_o \approx R_C = 2 \text{ k}\Omega$$

任务实施

测试晶体管共发射极放大电路

一、连接电路

按图5-23所示电路图连接测试电路。

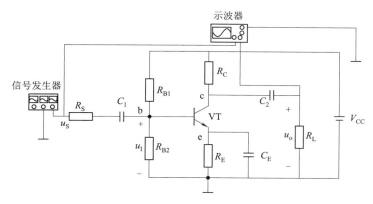

图5-23　晶体管共发射极放大测试电路

设定电路元件参数为 $R_S = 1\ \text{k}\Omega$，$R_{B1} = 60\ \text{k}\Omega$，$R_{B2} = 20\ \text{k}\Omega$，$R_C = 3\ \text{k}\Omega$，$R_E = 1.5\ \text{k}\Omega$，$R_L = 5\ \text{k}\Omega$，$C_1 = 10\ \mu\text{F}$，$C_2 = 10\ \mu\text{F}$，$C_E = 47\ \mu\text{F}$，$V_{CC} = 15\ \text{V}$。

二、测试分析电路参数

①测试并计算放大电路的静态工作点(此时交流输入信号为零)，填入表 5-5 中。

表 5-5　静态工作点的测量值与理论值

参数名称	U_B/V	U_C/V	U_E/V	U_{BE}/V	U_{CE}/V	I_C/A	I_E/A
测量值							
理论值							

②输入交流信号($f = 1\ \text{kHz}$，$U_i = 5\ \text{mV}$)，观察输入电压、输出电压波形是否失真，如果输出电压波形已失真，是什么失真并分析失真原因。

③根据分析的原因采取措施消除失真(如调节电阻 R_{B1}，调节输入信号的大小等)。

④放大电路动态指标测试。将电路保持在最大不失真输出时的静态工作点状态，测试并计算放大器的电压放大倍数 A_u、A_{us}，输入电阻 r_i，输出电阻 r_o 等动态指标，并观察输出电压与输入电压的相位关系，把结果填入表 5-6 中。

表 5-6　静态工作点及动态指标的测量值与理论值

参数名称	U_S/V	U_i/V	U_o/V	u_o'/V	A_u	A_{us}	r_i/Ω	r_o/Ω	输入/输出相位关系
测量值									
理论值									

注:本表中电压应为有效值，须在不失真状态下测得。u_o' 为 R_L 开路时测得的不失真有效值。

 **任务评价**

任务评价表见表 5-7。

表 5-7　任务评价表

评价项目	评价内容	评价标准	分数	评分记录		
				学生	小组	教师
综合素养	工作现场整理、整顿	整理、整顿不到位，扣 5 分	30			
	操作遵守安全规范要求	违反安全规范要求，每次扣 5 分				
	遵守纪律，团结协作	不遵守教学纪律，有迟到、早退等违纪现象，每次扣 5 分				
知识技能	元器件及参数选择正确	元器件或参数选择错误，每处扣 3 分	20			
	电路连接无误	电路连接错误，每处扣 3 分	10			
	(1)示波器观察调试波形。(2)静态工作点测试。(3)分析计算	(1)仪表使用不规范，扣 5 分。(2)波形失真，电路调试不正确，扣 5 分。(3)测量错误，每处扣 3 分。(4)计算分析错误，每处扣 3 分	40			
总　　分			100			

学习任务三　分析与测试共集电极放大电路

任务描述

　　当输入信号从晶体管的基极输入,输出信号从发射极输出,输入和输出共用集电极,该电路称为共集电极放大电路。由于输出信号从发射极输出,故又称射极输出器,如图5-24(a)所示。本任务介绍共集电极放大电路的组成、特点以及电路的分析和测试方法。

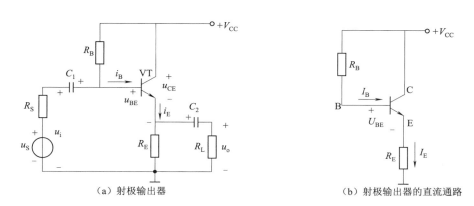

（a）射极输出器　　　　　　　　　　　　　（b）射极输出器的直流通路

图 5-24　射极输出器及其直流通路

相关知识

一、静态分析

　　共集电极放大电路直流通路如图5-24(b)所示,可推导出静态工作点的计算公式如下:

$$V_{CC} = U_{R_B} + U_{BE} + U_{R_E} = I_{BQ}R_B + U_{BE} + (1+\beta)I_{BQ}R_E$$

$$I_{BQ} = \frac{V_{CC} - U_{BE}}{R_B + (1+\beta)R_E} \approx \frac{V_{CC}}{R_B + (1+\beta)R_E} \tag{5-23}$$

$$I_{CQ} = \beta I_{BQ} \tag{5-24}$$

$$U_{CEQ} \approx V_{CC} - I_{CQ}R_E \tag{5-25}$$

二、动态分析

1. 电压放大倍数

　　由图5-24(a)可画出射极输出器的交流通路和微变等效电路如图5-25所示,可得到输出电压为

$$\dot{U}_o = R'_L \dot{I}_e = (1+\beta)R'_L \dot{I}_b \tag{5-26}$$

式中,$R'_L = R_L // R_E = \dfrac{R_L R_E}{R_L + R_E}$ 称为射极等效负载电阻。

输入电压为

$$\dot{U}_i = r_{be}\dot{I}_b + R'_L\dot{I}_e = r_{be}\dot{I}_b + (1+\beta)R'_L\dot{I}_b$$

$$\dot{A}_u = \frac{\dot{U}_o}{\dot{U}_i} = \frac{(1+\beta)R'_L}{r_{be} + (1+\beta)R'_L} \tag{5-27}$$

式(5-27)表明:射极输出器的电压放大倍数小于1,但接近于1。从微变等效电路可看出输出电压与输入电压是同相的,大小近似相等,所以射极输出器又称射极跟随器。

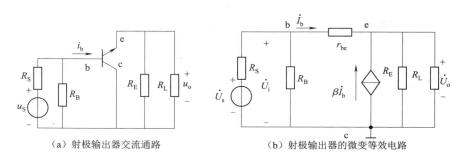

（a）射极输出器交流通路　　　　　　　　（b）射极输出器的微变等效电路

图 5-25　射极输出器的交流通路和微变等效电路

2. 输入电阻

射极输出器的输入电阻 r_i 也可以从图 5-25（b）所示的微变等效电路经过计算得出,即

$$r_i = \frac{\dot{U}_i}{\dot{I}_i} = R_B//[r_{be} + (1+\beta)R'_L] \tag{5-28}$$

由式(5-28)可见,射极输出器的输入电阻是由偏置电阻 R_B 和电阻 $r_{be} + (1+\beta)R'_L$ 并联而得的。通常 R_B 的阻值很大(几十千欧至几百千欧),同时 $r_{be} + (1+\beta)R'_L$ 也比共发射极放大电路的输入电阻 r_{be} 大得多。因此,射极输出器的输入电阻很高,可达几十千欧到几百千欧。

3. 输出电阻

计算射极输出器的输出电阻时,需要将输入信号源置零,去掉负载,然后在输出端加一个电压已知的电压源,如图 5-26 所示。求出已知电压的电压源向电路提供的电流,由下式求输出电阻

$$r_o = \frac{\dot{U}}{\dot{I}_o}$$

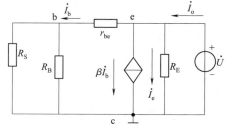

$$\dot{I}_o = \frac{\dot{U}}{R_E} + \frac{\dot{U}}{r_{be} + R_B//R_S} + \beta\frac{\dot{U}}{r_{be} + R_B//R_S}$$

由以上两式可以求出射极输出器的输出电阻

图 5-26　输出电阻计算电路

$$r_o = R_E//\frac{r_{be} + R_B//R_S}{1+\beta} \tag{5-29}$$

由式(5-29)可知射极输出器的输出电阻很小。这也能从射极输出器的输出电压 u_o 近似等于输入电压 u_i 反映出,因 u_o 仅比 u_i 小 u_{be},所以不论负载大小如何变化,u_o 都不会有太大的变化。射极输出器的输出电阻一般为几十欧到几百欧,比共发射极放大电路的输出电阻小得多。

三、射极输出器的特点

由上可以看出,射极输出器有如下特点:

①电压放大倍数小于 1 而近似等于 1,相位相同,即 $u_o \approx u_i$,具有电压跟随作用。

②输入电阻 r_i 比较大,可达几十千欧到几百千欧。因而常被用在电子测量仪表等多级放大器的输入级,以减少从信号源所吸取的电流值,同时,分得较多的输入电压 u_i。

③输出电阻 r_o 较小,一般只有几十欧到几百欧。因此,射极输出器具有恒压输出特性,负载能力强,即输出电压 u_o 随负载的变化而变化很小,常用作多级放大器的输出级。

另外,射极输出器也常作为多级放大器的中间缓冲级,解决前一级输出电阻比较大,后一级输出电阻比较小,而造成阻抗匹配不好的问题。射极输出器的应用极为广泛。

例 5-5 在图 5-24 所示电路中,已知 $V_{CC} = 12$ V,$R_B = 300$ kΩ,$R_E = 5$ kΩ,$R_L = 0.5$ kΩ,$R_S = 1$ kΩ,$\beta = 80$,$U_{BE} = 0.7$ V。试计算静态工作点、电压放大倍数、输入电阻、输出电阻。

解 ①求静态工作点:

$$I_{BQ} = \frac{V_{CC} - U_{BE}}{R_B + (1+\beta)R_E} = \frac{12 - 0.7}{300 + 81 \times 5} \text{ mA} = 16 \text{ μA}$$

$$I_{CQ} = \beta I_{BQ} = 80 \times 0.016 \text{ mA} = 1.28 \text{ mA}$$

$$I_{EQ} = (1+\beta)I_{BQ} = 81 \times 0.016 \text{ mA} = 1.3 \text{ mA}$$

$$U_{CEQ} = V_{CC} - I_{EQ}R_E = (12 - 1.3 \times 5) \text{ V} = 5.5 \text{ V}$$

②求电压放大倍数:

$$r_{be} = 300 + (1+\beta)\frac{26}{I_E} = 1.92 \text{ kΩ}$$

$$R'_L = R_E /\!/ R_L = 0.46 \text{ kΩ}$$

$$A_u = \frac{(1+\beta)R'_L}{r_{be} + (1+\beta)R'_L} = \frac{81 \times 0.46}{1.92 + 81 \times 0.46} \approx 1$$

③求输入电阻和输出电阻:

$$r_i = R_B /\!/ [r_{be} + (1+\beta)R'_L] = 34.65 \text{ kΩ}$$

$$r_o = \frac{r_{be} + R_S /\!/ R_B}{1+\beta} /\!/ R_E = 35.7 \text{ Ω}$$

 **任务实施**

测试共集电极放大电路

一、测试静态工作点

按图 5-27 连接共集电极放大电路,并设定电路参数。

接通 +12 V 直流电源,u_i 输入为 $f = 1$ kHz 正弦信号,输出端用示波器监视输出波形,反复调整 R_P 及信号源的输出幅度,在示波器的屏幕上得到一个最大不失真输出波形,然后置 $u_i = 0$ V,用直流电压表测量晶体管各电极对地电位,将测得数据记入表 5-8 中。

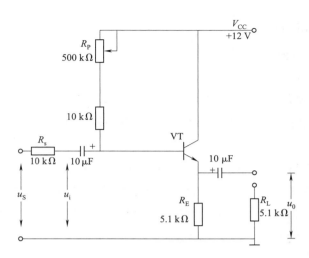

图 5-27 共集电极放大电路

表 5-8 测试静态工作点

U_E/V	U_B/V	U_C/V	I_E/mA

在下面整个测试过程中应保持 R_P 值不变(即保持静态工作点 I_E 不变)。

二、测量电压放大倍数

接入负载电阻 $R_L = 5.1\ \text{k}\Omega$,$u_i$ 输入为 $f = 1\ \text{kHz}$ 正弦信号,调节输入信号幅度,用示波器观察输出 u_o 波形,在输出最大不失真情况下,用交流毫伏表测 U_i、U_L 值,并记入表 5-9 中。

表 5-9 测量电压放大倍数

U_i/V	U_L/V	A_u

三、测量输出电阻

接入负载电阻 $R_L = 5.1\ \text{k}\Omega$,$u_i$ 输入为 $f = 1\ \text{kHz}$ 正弦信号,用示波器监视输出波形,测空载输出电压 U_o,并记入表 5-10 中。

表 5-10 测量输出电阻

U_o/V	U_i/V	r_o/kΩ

 任务评价

任务评价表见表 5-11。

表 5-11 任务评价表

评价项目	评价内容	评价标准	分数	评分记录		
				学生	小组	教师
综合素养	工作现场整理、整顿	整理、整顿不到位,扣5分	30			
	操作遵守安全规范要求	违反安全规范要求,每次扣5分				
	遵守纪律,团结协作	不遵守教学纪律,有迟到、早退等违纪现象,每次扣5分				
知识技能	元器件及参数选择正确	元器件或参数选择错误,每处扣3分	20			
	电路连接无误	电路连接错误,每处扣3分	10			
	(1)示波器观察调试波形。 (2)静态工作点测试。 (3)测量电压放大倍数和输出电阻	(1)仪表使用不规范,扣5分。 (2)波形失真,电路调试不正确,扣5分。 (3)测量错误,每处扣3分	40			
总 分			100			

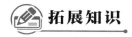 拓展知识

多级放大电路

单个晶体管的放大电路的放大倍数一般只有几十倍。而应用中常需要把一个微弱的信号放大到几千倍,甚至几万倍以上。这就需要用几个单级放大电路连接起来组成多级放大电路,把前级的输出加到后级的输入,使信号逐级放大到所需要的数值。

多级放大电路级与级之间的连接称为耦合,常用的耦合方式有阻容耦合、变压器耦合和直接耦合等。

一、阻容耦合

级与级之间是通过一个耦合电容和下一级输入电阻连接起来,故称为阻容耦合,如图 5-28 所示。

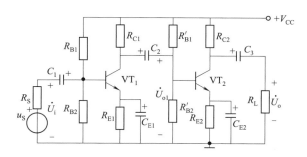

图 5-28 两级阻容耦合放大电路

阻容耦合方式的优点是:由于耦合电容的存在,使得前、后级之间直流通路相互隔断,即前、后级静态工作点各自独立,互不影响,这样就给分析、设计和调试静态工作点带来了很大的方便。若耦合电容选得足够大,就可以将一定频率范围内的信号几乎无衰减地加到后一级的输入端上

去,使信号得以充分利用。因此,阻容耦合方式在多级放大电路中获得了广泛的应用。

阻容耦合方式也有它的局限性:不适合于传送缓慢变化的信号,否则会有很大的衰减;对于输入信号的直流分量,根本不能传送到下级。另外,由于集成电路中不易制造大容量的电容,因此阻容耦合方式在线性集成电路中几乎无法采用。

二、变压器耦合

因为变压器能够通过磁路的耦合把一次侧的交流信号传送到二次侧,所以,可以采用它作为耦合器件,将放大器连接起来,实现级间连接,这就是变压器的耦合方式。

变压器耦合多级放大器,除静态工作点前、后级各自独立外,还有一个重要的特点,就是它可以在传递信号的同时,实现阻抗的变换,从而实现阻抗匹配。

变压器耦合方式,在半导体收音机的中频放大级和扩音器的功率放大级中经常用到,但现在用得越来越少,主要原因是它的体积大,不易集成、不易传送变化缓慢的信号等。

三、直接耦合

直接耦合方式是把前级的输出端直接和后级的输入端相连接。直接耦合方式放大电路主要存有两个问题:一个是前后级静态工作点相互影响,相互牵制,这就需要采取一定的措施,保证既能有效地传送信号,又能使每一级静态工作点合适;另一个问题是零点漂移现象严重。

一个理想的直接耦合放大电路,当输入信号为零时,其输出电压应保持不变。但实际上,当输入信号为零时,输出端的值在无规则地、缓慢地变化,这种现象称为零点漂移。

当放大电路输入信号后,零点漂移就伴随着实际信号共同输出,使信号失真。若零点漂移严重,则放大电路就很难工作了,特别是在多级直接耦合放大电路中,前级放大电路的零点漂移影响更为严重。所以,必须搞清产生零点漂移的主要原因,并采取措施加以抑制。

引起零点漂移的原因很多,其中主要的原因是晶体管的参数(U_{BE}、I_{CEO}、β)随温度的变化而发生变化、电源电压的波动以及电路元件参数的变化等。特别是温度的影响最为严重,通常称为温漂。特别是第一级的温漂,应该着重抑制。

学习任务四　认识负反馈放大电路

🎧 任务描述

负反馈放大电路在电子技术中应用相当广泛。运用负反馈的目的是稳定静态工作点,改善放大电路的放大性能。本任务主要介绍反馈的基本概念、反馈的类型及负反馈对放大电路的影响及其应用。

⚙ 相关知识

一、反馈的概念及其组态

在放大电路中,将放大电路的输出信号(电压或电流)全部(或一部分)经过某一个电路(称为反馈网络或反馈电路)回送到放大电路的输入端(此返回的信号称为反馈信号),从而影响输入信号的作用,把这种作用称为"反馈"。

反馈电路包含两部分:一部分是不带反馈的基本放大电路 A,它可以是单级或多级放大电路,也可以是运算放大器;另一部分是反馈电路(又称反馈网络)F,它是联系输出电路和输入电路的环节,如图 5-29 所示。若反馈电路接入,则称为"闭环";若反馈电路不接入电路,则称为"开环"。图中用 x 表示信号(电压或电流),x_i、x_o、x_f 分别为输入、输出、反馈信号。x_i 和 x_f 在输入端叠加后的信号 x_{id} 为放大器 A 的净输入信号。根据图 5-29 中的"+""–"极性,可得净输入信号为

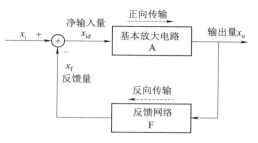

图 5-29　反馈电路框图

$$x_{id} = x_i - x_f \tag{5-30}$$

根据反馈对放大器的作用不同,可从以下几方面对反馈进行分类。

1. 正反馈和负反馈

根据反馈的极性对输入信号的影响分为正反馈和负反馈。

若反馈信号与原输入信号叠加后,使净输入信号加强的反馈,则称为正反馈;若反馈信号与原输入信号叠加后,使净输入信号削弱的反馈,则称为负反馈。

设开环时放大电路的放大倍数(又称开环增益)为

$$A = \frac{x_o}{x_{id}} \tag{5-31}$$

反馈网络的反馈系数为反馈信号与输出信号的比值,它反映了反馈网络将输出信号反馈到输入端的程度,用 F 表示,即

$$F = \frac{x_f}{x_o} \tag{5-32}$$

引入反馈后的闭环放大倍数(又称闭环增益)为

$$A_f = \frac{x_o}{x_i} \tag{5-33}$$

将式(5-30)写成 $x_i = x_{id} + x_f$ 形式,则有

$$x_i = x_{id} + x_f = x_{id} + F x_o = x_{id} + FA x_{id} = (1 + AF) x_{id}$$

代入式(5-33),可得

$$A_f = \frac{x_o}{x_i} = \frac{A x_{id}}{(1 + AF) x_{id}} = \frac{A}{1 + AF} \tag{5-34}$$

式(5-34)是反映反馈放大电路闭环放大系数、开环放大系数、反馈系数三者之间的基本关系,其中 $|1 + AF|$ 的大小反映了反馈的强弱,称为反馈深度。

①若 $|1 + AF| > 1$,则 $|A_f| < |A|$,即加入反馈后,使闭环放大倍数减小,此类反馈为负反馈。

②若 $|1 + AF| < 1$,则 $|A_f| > |A|$,即加入反馈后,使闭环放大倍数增大,此类反馈为正反馈。

③若 $|1 + AF| = 0$,即在没有输入信号时,也会有输出信号,这种现象称为自激振荡。

可见,正反馈能使放大倍数增大,而负反馈则使放大倍数减小。虽然正反馈能使放大倍数增大,但却使放大器的性能随之变差,例如,使放大器的工作不稳定、失真增加等。所以在放大电路

中一般不采用正反馈。正反馈多用于振荡电路中。

2. 电压反馈和电流反馈

按反馈信号从放大电路输出取样方式不同,可分为电压反馈和电流反馈。

若反馈信号取自于输出电压,则称为电压反馈,如图5-30(a)所示。若反馈信号取自于输出电流,则称为电流反馈,如图5-30(b)所示。

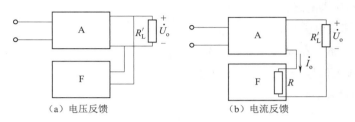

图 5-30 电压反馈和电流反馈

3. 串联反馈和并联反馈

根据反馈信号与输入信号在放大电路输入端连接形式的不同,可分为串联反馈和并联反馈。

如果反馈信号与输入信号串联在输入回路中,则称为串联反馈,如图5-31(a)所示,此时反馈信号与输入信号接在不同的输入端子上,净输入信号以电压的形式出现。如果反馈信号与输入信号并联在输入回路中,则称为并联反馈,如图5-31(b)所示,此时反馈信号与输入信号接在相同的输入端子上,净输入信号以电流的形式出现。

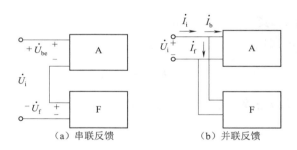

图 5-31 串联反馈与并联反馈

对于串联反馈,信号源内阻愈小,反馈效果就愈好;而对于并联反馈,信号源内阻愈大,反馈效果就愈好。

4. 直流反馈和交流反馈

根据反馈信号是直流信号还是交流信号,可分为直流反馈和交流反馈。

若反馈的信号是直流量,则为直流反馈;若反馈的信号是交流量,则为交流反馈。

常用的放大电路是负反馈放大电路。综上所述,根据反馈网络在输出端的取样方式和输入端的连接方式,常见交流负反馈组成如下四种不同的形式,即有四种组态:电压串联负反馈、电流串联负反馈、电压并联负反馈和电流并联负反馈。

二、判断反馈的类型

判断放大电路中反馈的类型,可以按如下步骤进行:

1. 有无反馈的判断

若放大电路中存在将输出回路与输入回路相连接的通道，即反馈通道，并由此影响了放大电路的净输入信号，则表明电路存在反馈；否则电路没有反馈。

2. 正反馈和负反馈的判断

判断正、负反馈通常采用瞬时极性法。瞬时极性是指交流信号某一瞬间的极性。具体步骤如下：

①先假设输入信号某一瞬时极性，一般设为"＋"。

②按照闭环放大电路中信号的传递方向，依次标出有关各点在同一瞬间的极性（用"＋"或"－"表示），从而确定输出信号和反馈信号的极性。

③再根据反馈信号与输入信号的连接情况，分析净输入量的变化。如果反馈信号使净输入信号削弱，则为负反馈；反之，使净输入信号增强，则为正反馈。

3. 电压反馈和电流反馈的判断

判断电压、电流反馈常采用输出端短路法（即将负载电阻短路，$u_o=0$）。若反馈信号消失，则为电压反馈；反之，若反馈信号仍然存在，则为电流反馈。

4. 串联反馈和并联反馈的判断

判断串联、并联反馈是根据反馈信号与输入信号在输入端的连接方式进行判定。若反馈信号与输入信号连接在不同的输入端子上，则为串联反馈；如果反馈信号和输入信号连接在同一输入端子上，则为并联反馈。

5. 直流反馈和交流反馈的判断

根据直流反馈与交流反馈的定义判定，若反馈存在于放大电路的直流通路之中，则为直流反馈；若反馈存在于放大电路的交流通路之中，则为交流反馈。

例 5-6　判断图 5-32 所示电路的反馈类型。

解　从图 5-32 可以看出，电阻 R_E 将输出回路和输入回路相连接，因而电路引入了反馈。在直流通路和交流通路中，R_E 均存在，则电路中既引入了直流反馈，也引入了交流反馈。

根据图 5-32，设输入电压 u_i 某一瞬时的极性为"＋"，则电容 C_1、晶体管、电阻 R_E，到公共端的极性如图 5-33 所示。由于反馈信号在公共端极性为"＋"，则在输入端的上端的极性为"－"，使净输入信号削弱，则反馈为负反馈。

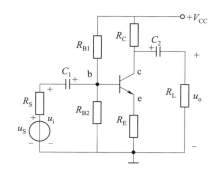

图 5-32　例 5-6 图（一）

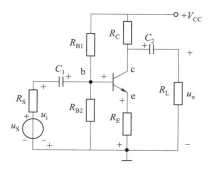

图 5-33　例 5-6 图（二）

从放大电路的输出端看,若将负载电阻 R_L 反馈两端短路,而反馈信号仍然存在,则反馈为电流反馈。

从放大电路的输入端看,由于输入信号从上端输入,而反馈信号返回到输入端的下端(公共端),即反馈信号与输入信号连接到输入端的不同端子上,则为串联反馈。由此可见,该电路引入了"电流串联负反馈"。

三、负反馈对放大电路性能的影响

在放大电路中引入负反馈后,虽然使放大倍数有所下降,却能使放大器性能得到改善。例如,使放大器放大倍数的稳定性提高,减小非线性失真,改变输入电阻和输出电阻,提高放大器的抗干扰能力以及展宽通频带等。

1. 降低放大倍数

由式(5-34)可以看出,闭环电路的放大倍数为 $A_f = \dfrac{A}{1+AF}$,因负反馈电路 $|1+AF| > 1$,则有 $|A_f| < |A|$,即负反馈电路使放大倍数降低。

2. 提高放大倍数的稳定性

放大倍数的稳定性通常用它的相对变化量来表示。无负反馈时,放大倍数的相对变化量为 $\dfrac{dA}{A}$,有负反馈时放大倍数的相对变化量为 $\dfrac{dA_f}{A_f}$,由式(5-34)对 A_f 求 A 的导数,可得

$$\frac{dA_f}{dA} = \frac{1}{(1+AF)^2}$$

$$\frac{dA_f}{A_f} = \frac{1}{1+AF} \times \frac{dA}{A} \tag{5-35}$$

式(5-35)表明,闭环放大倍数的相对变化量是开环放大倍数相对变化量的 $1/(1+AF)$。也就是说,引入负反馈后,虽然放大倍数下降到了 A 的 $1/(1+AF)$,但其稳定性却提高到原来的 $(1+AF)$ 倍,且反馈深度越深,放大倍数越稳定。

3. 减小非线性失真

由于晶体管是一种非线性器件,放大电路在工作中往往会产生非线性失真,如图 5-34 所示,开环放大器产生了非线性失真。输入为正、负对称的正弦波,输出为正半周大、负半周小的失真波形。加入负反馈后,输出端的失真波形反馈到输入端,与输入波形叠加后,净输入信号成为正半周小、负半周大的波形。此波形经放大后,使得输出端正、负半周波形的差减小,从而减小了输出波形的非线性失真。

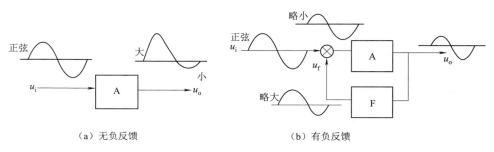

（a）无负反馈　　　　　　　　　　（b）有负反馈

图 5-34　负反馈减小非线性失真的示意图

需要指出的是,负反馈只能减小本级放大电路自身产生的非线性失真,而对输入信号的非线性失真,负反馈不能改善。

4. 改变输入电阻和输出电阻

引入负反馈后,放大电路的输入、输出电阻将受到影响。反馈类型不同,对输入、输出电阻的影响也不同。

①对输入电阻的影响。串联负反馈能提高输入电阻,并联负反馈能减小输入电阻,这样就可以根据对输入电阻的要求,引入适当的反馈。

②对输出电阻的影响。电压负反馈能够减小输出电阻,从而提高带负载能力,稳定输出电压;而电流负反馈能提高输出电阻,稳定输出电流。

5. 展宽通频带

在放大电路中,由于电容的存在,将引起低频段和高频段放大倍数下降和产生相位移。在前面分析过,对于任何原因引起的放大倍数下降,负反馈将起到稳定作用。如 F 为一定值(不随频率而变),在低频段和高频段由于输出减小,反馈到输入端的信号也减小,于是净输入信号增加,放大倍数下降减小,使通频带展宽。

任务实施

测试负反馈放大电路

一、测量静态工作点

按图 5-35 连接负反馈放大电路。

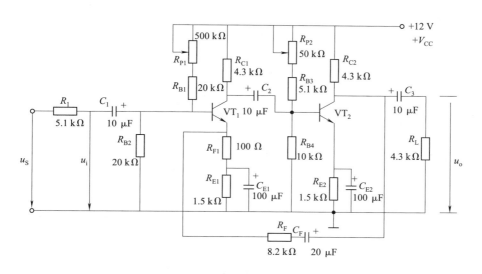

图 5-35　负反馈放大电路

取 $V_{CC} = +12$ V, $u_i = 0$ V(两输入端短路接地),然后用万用表分别测量第一级、第二级放大电路的静态工作点,并记入表 5-12 中。

表 5-12　测量负反馈放大电路静态工作点

U_{B1}/V	U_{B2}/V	U_{E1}/V	U_{E2}/V	U_{C1}/V	U_{C2}/V	I_C/mA
						2

二、测量负反馈对电路放大倍数的影响

以 $f = 1$ kHz，U_S 约 8 mV 正弦信号输入放大器，用示波器监视输出 u_o 波形，在 u_o 不失真的情况下，用交流毫伏表测量 U_i、U_o，记入表 5-13 中，并计算闭环电压放大倍数。

拆掉负反馈连线，观察示波器 u_o 波形，在 u_o 不失真的情况下，用交流毫伏表测量 U_i、U_o，记入表 5-13 中，并计算开环电压放大倍数。

表 5-13　测量负反馈对放大电路电压放大倍数的影响

放大电路类别	U_i/V	U_o/V	A_u
基本放大电路			
负反馈放大电路			

任务评价

任务评价表见表 5-14。

表 5-14　任务评价表

评价项目	评价内容	评价标准	分数	评分记录		
				学生	小组	教师
工作态度	工作现场整理、整顿	整理、整顿不到位，扣 5 分	30			
	操作遵守安全规范要求	违反安全规范要求，每次扣 5 分				
	遵守纪律，团结协作	不遵守教学纪律，有迟到、早退等违纪现象，每次扣 5 分				
知识技能	元器件及参数选择正确	元器件或参数选择错误，每处扣 3 分	20			
	电路连接无误	电路连接错误，每处扣 3 分	20			
	(1)示波器观察调试波形。 (2)静态工作点测试。 (3)放大倍数测量与计算	(1)仪表使用不规范，扣 5 分。 (2)波形失真，电路调试不正确，扣 5 分。 (3)测量错误，每处扣 3 分。 (4)计算分析错误，每处扣 3 分	30			
总　　分			100			

项目测试题

5.1　晶体管有哪几种工作状态？不同工作状态的外部条件是什么？

5.2　有两个晶体管，一个晶体管 $\beta = 50$，$I_{CBO} = 0.5$ mA；另一个晶体管 $\beta = 150$，$I_{CBO} = 2$ mA。如果其他参数一样，选用哪一个晶体管较好，为什么？

5.3　在图 5-36 所示放大电路中,已知 $V_{CC}=12$ V,$R_B=240$ kΩ,晶体管 $\beta=40$,$r_{be}=0.8$ kΩ,$R_C=3$ kΩ,试求:

(1)计算静态工作点。

(2)输出端开路时电压放大倍数 A_u。

(3)接入负载 $R_L=6$ kΩ 时的电压放大倍数 A_u。

(4)放大电路的输入电阻 r_i 和输出电阻 r_o。

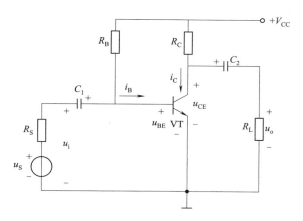

图 5-36　题 5.3 图

5.4　在图 5-37 所示分压式偏置电路中,已知 $V_{CC}=24$ V,$R_C=3.3$ kΩ,$R_E=1.5$ kΩ,$R_{B1}=33$ kΩ,$R_{B2}=10$ kΩ,$R_L=5.1$ kΩ,晶体管的 $\beta=66$,试求:

(1)画出直流通路,并估算静态工作点 I_{CQ}、I_{BQ}、U_{CEQ}。

(2)画出微变等效电路。

(3)估算晶体管的输入电阻 r_{be}。

(4)计算电压大倍数 A_u。

(5)计算输入电阻 r_i 和输出电阻 r_o。

(6)当断开 C_E 时,对静态工作点是否有影响? 定性说明断开 C_E 对 A_u、r_i、r_o 的影响。

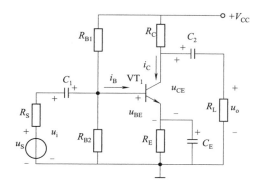

图 5-37　题 5.4 图

5.5　在图 5-38 中,已知 $R_S=50$ Ω,$R_{B1}=100$ kΩ,$R_{B2}=30$ kΩ,$R_E=1$ kΩ,晶体管的 $\beta=50$,

$r_{be} = 1 \ \text{k}\Omega$，试求：$A_u$、$r_i$、$r_o$。

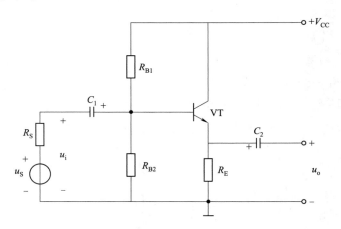

图 5-38　题 5.5 图

项目六
集成运算放大电路分析与应用

📊 项目导入

集成电路是相对分立电路而言的,就是把整个电路的各个元件以及相互之间的连接同时制造在一块半导体芯片上,组成一个不可分割的整体。集成电路与晶体管等分立元件连成的电路比较,体积更小,质量更小,功耗更低,又由于减少了电路的焊点而提高了工作的可靠性。就功能而言,集成电路有模拟集成电路和数字集成电路,模拟集成电路又有集成运算放大电路、集成功率放大器、集成稳压电源等多种。目前,集成运算放大电路已被广泛应用于信号处理、信号运算、自动控制等领域。

💻 学习目标

知识目标

(1)了解差分放大电路的作用。

(2)理解集成运算放大电路的组成、工作原理。

(3)掌握集成运算放大电路的主要参数、分析方法及其应用。

能力目标

(1)能运用理想化条件对集成运算放大电路进行分析。

(2)会测试集成运算放大电路。

素质目标

(1)培养严谨细致、精益求精的工匠精神。

(2)培养质量意识和安全规范操作意识。

(3)培养信息检索、分析问题和解决问题的能力。

(4)培养团队协作精神。

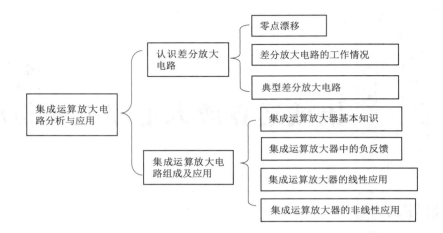

学习导图

```
                                    ┌─ 零点漂移
                   ┌─ 认识差分放大 ──┼─ 差分放大电路的工作情况
                   │   电路          └─ 典型差分放大电路
集成运算放大电
路分析与应用 ──────┤                 ┌─ 集成运算放大器基本知识
                   │                 │
                   └─ 集成运算放大电 ─┼─ 集成运算放大器中的负反馈
                       路组成及应用   ├─ 集成运算放大器的线性应用
                                      └─ 集成运算放大器的非线性应用
```

学习任务一　认识差分放大电路

任务描述

　　差分放大电路又称差动放大电路,它的输出电压和两个输入电压之差成正比。它不仅能放大直流信号,而且能有效地减小由于电源波动和晶体管随温度变化而引起的零点漂移,因而获得广泛应用。差分放大电路是组成集成运算放大电路的一种主要电路,常被用作放大电路的前置级。本任务介绍差分放大电路的结构、性能特点、主要技术指标及测试方法。

相关知识

一、零点漂移

　　在直接耦合多级放大电路中,由于各级之间的工作点相互联系、相互影响,会产生零点漂移现象。

　　所谓零点漂移,是指放大电路在没有输入信号时,由于温度变化、电源电压波动、元器件老化等原因,使放大电路的工作点发生变化,这个变化量会被直接耦合放大电路逐级加以放大并传送到输出端,使输出电压偏离原来的起始点而上下漂动。产生零点漂移的原因,主要是晶体管的参数受温度的影响,所以零点漂移又称温度漂移,简称温漂。

　　差分放大电路是抑制零点漂移最有效的电路结构。

二、差分放大电路的工作情况

　　差分放大电路是一种具有两个输入端且电路结构对称的放大电路,其基本特点是只有两个输入端的输入信号间有差值时才能进行放大,即差分放大电路放大的是两个输入信号的差,所以称为差分放大电路。

　　图6-1所示为差分放大电路原理图。两个输入、两个输出,电路结构对称,在理想的情况下,

两晶体管的特性及对应电阻元件的参数值都相等,两晶体管静态工作点相同。

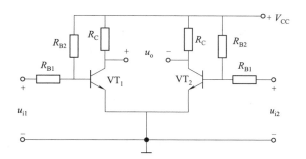

图 6-1　差分放大电路原理图

1. 抑制零点漂移

静态时,$u_{i1} = u_{i2} = 0$。由于电路左右对称,输入信号为零时,两边的集电极电流相等,集电极电位相等,即

$$I_{C1} = I_{C2}, V_{C1} = V_{C2}$$

则输出电压

$$u_o = \Delta V_{C1} - \Delta V_{C2} = 0$$

当电源电压波动或温度变化时,两管集电极电流和集电极电位同时发生变化,即

$$\Delta I_{C1} = \Delta I_{C2}, \Delta V_{C1} = \Delta V_{C2}$$

输出电压仍然为零,即

$$u_o = (V_{C1} + \Delta V_{C1}) - (V_{C2} + \Delta V_{C2}) = 0$$

可见,尽管两管的零点漂移存在,但总输出电压为零,从而使得零点漂移得到抑制。对称差分放大电路的优点是对两管所产生的同向漂移都有抑制作用。

2. 有信号输入时的工作情况

(1)共模信号

在差分放大电路的两个输入端,分别输入大小相等、极性相同的信号,即 $u_{i1} = u_{i2}$,这种输入方式称为共模输入。共模输入信号用 u_{ic} 表示。共模输入时($u_{ic} = u_{i1} = u_{i2}$)的输出电压与输入电压之比称为共模电压放大倍数,用 A_c 表示。在电路完全对称的情况下,输出端电压 $u_o = u_{o1} - u_{o2} = 0$,故 $A_c = u_o/u_i = 0$。输出电压为零,共模电压放大倍数为零,即对共模信号没有放大能力。这种情况称为理想电路。

前面介绍的差分放大电路对零点漂移的抑制就是该电路对共模信号抑制的一种特殊情况。差分放大电路抑制共模信号能力的大小,反映了它对零点漂移的抑制水平。

(2)差模信号

在差分放大电路的两个输入端分别输入大小相等、极性相反的信号(即 $u_{i1} = -u_{i2}$),这种输入方式称为差模输入。

设 $u_{i1} = -u_{i2}(u_{i2} < 0)$,则 u_{i1} 使 VT$_1$ 的集电极电流增大了 ΔI_{C1},VT$_1$ 的集电极电位(即其输出电压)因而降低了 ΔV_{C1};而 u_{i2} 却使 VT$_2$ 的集电极电流减小了 ΔI_{C2},VT$_2$ 的集电极电位因而增高了 ΔV_{C2}。因为 $u_{i1} = -u_{i2}$,所以 $\Delta V_{C2} = -\Delta V_{C1}$,这样,两个集电极电位一增一减,呈现等量异向变化,

其差值即为输出电压,即

$$u_o = (V_{C1} - \Delta V_{C1}) - (V_{C2} + \Delta V_{C1}) = -2\Delta V_{C1}$$

可见,在差模输入信号的作用下,差分放大电路的输出电压为两管各自输出电压变化量的两倍,即对差模信号有放大能力。

（3）任意输入

两个输入信号电压既非共模,又非差模,它们的大小和相对极性是任意的,这是差分放大电路中较常见的输入情况。

对于这种情况,为了便于分析和处理,可以将这种信号分解为共模分量和差模分量。比如 u_{i1} 和 u_{i2} 是两个任意输入的信号,将它们分解为差模信号和共模信号。其中差模信号分量为 $u_{id} = (u_{i1} - u_{i2})/2$,共模信号分量为 $u_{ic} = (u_{i1} + u_{i2})/2$。例如,设 $u_{i1} = 10$ mV,$u_{i2} = 6$ mV,则 $u_{id} = (u_{i1} - u_{i2})/2 = 2$ mV,$u_{ic} = (u_{i1} + u_{i2})/2 = 8$ mV。而 u_{i1} 和 u_{i2} 可以用 u_{id} 和 u_{ic} 来表示,即 $u_{i1} = u_{ic} + u_{id} = 8$ mV + 2 mV,$u_{i2} = u_{ic} - u_{id} = 8$ mV - 2 mV。这种输入常作为比较放大来应用,在自动控制系统中是常见的。

3. 共模抑制比

理想状态下,即电路完全对称时,差分放大电路对共模信号有完全的抑制作用。实际电路中,差分放大电路不可能做到绝对对称,这时 $u_o \neq 0$,$A_c \neq 0$。为了衡量差分放大电路放大差模信号和抑制共模信号的能力,引入共模抑制比,用 K_{CMRR} 表示,定义为放大电路对差模信号的放大倍数 A_d 与对共模信号的放大倍数 A_c 之比,即

$$K_{CMRR} = \frac{A_d}{A_c} \tag{6-1}$$

其对数形式

$$K_{CMRR} = 20\lg\frac{A_d}{A_c}$$

单位为分贝（dB）。

上式表明共模抑制比越大,差分放大电路分辨差模信号的能力越强,抑制共模信号的能力也越强。若电路完全对称,理想情况下共模放大倍数 $A_c = 0$,输出电压 $u_o = A_d(u_{i1} - u_{i2}) = A_d u_{id}$；若电路不完全对称,则 $A_c \neq 0$,实际输出电压 $u_o = A_c u_{ic} + A_d u_{id}$,即共模信号对输出有影响。

理想差分放大电路的共模抑制比 $K_{CMRR} \to \infty$。实际中,K_{CMRR} 不可能趋于无穷大,那么提高 K_{CMRR} 的方法是在保证 A_d 不变的情况下,降低 A_c。

三、典型差分放大电路

1. 典型差分放大电路的结构

图 6-1 所示的差分放大电路是由于电路的对称性,才能抑制零点漂移。但是完全对称的这种理想情况并不存在,所以单靠提高电路的对称性来抑制零点漂移是有限的。上述差分放大电路的每个晶体管的集电极电位的漂移并未受到抑制,如果采用单端输出（输出电压从一个管的集电极与"地"之间取出）,漂移根本无法抑制。因此,常采用图 6-2 所示的典型差分放大电路。在这个电路中,多加了电位器 R_P、发射极电阻 R_E 和负电源 E_E。

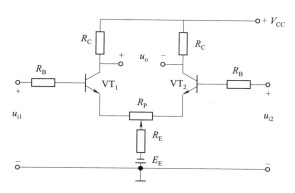

图 6-2　典型差分放大电路

电路中 R_E 的主要作用是稳定电路的静态工作点，从而限制每个晶体管的漂移范围，进一步减小零点漂移。例如，当温度升高使 I_{C1} 和 I_{C2} 均增加时，则有如下的抑制漂移的过程：

$$温度 \uparrow \nearrow \begin{matrix} I_{C1} \downarrow \leftarrow \\ I_{C1} \nearrow \\ I_{C2} \searrow \\ I_{C2} \downarrow \leftarrow \end{matrix} \begin{matrix} I_E \uparrow \end{matrix} \begin{matrix} U_{R_E} \uparrow \end{matrix} - \begin{matrix} U_{BE1} \downarrow \rightarrow I_{B1} \downarrow \\ U_{BE2} \downarrow \rightarrow I_{B2} \downarrow \end{matrix}$$

可见，由于 R_E 的电流负反馈作用，使每个晶体管的漂移又得到了一定程度的抑制，这样，输出端的漂移就进一步减小了。显然，R_E 的阻值取得大一些，电流负反馈作用就强一些，稳流效果会更好一些，因而抑制每个晶体管的漂移作用就愈显著。

同理，凡是各种原因引起两管的集电极电流、集电极电位产生同相的漂移时，那么 R_E 对它们都具有电流负反馈作用，使每管的漂移都受到了削弱，这样就进一步增强了差分放大电路抑制漂移和抑制相位相同信号的能力。虽然 R_E 越大，抑制零点漂移的作用越显著，但是，在 V_{CC} 一定时，过大的 R_E 会使集电极电流过小，会影响静态工作点和电压放大倍数。为此，接入负电源 E_E 来抵偿 R_E 两端的直流压降，从而获得合适的静态工作点。

由于差模信号使两管的集电极电流产生异向变化，只要电路的对称性足够好，两管电流一增一减，其变化量相等，通过 R_E 中的电流就基本不变，不起负反馈作用。因此，R_E 基本上不影响差模信号的放大效果。

综上所述，R_E 能区别对待共模信号与差模信号。比如，差分放大电路的两个输入信号中既含有待放大的差模分量，又含有较大的共模分量时，如果未设置共模反馈电阻 R_E，则较大的共模分量会使两管的工作点发生较大的偏移，甚至有可能进入非线性区而使放大电路工作失常。接入 R_E 后，由于它对共模信号的负反馈作用，稳定了工作点，使它不进入非线性区，而 R_E 又近乎与差模信号无关。这样，对差模信号的放大性能就不易受共模信号大小的影响。

电位器 R_P 称为调零电位器，起到调节平衡的作用。因为电路不会完全对称，当输入电压为零（把两输入端都接"地"）时，输出电压不一定等于零。这时可以通过调节 R_P 来改变两管的初始工作状态，从而使输出电压为零。但 R_P 对相位相反的信号将起负反馈作用，因此阻值不宜过大，一般 R_P 值在几十欧到几百欧之间。

2. 静态分析

如图 6-2 所示，当 $u_{i1} = u_{i2} = 0$ 时，由于电路的对称性，所以左右两半对应的电流分别相等（因

为 R_{P} 很小,所以忽略不计)。

因为 $I_{\mathrm{B1}} = I_{\mathrm{B2}} = I_{\mathrm{B}}, I_{\mathrm{C1}} = I_{\mathrm{C2}} = I_{\mathrm{C}} = \beta I_{\mathrm{B}}$,所以由基极电路可得

$$I_{\mathrm{B}} R_{\mathrm{B}} + U_{\mathrm{BE}} + 2R_{\mathrm{E}} I_{\mathrm{E}} = E_{\mathrm{E}} \tag{6-2}$$

式中,$2R_{\mathrm{E}} I_{\mathrm{E}}$ 远大于 $I_{\mathrm{B}} R_{\mathrm{B}}$、$U_{\mathrm{BE}}$,所以 $2R_{\mathrm{E}} I_{\mathrm{E}} \approx E_{\mathrm{E}}$,每管的集电极电流为

$$I_{\mathrm{C}} \approx I_{\mathrm{E}} \approx \frac{E_{\mathrm{E}}}{2R_{\mathrm{E}}} \tag{6-3}$$

每管的基极电流为

$$I_{\mathrm{B}} = \frac{I_{\mathrm{C}}}{\beta} \approx \frac{E_{\mathrm{E}}}{2\beta R_{\mathrm{E}}} \tag{6-4}$$

每管的集电极-发射极电压为

$$U_{\mathrm{CE}} \approx V_{\mathrm{CC}} - R_{\mathrm{C}} I_{\mathrm{C}} \approx V_{\mathrm{CC}} - \frac{E_{\mathrm{E}} R_{\mathrm{C}}}{2R_{\mathrm{E}}} \tag{6-5}$$

3. 动态分析

图 6-2 是双端输入、双端输出的差分放大电路,假设加一对差模信号,即 $u_{\mathrm{i1}} = -u_{\mathrm{i2}}$。由于 R_{E} 对于差模信号不起作用,并且电路两边对称,因此左右两半的电压放大倍数相等,即 $A_{\mathrm{d1}} = A_{\mathrm{d2}}$。在差模输入时,电路总的电压放大倍数为

$$A_{\mathrm{d}} = \frac{u_{\mathrm{o}}}{u_{\mathrm{i}}} = \frac{u_{\mathrm{o1}} - u_{\mathrm{o2}}}{u_{\mathrm{i1}} - u_{\mathrm{i2}}} = \frac{A_{\mathrm{d1}} u_{\mathrm{i1}} - A_{\mathrm{d2}} u_{\mathrm{i2}}}{u_{\mathrm{i1}} - u_{\mathrm{i2}}} = A_{\mathrm{d1}} = A_{\mathrm{d2}} \tag{6-6}$$

因此只需要计算一边的电压放大倍数即可。

单边的电压放大倍数为

$$A_{\mathrm{d1}} = A_{\mathrm{d2}} = \frac{u_{\mathrm{o1}}}{u_{\mathrm{i1}}} = -\frac{\beta R_{\mathrm{C}}}{R_{\mathrm{B}} + r_{\mathrm{be}}} \tag{6-7}$$

总的电压放大倍数为

$$A_{\mathrm{d}} = -\frac{\beta R_{\mathrm{C}}}{R_{\mathrm{B}} + r_{\mathrm{be}}} \tag{6-8}$$

带负载 R_{L} 后,因为当输入差模信号时,一管的集电极电位降低,另一管集电极电位增高,在 R_{L} 的中点相当于交流接"地",所以每管各带一半负载电阻。这时电压放大倍数为

$$A_{\mathrm{d}} = -\frac{\beta\left(R_{\mathrm{C}} // \frac{1}{2}R_{\mathrm{L}}\right)}{R_{\mathrm{B}} + r_{\mathrm{be}}} \tag{6-9}$$

两输入端之间的差模输入电阻为

$$r_{\mathrm{i}} = 2\left(R_{\mathrm{B}} + r_{\mathrm{be}}\right) \tag{6-10}$$

两输入端之间的差模输出电阻为

$$r_{\mathrm{o}} \approx 2R_{\mathrm{C}} \tag{6-11}$$

在图 6-2 中,提高共模抑制比的方法是使电路参数对称,使 R_{E} 增大,但过大的 R_{E} 需增大负电源 E_{E} 值,否则就得不到合适的静态工作点。

4. 差分放大电路的几种接法

由于差分放大电路有两个输入端、两个输出端,所以信号的输入和输出有四种方式,这四种

方式分别是双端输入、双端输出,双端输入、单端输出,单端输入、双端输出,单端输入、单端输出。实际应用中,根据不同需要可选择不同的输入、输出方式。

（1）双端输入、双端输出（双入双出）

前面已经讲述,不再赘述。

（2）双端输入、单端输出（双入单出）

差模电压放大倍数为

$$A_d = \pm \frac{\beta R_C}{2(R_B + r_{be})}$$

差模输入电阻为

$$r_i = 2(R_B + r_{be})$$

差模输出电阻为

$$r_o \approx R_C$$

（3）单端输入、双端输出（单入双出）

差模电压放大倍数为

$$A_d = -\frac{\beta R_C}{R_B + r_{be}}$$

差模输入电阻为

$$r_i = 2(R_B + r_{be})$$

差模输出电阻为

$$r_o \approx 2R_C$$

（4）单端输入、单端输出（单入单出）

差模电压放大倍数为

$$A_d = \pm \frac{\beta R_C}{2(R_B + r_{be})}$$

差模输入电阻为

$$r_i = 2(R_B + r_{be})$$

差模输出电阻为

$$r_o \approx R_C$$

任务实施

差分放大电路性能测试

按图 6-3 连接差分放大电路。开关 S 拨向左边构成典型差分放大电路。

一、测量静态工作点

1. 调节放大器零点

如图 6-3 所示,不接入信号源,并将放大器输入端 A、B 与地短接,接通 ±12 V 直流电源,用万用表测量输出电压 U_o,调节调零电位器 R_P,使 $U_o = 0$ V。调节要仔细,力求准确。

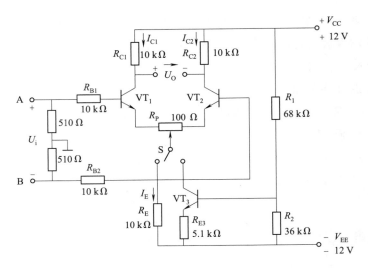

图 6-3　典型差分放大电路

2. 测试差分放大电路静态工作点

零点调好以后,用直流电压表测量 VT_1、VT_2 晶体管各电极电位及射极电阻 R_E 两端的电压 U_{R_E},并记入表 6-1 中。

表 6-1　测试差分放大电路静态工作点

测量值	U_{C1}/V	U_{B1}/V	U_{E1}/V	U_{C2}/V	U_{B2}/V	U_{E2}/V	U_{R_E}/V

二、测量电压放大倍数

1. 测量差模电压放大倍数

断开直流电源,将函数信号发生器的输出端接放大器输入端 A,地端接放大器输入端 B,由此构成双端输入方式。调节输入信号为频率 $f = 1$ kHz 的正弦信号,并使输出旋钮旋置零,用示波器监视输出端(集电极 C_1 或 C_2 与地之间)。

接通 ±12 V 直流电源,逐渐增大输入电压 $U_i = 100$ mV,在输出波形不失真的情况下,用交流毫伏表测量 u_{C1}、u_{C2},并记入表 6-2 中。

2. 测量共模电压放大倍数

将放大器 A、B 短接,信号源接 A 端与地之间,构成共模输入方式。调节输入信号 $f = 1$ kHz,$U_i = 1$ V,在输出电压不失真的情况下,测量 u_{C1}、u_{C2},并记入表 6-2 中。

表 6-2　测试差分放大电路电压放大倍数

项目	u_i	u_{C1}/V	u_{C2}/V	A_u	$K_{CMRR} = \left| \dfrac{A_{ud}}{A_{uc}} \right|$
差模输入	1 V				
共模输入	100 mV				

 **任务评价**

任务评价表见表6-3。

表6-3　任务评价表

评价项目	评价内容	评价标准	分数	评分记录		
				学生	小组	教师
综合素养	工作现场整理、整顿	整理、整顿不到位,扣5分	30			
	操作遵守安全规范要求	违反安全规范要求,每次扣5分				
	遵守纪律,团结协作	不遵守教学纪律,有迟到、早退等违纪现象,每次扣5分				
知识技能	元器件及参数选择正确	元器件或参数选择错误,每处扣2分	10			
	电路连接无误	电路连接错误,每处扣3分	10			
	(1)放大器零点调节。(2)静态工作点测试。(3)电压放大倍数测量与分析计算	(1)仪表使用不规范,扣5分。(2)电路调试不正确,扣5分。(3)测量错误,每处扣3分。(4)计算分析错误,每处扣3分	50			
总　　分			100			

学习任务二　集成运算放大电路组成及应用

任务描述

集成运算放大器简称集成运放,是一种具有很高放大倍数的多级直接耦合放大电路,是发展最早、应用最广泛的一种模拟集成电路。集成运放早期应用于信号运算,又称运算放大器。集成运算放大器是把许多晶体管、各种元件和连接导线制造在一小块半导体基片上实现某种电路功能的器件。它与分立元件电路相比具有体积小、质量小、工作可靠、安装与调试方便等优点。随着半导体集成工艺技术的发展,集成运算放大器在许多领域得到了广泛应用。本任务介绍集成运放的组成、性能参数、分析测试方法和具体应用。

 相关知识

一、集成运算放大器基本知识

1. 集成运算放大器电路组成

集成运算放大器通常包含四个基本组成部分:输入级、中间级、输出级以及偏置电路,如图6-4所示。

输入级是提高运算放大器质量的关键部分,要求其输入电阻能减小零点漂移和抑制共模干扰信号。输入级都采用差分放大电路。

中间级的作用是进行电压放大,要求它的电压放大倍数高,一般由共发射极放大电路构成。

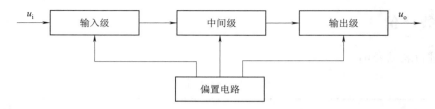

图 6-4 集成运算放大器的基本组成部分

输出级与负载相接,要求其输出电阻低,带负载能力强,能输出足够大的电压和电流,一般由互补对称电路或射极输出器构成。

偏置电路的作用是为上述各级电路提供稳定和合适的偏置电流,决定各级的静态工作点,一般由各种恒流源电路构成。

2. 集成运算放大器的图形符号和封装

图 6-5(a)是集成运算放大器的图形符号,国产集成运算放大器主要有圆壳式[见图 6-5(b)]和双列直插式[见图 6-5(c)]等封装形式,各引脚功能如下:

1 和 5 为外接调零电位器的两个端子。

2 是反相输入端。

3 是同相输入端。

4 是负电源端。CF741 接 -15 V 稳压电源。

6 是输出端。

7 是正电源端。CF741 接 +15 V 稳压电源。

8 是空脚。

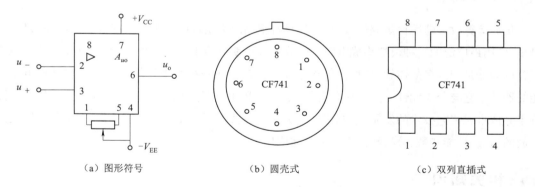

（a）图形符号   （b）圆壳式   （c）双列直插式

图 6-5 CF741 集成运算放大器的图形符号和封装形式

3. 集成运算放大器的主要参数

（1）输入失调电压 U_{IO}

使 $u_o = 0$,输入端施加的补偿电压,称为输入失调电压。它是表征集成运放内部电路对称性的指标。U_{IO} 一般为几毫伏,并且越小越好。

（2）输入失调电流 I_{IO}

输入信号为零时,集成运放的两个输入端的基极静态电流之差称为输入失调电流 I_{IO},即 $I_{IO} = |I_{B1} - I_{B2}|$。它用于表征差分级输入电流不对称的程度。$I_{IO}$ 一般为 1 nA ~ 0.1 μA,并且越小越好。

（3）输入偏置电流 I_{IB}

输入信号为零时，集成运放的两个输入端偏置电流的平均值，即 $I_{IB} = \frac{1}{2}(I_{B1} + I_{B2})$。它用于衡量差分放大对管输入电流的大小。$I_{IB}$ 一般为 10 nA ～ 1 μA，并且越小越好。

（4）最大输出电压 U_{OPP}

能使输出电压和输入电压保持不失真关系的最大输出电压，即为集成运放的最大输出电压。

（5）开环电压放大倍数 A_{uo}

集成运放在无外加反馈条件下，输出电压的变化量与输入电压的变化量之比，即为开环电压放大倍数。它是决定集成运放精度的重要因素，A_{uo} 越高，集成运放精度越高。A_{uo} 一般为 80 ～ 140 dB。

（6）最大共模输入电压 U_{Icm}

U_{Icm} 是指集成运放在线性工作范围内能承受的最大共模输入电压。如果超过这个电压，集成运放的共模抑制比将显著下降，甚至使集成运放失去差模放大能力或永久性损坏。高质量的集成运放，其 U_{Icm} 可达十几伏。

（7）最大差模输入电压 U_{Idm}

U_{Idm} 是指集成运放同相端和反相端之间所能加的最大电压。所加电压超过 U_{Idm} 时，集成运放输入级的晶体管将出现反向击穿现象，使集成运放输入特性显著恶化，甚至造成集成运放的永久损坏。

集成运放具有开环电压放大倍数高（A_{uo} 一般为 10^4 ～ 10^7，即 80 ～ 140 dB）、输入电阻高（约几百千欧）、输出电阻低（约几百欧）、漂移小、可靠性高、体积小等主要特点，所以它在各个技术领域中的应用非常广泛。

4. 集成运算放大器的理想化模型

在分析集成运算放大器的各种应用电路时，一般将其中的集成运算放大器看成一个理想运算放大器。理想化的条件主要是：

开环电压放大倍数 $A_{uo} \to \infty$；

差模输入电阻 $r_{id} \to \infty$；

开环输出电阻 $r_o \to 0$；

共模抑制比 $K_{CMRR} \to \infty$。

实际集成运放的特性很接近理想集成运放，仅仅在进行误差分析时，才考虑理想化后造成的影响，一般工程计算其影响可以忽略。这样就使分析过程大大简化。后面对集成运放的分析都是根据它的理想化条件来进行的。

图 6-6 是理想运算放大器的图形符号。它有两个输入端和一个输出端。反相输入端标上"－"号，同相输入端标上"＋"号。它们对"地"的电压（即各端对地电位）分别用 u_-，u_+ 和 u_0 表示。"∞"表示开环电压放大倍数的理想化条件。

5. 集成运放的电压传输特性

表示输出电压与输入电压之间关系的特性曲线称为电压传输特性，如图 6-7 所示。

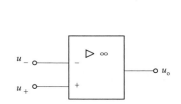

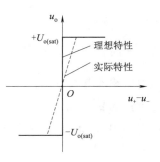

图 6-6　理想运算放大器的图形符号　　　　图 6-7　集成运放的传输特性

（1）工作在线性区的集成运放

在各种应用电路中，运算放大器的工作范围可能有两种情况：工作在线性区或工作在饱和区。当运算放大器工作在线性区时，输出电压 u_o 和输入电压 $(u_+ - u_-)$ 之间是线性关系，即

$$u_o = A_{uo}(u_+ - u_-) \tag{6-12}$$

如果输入端电压的幅度比较大，则运算放大器的工作范围将超出线性放大区，而达到饱和区，此时运算放大器的输出、输入电压之间不满足式（6-12）。A_{uo} 越大，集成运放的线性范围越小，必须加负反馈才能使其工作于线性区。

运算放大器工作在线性区时，有两个重要特点：

①由于运算放大器的差模输入电阻 $r_{id} \to \infty$，故可认为两个输入端的输入电流为零，即 $i_+ = i_- = 0$，也称之为"虚断"。

②由于运算放大器的开环电压放大倍数 $A_{uo} \to \infty$，而输出电压是一个有限的数值，则

$$u_+ - u_- = \frac{u_o}{A_{uo}} \approx 0$$

即

$$u_+ = u_- \tag{6-13}$$

式（6-13）表示同相端电位和反相端电位近似相等，也称之为"虚短"。

如果信号从反相端输入，同相端接地，即 $u_+ \approx 0$，$u_- \approx 0$ 反相端近于"地"电位，即"虚地"。

（2）工作在非线性区的集成运放

集成运放处于开环或正反馈时，工作在非线性区。工作在非线性区时，输出电压不再随着输入电压线性增大，而将达到饱和。

运算放大器工作在非线性区时，输出电压 u_o 等于 $+U_{o(sat)}$ 或 $-U_{o(sat)}$。

当 $u_+ > u_-$ 时，$u_o = +U_{o(sat)}$；

当 $u_+ < u_-$ 时，$u_o = -U_{o(sat)}$。

例 6-1　已知 CF741 运算放大器的电源电压为 ±15 V，开环电压放大倍数为 2×10^5，最大输出电压为 ±14 V，求下列三种情况下集成运放的输出电压。

①$u_+ = 15~\mu V$，$u_- = 5~\mu V$；

②$u_+ = -10~\mu V$，$u_- = 20~\mu V$；

③$u_+ = 0$，$u_- = 2~mV$。

解　集成运放工作在线性区时,$u_o = A_{uo}(u_+ - u_-)$,由此得,

$$u_+ - u_- = \frac{u_o}{A_{uo}} = \frac{\pm 14}{2 \times 10^5}\ \text{V} = \pm 70\ \mu\text{V}$$

可见,$|u_+ - u_-|$超过 70 μV,输出电压就是最大输出电压,即饱和值。

①$u_+ - u_- = (15-5)\,\mu\text{V} = 10\ \mu\text{V}$,故 $u_o = A_{uo}(u_+ - u_-) = 2\ \text{V}$。

②$u_+ - u_- = (-10-20)\,\mu\text{V} = -30\ \mu\text{V}$,故 $u_o = -6\ \text{V}$。

③$u_+ - u_- = -2\ \text{mV}$,输出为饱和输出,故 $u_o = -14\ \text{V}$。

二、集成运算放大器中的负反馈

集成运算放大器的基本负反馈放大电路有并联电压负反馈、串联电压负反馈、串联电流负反馈和并联电流负反馈四种连接方式。

1. 并联电压负反馈

设某一瞬时输入电压 u_i 为正,则反相输入端的瞬时极性为正,输出端电位的瞬时极性为负。各电流的实际方向如图 6-8 所示,净输入电流(差值电流)$i_d = i_i - i_f$,即 i_f 削弱了净输入电流,所以是负反馈。

反馈电流为

$$i_f = -\frac{u_o}{R_f}$$

取自输出电压 u_o 并与其成正比,所以是电压反馈。反馈信号与输入信号在输入端以电流的形式比较,所以是并联反馈。可见,图 6-8 是并联电压负反馈电路。

2. 串联电压负反馈

设某一瞬时输入电压 u_i 为正,则输出端电位的瞬时极性为正。各电压的实际方向如图 6-9 所示。

净输入电压(差值电压)$u_d = u_i - u_f$,即 u_f 削弱了净输入电压,所以是负反馈。

反馈电压为

$$u_f = \frac{R_1}{R_1 + R_f}u_o$$

取自输出电压 u_o 并与其成正比,所以是电压反馈。反馈信号与输入信号在输入端以电压的形式比较,所以是串联反馈。可见,图 6-9 是串联电压负反馈电路。

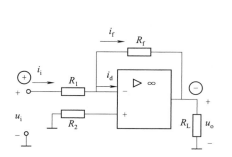

图 6-8　并联电压负反馈电路

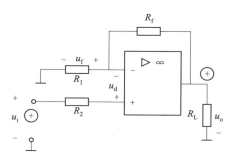

图 6-9　串联电压负反馈电路

3. 串联电流负反馈

设某一瞬时输入电压 u_i 为正,则输出端电位的瞬时极性为正。各电压的实际方向如图 6-10 所示。

净输入电压 $u_d = u_i - u_f$,即 u_f 削弱了净输入电压,所以是负反馈。

反馈电压为

$$u_f = Ri$$

取自输出电流 i_o 并与其成正比,所以是电流反馈。反馈信号与输入信号在输入端以电压的形式比较,所以是串联反馈。可见,图 6-10 是串联电流负反馈电路。

4. 并联电流负反馈

设某一瞬时输入电压 u_i 为正,则反相输入端的瞬时极性为正,输出端电位的瞬时极性为负。各电流的实际方向如图 6-11 所示。

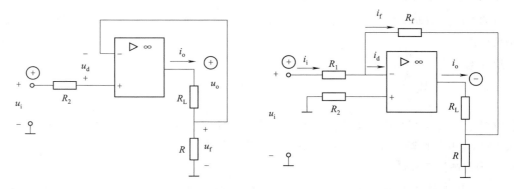

图 6-10　串联电流负反馈电路　　　图 6-11　并联电流负反馈

净输入电流 $i_d = i_i - i_f$,即 i_f 削弱了净输入电流,所以是负反馈。

反馈电流为

$$i_f = -\frac{R}{R + R_f}i_o$$

取自输出电流 i_o 并与其成正比,所以是电流反馈。反馈信号与输入信号在输入端以电流的形式比较,所以是并联反馈。可见,图 6-11 是并联电流负反馈电路。

运算放大器电路反馈类型的判别方法:

①反馈电路直接从输出端引出的,是电压反馈;从负载电阻 R_L 的靠近"地"端引出的,是电流反馈。

②输入信号和反馈信号分别加在两个输入端(同相输入端和反相输入端)上的,是串联反馈;加在同一个输入端(同相输入端或反相输入端)上的,是并联反馈。

③对串联反馈,输入信号和反馈信号的极性相同时,是负反馈;极性相反时,是正反馈。

④对并联反馈,净输入电流等于输入电流和反馈电流之差时,是负反馈;否则,是正反馈。

例 6-2　试判别图 6-12 所示放大电路中从运算放大器 A_2 输出端引至 A_1 输入端的是何种类型的反馈电路。

解　①在图中标出各点的瞬时极性及反馈信号；

②反馈电路直接从运算放大器 A_2 的输出端引出，所以是电压反馈；

③输入信号和反馈信号分别加在反相输入端和同相输入端上，所以是串联反馈；

④输入信号和反馈信号的极性相同，所以是负反馈。

所以，从运算放大器 A_2 输出端引至 A_1 同相输入端的是串联电压负反馈电路。

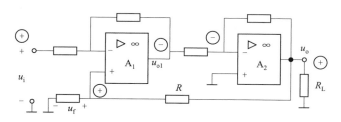

图 6-12　例 6-2 图

例 6-3　试判别图 6-13 所示的放大电路中从运算放大器 A_2 输出端引至 A_1 输入端的是何种类型的反馈电路。

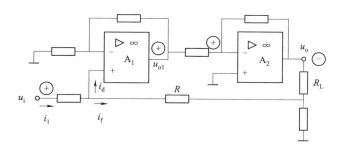

图 6-13　例 6-3 图

解　①反馈电路是从运算放大器 A_2 的负载电阻 R_L 的靠近"地"端引出的，所以是电流反馈；

②输入信号和反馈信号均加在同相输入端上，所以是并联反馈；

③净输入电流 i_d 等于输入电流 i_i 和反馈电流 i_f 之差，所以是负反馈。

所以，从负载电阻 R_L 的靠近"地"端引至 A_1 同相输入端的是并联电流负反馈电路。

三、集成运算放大器的线性应用

集成运算放大器与外部电阻、电容、半导体器件等构成闭环电路后，能对各种模拟信号进行比例、加法、减法、微分、积分、对数、反对数、乘法和除法等运算。

集成运算放大器工作在线性区时，通常要引入深度负反馈。所以，它的输出电压和输入电压的关系基本决定于反馈电路和输入电路的结构和参数，而与集成运算放大器本身的参数关系不大。改变输入电路和反馈电路的结构形式，就可以实现不同的运算。

1. 反相比例运算电路

输入信号从反相输入端引入的运算，是反相运算。图 6-14 所示为反相比例运算电路，输入信号 u_i 经输入端电阻 R_1 送到反相输入端，而同相输入端通过电阻 R_2 接地。反馈电阻 R_f 跨接在输出端和反相输入端之间。

根据运算放大器工作在线性区时的"虚断"原则可知：$i_- = 0$，因此 $i_i = i_f$。

根据运算放大器工作在线性区时的"虚短"原则可知：$u_+ = u_- = 0$。

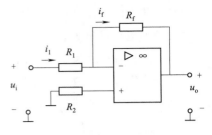

图6-14　反相比例运算电路

由图6-14可知：

$$i_i = \frac{u_i - u_-}{R_1} = \frac{u_i}{R_1}, i_f = \frac{u_- - u_o}{R_f} = -\frac{u_o}{R_f}$$

由此可得

$$u_o = -\frac{R_f}{R_1}u_i \tag{6-14}$$

因此闭环电压放大倍数为

$$A_{uf} = \frac{u_o}{u_i} = -\frac{R_f}{R_1} \tag{6-15}$$

式(6-15)表明，输出电压与输入电压是比例运算关系，或者说是比例放大的关系。如果 R_1 和 R_f 的阻值足够精确，而且运算放大器的开环电压放大倍数很高，就可以认为 u_o 与 u_i 间的关系只取决于 R_f 与 R_1 的比值，而与运算放大器本身的参数无关。这就保证了比例运算的精度和稳定性。式(6-15)中的负号表示 u_o 与 u_i 反相。

图6-14中的 R_2 是一静态平衡电阻，即在静态时(输入信号 $u_i = 0$)，两个输入端对地的等效电阻要相等，达到平衡状态。其作用是消除静态基极电流对输出电压的影响。因此，$R_2 = R_1 /\!/ R_f$。

例6-4　电路如图6-15所示，已知 $R_1 = 10 \text{ k}\Omega$，$R_f = 50 \text{ k}\Omega$。试求：

①A_{uf}、R_2。

②若 R_1 不变，要求 A_{uf} 为 -15，则 R_f、R_2 应为多少？

解　①
$$A_{uf} = -\frac{R_f}{R_1} = -\frac{50}{10} = -5$$

$$R_2 = R_1 /\!/ R_f = \frac{10 \times 50}{10 + 50} \text{ k}\Omega = 8.3 \text{ k}\Omega$$

②由题知 $A_{uf} = -\dfrac{R_f}{R_1} = -\dfrac{R_f}{10} = -15$

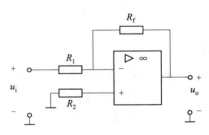

图6-15　例6-4图

则 $R_f = 150 \text{ k}\Omega$。

可得 $R_2 = R_1 /\!/ R_f = \dfrac{10 \times 150}{10 + 150} \text{ k}\Omega = 9.4 \text{ k}\Omega$。

2. 同相比例运算电路

输入信号从同相输入端引入的运算，称为同相运算。图6-16是同相比例运算电路。

根据运算放大器工作在线性区时的两个重要特点：

$$u_+ \approx u_- = u_i$$

$$i_i = i_f$$

由图6-16可得

$$i_i = -\frac{u_-}{R_1} = -\frac{u_i}{R_1}$$

$$i_f = \frac{u_- - u_o}{R_1} = \frac{u_i - u_o}{R_1}$$

所以

$$u_o = \left(1 + \frac{R_f}{R_1}\right)u_i \qquad (6\text{-}16)$$

闭环电压放大倍数为

$$A_{uf} = \frac{u_o}{u_i} = 1 + \frac{R_f}{R_1} \qquad (6\text{-}17)$$

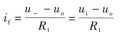

图 6-16　同相比例运算电路

由此可知 A_{uf} 为正值，即 u_o 与 u_i 极性相同，这是因为 u_i 加在同相输入端。A_{uf} 只与外部电阻 R_1、R_f 有关，与运算放大器本身参数无关。$A_{uf} \geq 1$，不能小于 1。

当 $R_1 = \infty$ 或 $R_f = 0$ 时，$u_o = u_i$，$A_{uf} = 1$，称为电压跟随器。

例 6-5　电路如图 6-17 所示，已知 $R_1 = 2\text{ k}\Omega$，$R_f = 10\text{ k}\Omega$，$R_2 = 2\text{ k}\Omega$，$R_3 = 18\text{ k}\Omega$，$u_i = 1\text{ V}$，试求 u_o。

解　此电路为同相比例运算电路，由题意可得

$$u_o = \left(1 + \frac{R_f}{R_1}\right)u_+$$

式中，u_+ 是指加在同相输入端的输入电压。

$$u_+ = R_3 \frac{u_i}{R_2 + R_3} = 18 \times \frac{1}{2 + 18}\text{ V} = 0.9\text{ V}$$

所以，$u_o = \left(1 + \dfrac{10}{2}\right) \times 0.9\text{ V} = 5.4\text{ V}$。

3. 反相加法运算电路

在反相输入端有若干输入信号，则构成反相加法运算电路，如图 6-18 所示。

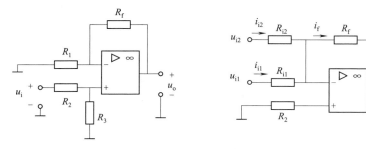

图 6-17　例 6-5 图

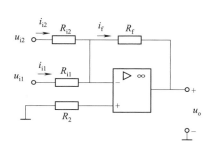

图 6-18　反相加法运算电路

因为"虚断"，$i_- = 0$，所以 $i_{i1} + i_{i2} = i_f$，于是

$$\frac{u_{i1} - u_-}{R_{i1}} + \frac{u_{i2} - u_-}{R_{i2}} = \frac{u_- - u_o}{R_f}$$

因为"虚短"，$u_+ = u_- = 0$，则 $\dfrac{u_{i1}}{R_{i1}} + \dfrac{u_{i2}}{R_{i2}} = -\dfrac{u_o}{R_f}$，可得

$$u_o = -\left(\frac{R_f}{R_{i1}}u_{i1} + \frac{R_f}{R_{i2}}u_{i2}\right) \qquad (6\text{-}18)$$

由式(6-18)可知,加法运算电路与运算放大器本身的参数无关,如果要保证加法运算的精度和稳定性,那么只要选择足够精确的电阻值即可。

平衡电阻 $R_2 = R_{i1} /\!/ R_{i2} /\!/ R_f$。

4. 同相加法运算电路

在同相输入端有若干输入信号时,则构成同相加法运算电路,如图 6-19 所示。

因为"虚短",$u_+ = u_-$,又由图 6-19 得 $u_- = \dfrac{R_1}{R_1 + R_f}u_o$,所以 $u_o = \left(1 + \dfrac{R_f}{R_1}\right)u_+$。

因为 $\dfrac{u_{i1} - u_+}{R_{i1}} + \dfrac{u_{i2} - u_+}{R_{i2}} = 0$,所以 $u_+ = \dfrac{R_{i2}}{R_{i1} + R_{i2}}u_{i1} + \dfrac{R_{i1}}{R_{i1} + R_{i2}}u_{i2}$

可得

$$u_o = \left(1 + \frac{R_f}{R_1}\right)\left(\frac{R_{i2}}{R_{i1} + R_{i2}}u_{i1} + \frac{R_{i1}}{R_{i1} + R_{i2}}u_{i2}\right) \tag{6-19}$$

平衡电阻 $R_{i1} /\!/ R_{i2} = R_1 /\!/ R_f$。

5. 减法运算电路

如果两个输入端都有信号输入,则为差分输入。其运算电路如图 6-20 所示。由图可得

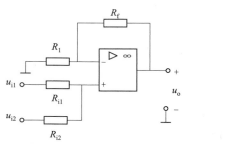

图 6-19　同相加法运算电路

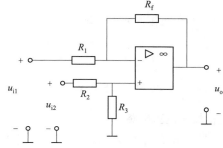

图 6-20　减法运算电路

$$u_+ = \frac{R_3}{R_2 + R_3}u_{i2}$$

$$u_- = u_{i1} - u_{R_1} = u_{i1} - \frac{u_{i1} - u_o}{R_1 + R_f}R_1$$

由"虚短"可得:$u_+ = u_-$,从以上两式可得

$$u_o = \left(1 + \frac{R_f}{R_1}\right)\frac{R_3}{R_2 + R_3}u_{i2} - \frac{R_f}{R_1}u_{i1} \tag{6-20}$$

如果取 $R_1 = R_2$ 和 $R_3 = R_f$,则

$$u_o = \frac{R_f}{R_1}(u_{i2} - u_{i1}) \tag{6-21}$$

如果取 $R_1 = R_2 = R_3 = R_f$,则

$$u_o = u_{i2} - u_{i1} \tag{6-22}$$

由以上两式可见,输出电压 u_o 与两个输入电压的差值成正比,所以可以进行减法运算。

当 R_3 断开（$R_3 = \infty$），则式（6-20）为

$$u_o = \left(1 + \frac{R_f}{R_1}\right)u_{i2} - \frac{R_f}{R_1}u_{i1} \tag{6-23}$$

这时，减法运算电路可看作反相比例运算电路与同相比例运算电路的叠加。

例 6-6 电路如图 6-21 所示，此图是集成运放的串级应用，试求输出电压 u_o。

解 A_1 是电压跟随器，$u_{o1} = u_{i1}$。

A_2 是减法运算电路，因此

$$u_o = \left(1 + \frac{R_f}{R_1}\right)u_{i2} - \frac{R_f}{R_1}u_{o1} = \left(1 + \frac{R_f}{R_1}\right)u_{i2} - \frac{R_f}{R_1}u_{i1}$$

6. 积分运算电路

与反相比例运算电路比较，用电容 C_f 代替 R_f 作为反馈元件，就构成积分运算电路，如图 6-22 所示。

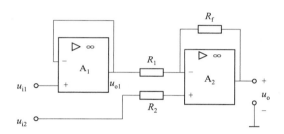

图 6-21　例 6-6 图

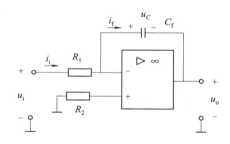

图 6-22　积分运算电路

根据集成运放的分析条件，可知

$$i_i = \frac{u_i}{R_1}$$

$$i_i = i_f$$

$$u_o = -u_C = -\frac{1}{C_f}\int i_f dt = -\frac{1}{R_1 C_f}\int u_i dt \tag{6-24}$$

式（6-24）表明 u_o 与 u_i 的积分成比例，式中的负号表示两者反相；$R_1 C_f$ 称为积分时间常数。

若输入电压为恒定直流量，即 $u_i = U_i$ 时，则

$$u_o = -\frac{U_i}{R_1 C_f}t \tag{6-25}$$

其波形如图 6-23 所示，最后达到负饱和值 $-U_{o(sat)}$。

采用集成运算放大器组成的积分电路，由于充电电流基本上是恒定的，故 u_o 是时间 t 的一次函数，它的最大值受集成运放最大输出电压控制。

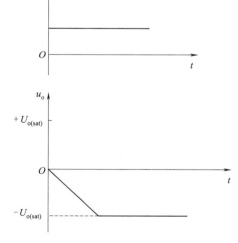

图 6-23　积分运算电路的阶跃响应

例 6-7 电路如图 6-24 所示，求输出电压 u_o 与输入电压 u_i 的关系式。

解 因为 $u_+ = u_- = 0$，$i_i = i_f$

所以
$$u_o = -(R_f i_f + u_C)$$
$$= -\left(R_f i_i + \frac{1}{C_f}\int i_i dt\right)$$
$$= -\left(\frac{R_f}{R_1}u_i + \frac{1}{R_1 C_f}\int u_i dt\right)$$

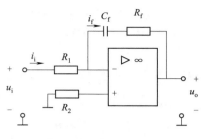

图 6-24　例 6-7 图

上式表明:输出电压是对输入电压的比例运算与积分运算。这种运算器又称 PI(比例积分)调节器,常用于自动控制系统中,以保证自动控制系统的稳定性和控制精度。改变 R_f 和 C_f 的值,可调整比例系数和积分时间常数,以满足控制系统的要求。

7. 微分运算电路

微分运算是积分运算的逆运算,电路如图 6-25 所示。由"虚短"及"虚断"性质可得

$$i_i = i_f$$
$$C_1 \frac{du_i}{dt} = -\frac{u_o}{R_f}$$
$$u_o = -R_f C_1 \frac{du_i}{dt} \tag{6-26}$$

即输出电压与输入电压对时间的一次微分成正比。

当 u_i 为阶跃电压时,u_o 为尖脉冲电压,如图 6-26 所示。因为这种电路稳定性较差,所以很少应用。

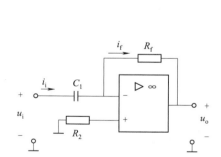

图 6-25　微分运算电路

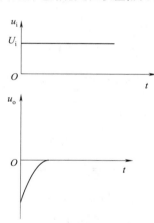

图 6-26　微分运算电路的阶跃响应

例 6-8　电路如图 6-27 所示,求输出电压 u_o 与输入电压 u_i 的关系式。

解　由图 6-27 得

$$u_o = -R_f i_f$$
$$i_f = i_R + i_C$$
$$= \frac{u_i}{R_1} + C_1 \frac{du_i}{dt}$$

所以
$$u_o = -\left(\frac{R_f}{R_1}u_i + R_f C_1 \frac{du_i}{dt}\right)$$

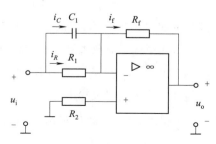

图 6-27　例 6-8 图

上式表明:输出电压是对输入电压的比例运算和微分运算。这种运算器又称 PD(比例微分)调节器。在控制系统中,PD 调节器在调节过程中起加速作用,使系统有较快的响应速度和工作稳定性。

四、集成运算放大器的非线性应用

电压比较器用来比较输入信号与参考电压的大小。当两者幅度相等时输出电压产生跃变,由高电平变成低电平,或者由低电平变成高电平。由此来判断输入信号的大小和极性。常常用于数模转换、数字仪表、自动控制和自动检测等技术领域,以及波形产生及变换等场合。

由于电压比较器的输出只有高电平或低电平两种状态,所以其中的集成运算放大器工作在非线性区。从电路结构来看,集成运放工作在开环状态,在电路中引入正反馈,以此提高比较精度。

单限电压比较器是指只有一个门限电平的电压比较器,当输入电压等于此门限电平时,输出端的状态立即发生跳变。单限电压比较器可用于检测输入的模拟信号是否达到某一给定的电平。

单限电压比较器的作用是用来比较输入电压和参考电压。图 6-28(a) 是其中一种。U_R 是参考电压,加在同相输入端,输入电压 u_i 加在反相输入端。当 $u_+ > u_-$,即 $u_i < U_R$ 时,$u_o = + U_{o(sat)}$;当 $u_+ < u_-$,即 $u_i > U_R$ 时,$u_o = - U_{o(sat)}$。图 6-28(b) 所示为电压比较器的电压传输特性。可见,在比较器的输入端进行模拟信号大小的比较,在输出端则以高电平或低电平(即为数字信号"1"或"0")来反映比较结果。

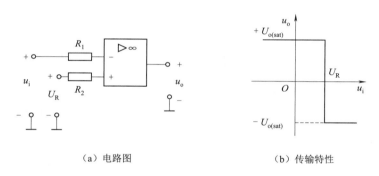

(a)电路图　　　　　　　　　(b)传输特性

图 6-28　电压比较器

当 $U_R = 0$ 时,即输入电压和零电平比较,称为过零比较器,其电路图和电压传输特性如图 6-29 所示。当 u_i 为正弦电压时,u_o 为矩形波电压,如图 6-30 所示。

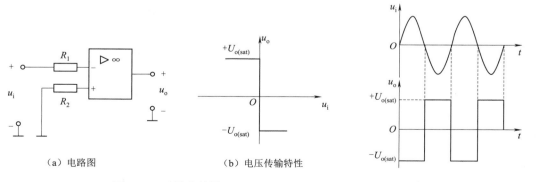

(a)电路图　　　　(b)电压传输特性

图 6-29　过零比较器　　　　**图 6-30　利用过零比较器将正弦波变为方波**

在比较器的输出端与"地"之间接一个双向稳压管 D_Z，可以把输出电压限制在某一特定值，以与接在输出端的数字电路的电平配合，D_Z 起双向限幅的作用。双向稳压管的电压为 U_Z。电路如图 6-31 所示。u_i 与参考电压 U_R 比较，输出电压 u_o 被限制在 $+U_Z$ 或 $-U_Z$。

当 $u_i < U_R$ 时，$u_o' = +U_{o(sat)}$，$u_o = U_Z$；

当 $u_i > U_R$ 时，$u_o' = -U_{o(sat)}$，$u_o = -U_Z$。

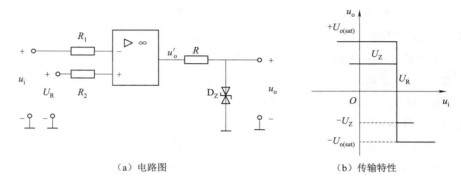

（a）电路图　　　　　　　　　　（b）传输特性

图 6-31　有限幅的电压比较器

**任务实施**

测试集成运算放大器

一、检测集成运放器件好坏

将集成运放器件 CF741 接上正、负电源，注意用电压表分别测量两路电源为 ±15 V。电路接好后，经检查无误方可接通 ±15 V 电源。正电源 V_{CC} 接 +15 V、负电源 V_{EE} 接 −15 V。

分别将同相输入端和反相输入端接地，检测输出 u_o 是否为 U_{OPP} 值（电源 ±15 V 时），如果是，则该器件良好，否则器件已损坏。

二、测试反相比例运算电路

按反相比例运算电路（见图 6-14）连线，在输入端 u_i 加直流电压，按表 6-4 所给的数值进行测试，并计算出电压增益；改变阻值后再进行测量，将测量结果填入表 6-4 中。

注意：在测量时，每次改变电阻 R_1 的阻值时，应改变平衡电阻的阻值，保证 $R_2 = R_1 /\!/ R_f$。

表 6-4　反相比例运算电路的测试结果

	u_i/mV	100	200	300	−300	−200	−100
$R_1 = 100\ \text{k}\Omega$	u_o（计算值）						
	u_o（测量值）						
	A_{uf}（计算值）						
$R_1 = 51\ \text{k}\Omega$	u_o（计算值）						
	u_o（测量值）						
	A_{uf}（计算值）						

续上表

u_i/mV		100	200	300	−300	−200	−100
$R_1=510\ k\Omega$	u_o（计算值）						
	u_o（测量值）						
	A_{uf}（计算值）						

 任务评价

任务评价表见表6-5。

表6-5　任务评价表

评价项目	评价内容	评价标准	分数	评分记录		
				学生	小组	教师
综合素养	工作现场整理、整顿	整理、整顿不到位，扣5分	30			
	操作遵守安全规范要求	违反安全规范要求，每次扣5分				
	遵守纪律，团结协作	不遵守教学纪律，有迟到、早退等违纪现象，每次扣5分				
知识技能	元器件及参数选择正确	元器件或参数选择错误，每处扣2分	10			
	电路连接无误	电路连接错误，每处扣3分	10			
	（1）集成运放器件质量检测。（2）反相比例运算电路测试。（3）根据测试结果分析计算	（1）仪表使用不规范，扣5分。（2）电路调试不正确，扣5分。（3）测量错误，每处扣3分。（4）计算分析错误，每处扣3分	50			
总　　分			100			

项目测试题

6.1　什么是零点漂移？产生零点漂移的主要原因是什么？差分放大电路为什么能抑制零点漂移？

6.2　什么是"虚短"和"虚断"？

6.3　在图6-14所示反相比例运算电路中，设 $R_1=10\ k\Omega$，$R_f=500\ k\Omega$，试求闭环电压放大倍数 A_{uf} 和平衡电阻 R_2。

6.4　在图6-32所示同相比例运算放大电路中，已知 $R_1=2\ k\Omega$，$R_f=10\ k\Omega$，$R_2=2\ k\Omega$，$R_3=18\ k\Omega$，$u_i=1\ V$，试求 u_o。

6.5　如图6-33所示电路，设集成运放为理想元件。试计算电路的输出电压 u_o 和平衡电阻 R 的值。

6.6　在图6-34中，已知 $R_f=2R_1$，$u_i=-2\ V$，试求输出电压 u_o。

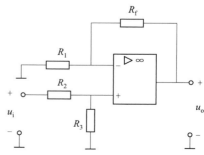

图6-32　题6.4图

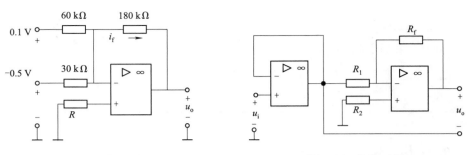

图 6-33　题 6.5 图　　　　　　　　　　图 6-34　题 6.6 图

6.7　电路如图 6-35 所示,已知各输入信号分别为 $u_{i1} = 0.5$ V, $u_{i2} = -2$ V, $u_{i3} = 1$ V, $R_1 = 20$ kΩ, $R_2 = 50$ kΩ, $R_4 = 30$ kΩ, $R_5 = R_6 = 39$ kΩ, $R_{f1} = 100$ kΩ, $R_{f2} = 60$ kΩ。试回答:

(1)图中两个运算放大器分别构成何种单元电路?

(2)求电路的输出电压 u_o。

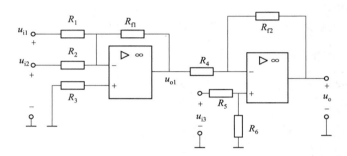

图 6-35　题 6.7 图

项目七
组合逻辑电路分析与应用

📊 项目导入

数字信号是不连续的脉冲信号,处理数字信号的电路称为数字电路。在数字电路中,主要是研究输出信号和输入信号之间的关系,也就是电路的逻辑功能。数字电路可以分为组合逻辑电路和时序逻辑电路两类。组合逻辑电路的输出变量状态由当时的输入变量的组合状态来决定,与电路原来的状态无关,也就是组合逻辑电路不具有记忆功能。门电路是组合逻辑电路的基本组成单元。

🖥 学习目标

知识目标

(1)了解各种数制的概念及转换方法。

(2)掌握门电路的逻辑功能。

(3)理解组合逻辑电路的分析方法。

(4)了解组合逻辑电路的典型应用。

能力目标

(1)会分析常用组合逻辑电路。

(2)会测试集成门电路的外部特性和逻辑功能。

素质目标

(1)培养学以致用的辩证思想,以及勇于实践、创新的精神。

(2)培养注重细节、注重品质的工匠精神。

(3)培养电路分析中的逻辑思维。

 学习导图

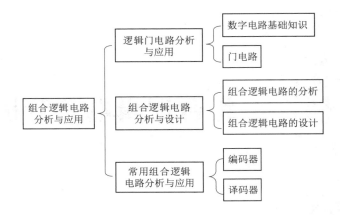

学习任务一　逻辑门电路分析与应用

任务描述

在数字电路中,门电路是最基本的逻辑元件,它的应用极为广泛。所谓"门",就是一种开关,在一定条件下它能允许信号通过;条件不满足,信号就通不过。因此,门电路的输入信号和输出信号之间存在一定的逻辑关系,所以门电路又称逻辑门电路。本任务主要介绍数字电路的基础知识,门电路类型、逻辑功能、分析方法,门电路测试及应用等。

相关知识

一、数字电路基础知识

1. 数字电路概述

(1)模拟信号和数字信号

电子电路中的信号可以分为两大类:模拟信号和数字信号。模拟信号是连续变化的电信号,例如温度、速度、压力、磁场、电场等物理量通过传感器变成的电信号,模拟语音的音频信号和模拟图像的视频信号等。对模拟信号进行传输、处理的电子线路称为模拟电路。前面讨论的放大电路属于模拟电路。数字信号是不连续的脉冲信号。对数字信号进行传输、处理的电子线路称为数字电路,如数字电子钟等是由数字电路组成的。数字电路的组成、工作特点与模拟电路有很大的差别,分析方法也有很大的不同。

(2)数字电路的基本特点

数字电路的基本工作信号是二进制的数字信号,而二进制数只有"0"和"1"两个基本数字,对应在电路上只需要在两种不同状态下工作,即低电平和高电平(或称低电位和高电位)两种工作状态。数字电路容易实现集成化,因此多采用集成电路。

（3）数字电路的分析方法

数字电路主要是研究电路的输出信号与输入信号之间的状态关系，即所谓的逻辑关系。通常，数字电路常用逻辑表达式、真值表、逻辑电路和波形图等方法进行表示。

数字电路和模拟电路是电子电路的两个分支，在实际中两者常配合应用。例如，用传感器得到的信号，大多是模拟信号，实际使用的信号也往往需要模拟信号。因此，常需要将数字信号与模拟信号进行相互转换［D/A（数/模）或 A/D（模/数）转换］。此外，由于采用数字集成电路输出功率有限，所以在控制系统中还必须配置模拟驱动电路，才能驱动执行机构动作。

2. 数制转换

视频

数制与编码

数制就是数的进位制。按照进位方法的不同，就有不同的计数体制。例如，有"逢十进一"的十进制计数，有"逢八进一"的八进制计数，还有"逢十六进一"的十六进制计数和"逢二进一"的二进制计数等。

（1）二进制数

十进制数及其运算是大家熟悉的，但是，在数字电路中，采用十进制数很不方便。因为数字电路，是通过电路的不同状态来表示数码的，而要使电路具有十个严格区分的状态来表示 0~9 十个数码，这在技术上是困难的。在电路中，最容易实现的是两种状态。如电路的"通"与"断"、电平的"高"与"低"、脉冲的"有"或"无"，在这种条件下采用只有两个数码 0 和 1 的二进制将是很方便的，因此，在数字电路中，广泛采用二进制数。

二进制是数字电路中应用最广泛的计数制，它只有 0 和 1 两个数字符号。它和十进制数一样，自左至右由高位到低位排列。二进制数的特点如下：

①二进制数的基数是 2。

②二进制数的位权是以 2 为底的幂。

③低位和相邻高位之间的进位关系是"逢二进一"，退位关系是"退一当二"。

二进制数常用 B 表示，同十进制一样，每个数字符号处在不同的数位代表不同的数值，例如二进制数的 1101 所代表的数值为

$$(1101)_B = 1 \times 2^3 + 1 \times 2^2 + 0 \times 2^1 + 1 \times 2^0 = (13)_D$$

显然任意一个二进制数可以表示为

$$(M)_B = K_{n-1} \cdot 2^{n-1} + K_{n-2} \cdot 2^{n-2} + \cdots + K_1 \cdot 2^1 + K_0 \cdot 2^0 = \sum_{i=0}^{n-1} (K_i \cdot 2^i)$$

式中，n 是二进制整数的位数，$n = 1、2、3、\cdots$；2^i 为第 i 位的权；K_i 为第 i 位的系数，它可以是 0、1 两个数字符号中的任意一个。

（2）二进制数转换成十进制数

方法是把二进制数按权展开，然后把所有各项的数值按十进制相加即可得到十进制数，即乘权相加法。

例 7-1 将二进制数 $(1010)_B$ 化为十进制数。

解 $(1010)_B = (1 \times 2^3 + 0 \times 2^2 + 1 \times 2^1 + 0 \times 2^0)_D$

$= (2^3 + 0 + 2^1 + 0)_D$

$= (10)_D$

（3）十进制数转换成二进制数

方法是把十进制数逐次地除以2，并依次记下余数，一直除到商数为零；然后把全部余数，按相反的次序排列起来，就是等值的二进制数，即除以2取余倒记法。

例 7-2 把十进制数$(97)_D$化为二进制数。

解

$$
\begin{array}{lll}
2\,\underline{|\,97} & \cdots\cdots & \text{余}1 \longrightarrow a_0\,(\text{最低位}) \\
2\,\underline{|\,48} & \cdots\cdots & \text{余}0 \longrightarrow a_1 \\
2\,\underline{|\,24} & \cdots\cdots & \text{余}0 \longrightarrow a_2 \\
2\,\underline{|\,12} & \cdots\cdots & \text{余}0 \longrightarrow a_3 \\
2\,\underline{|\,6} & \cdots\cdots & \text{余}0 \longrightarrow a_4 \\
2\,\underline{|\,3} & \cdots\cdots & \text{余}1 \longrightarrow a_5 \\
2\,\underline{|\,1} & \cdots\cdots & \text{余}1 \longrightarrow a_6\,(\text{最高位}) \\
0
\end{array}
$$

读数方向 ↑

所以，$(97)_D = (1100001)_B$。

3. 逻辑代数的基本运算

逻辑代数是研究逻辑电路的数学工具，利用逻辑代数可以判定一个已知逻辑电路的功能或根据需要的逻辑功能去研究和简化一个相应的逻辑电路。逻辑代数是数学家布尔提出的一种借助于数学来表达推理的逻辑符号，所以又称布尔代数。

逻辑代数中的变量称为逻辑变量。逻辑电路中的输入、输出就相当于逻辑变量，输入用大写字母A、B、C…表示，输出用大写字母Y表示。逻辑电路的信号状态只有低、高两种电平，逻辑变量只有0和1两个数值，它只表示事物的两种对立状态，本身没有数值意义，更不能比较它们的大小，因此逻辑代数是一种与普通代数不同的数学系统。

逻辑代数中的0和1的含义与普通代数中的0和1是完全不同的。

（1）逻辑代数的基本运算

①逻辑乘（与运算）：当用逻辑变量来表示时，其逻辑表达式为

$$F = A \cdot B \quad \text{或} \quad F = AB$$

运算规则是

$$A \cdot 0 = 0$$
$$A \cdot 1 = A$$
$$A \cdot A = A$$

②逻辑加（或运算）：逻辑表达式为

$$F = A + B$$

运算规则是

$$A + 0 = A$$
$$A + 1 = 1$$
$$A + A = A$$

③逻辑非(非运算):A 的反变量用 $\overline{A}$ 表示,读作 A 非,其逻辑表达式为

$$F = \overline{A}$$

运算规则是

$$A + \overline{A} = 1$$

$$A \cdot \overline{A} = 0$$

$$\overline{\overline{A}} = A$$

(2)逻辑代数的基本定律

①交换律:

$$A + B = B + A$$

$$AB = BA$$

②结合律:

$$A + B + C = (A + B) + C$$

$$ABC = (AB)C = A(BC)$$

③分配律:

$$A(B + C) = AB + AC$$

$$A + BC = (A + B)(A + C)$$

④吸收律:

$$A + AB = A$$

$$A(A + B) = A$$

$$A + \overline{A}B = A + B$$

⑤反演律(又称摩根定律):

$$\overline{A + B} = \overline{A} \cdot \overline{B} \quad 或 \quad \overline{A + B + C\cdots} = \overline{A} \cdot \overline{B} \cdot \overline{C}\cdots$$

$$\overline{A \cdot B} = \overline{A} + \overline{B} \quad 或 \quad \overline{A \cdot B \cdot C\cdots} = \overline{A} + \overline{B} + \overline{C}\cdots$$

反演律的证明见表7-1。

表 7-1　反演律的证明

A	B	$\overline{A + B}$	$\overline{A} \cdot \overline{B}$
0	0	1	1
0	1	0	0
1	0	0	0
1	1	0	0

值得注意的是:式中的字母 A、B 均可以代表 1 个或多个变量。

4. 逻辑函数的化简

逻辑函数式越简单,与之对应的逻辑电路图就越简单,这不仅使函数的逻辑关系更加明显,而且在实现同一逻辑功能时,可节省器材,降低成本,提高电路工作的可靠性,因此化简的目的必

须使表达式达到最简式。所谓最简式,要求是:乘积项的个数最少,从而可使逻辑电路所用门的个数最少;每个乘积项中变量的个数最少,可使每个门的输入端数最少。

公式法化简的实质就是使用逻辑代数的基本公式和常用公式消去多余的乘积项和每个乘积项中多余的因子,以求得函数式的最简形式。

(1)并项法

根据 $AB + A\bar{B} = A$ 可以把两项合并为一项,并消去 B 和 $\bar{B}$ 这两个因子,其中 A 和 B 可以代表任何复杂的逻辑表达式,例如:

$$Y = AB + ACD + \bar{A}B + \bar{A}CD$$
$$= (A + \bar{A})B + (A + \bar{A})CD$$
$$= B + CD$$

(2)吸收法

根据 $A + AB = A$ 可将 AB 项消去。A 和 B 可以代表任何复杂的逻辑表达式,例如:
$$Y = AB + ABC + ABD = AB$$

(3)消项法

根据 $AB + \bar{A}C + BC = AB + \bar{A}C$ 可将 BC 项消去,其中 A、B 和 C 可代表任何复杂的逻辑表达式,例如:

$$Y = AB + \bar{A}C + BC$$
$$= AB + \bar{A}C + BC(\bar{A} + A)$$
$$= AB + \bar{A}C + \bar{A}BC + ABC$$
$$= AB + AC$$

(4)配项法

根据 $A + A = A$ 可以在逻辑表达式中重复写入某一项,以获得更加简单的结果,例如:

$$Y = \bar{A}B\bar{C} + \bar{A}BC + ABC$$
$$= \bar{A}B\bar{C} + \bar{A}BC + \bar{A}BC + ABC$$
$$= \bar{A}B(\bar{C} + C) + (\bar{A} + A)BC$$
$$= \bar{A}B + BC$$

此外,还可以根据 $A + \bar{A} = 1$ 将式中的某一项乘以 $(A + \bar{A})$,然后拆成两项分别与其他项合并,以求得更简单的化简结果。实际上,在化简复杂逻辑函数时,常常需要综合应用几种方法。

二、门电路

1. 与门电路

(1)与逻辑关系

与逻辑是指只有当全部条件同时满足时,结果才成立。如图7-1所示电路,只有当开关 S_1 和 S_2 全部接通时,灯 HL 才亮,否则灯 HL 就灭,这表明只有当全部条件(开关 S_1、S_2 均接通)同时具备时,结果(灯 HL 亮)才会发生。这种因果关系称为与逻辑关系。

视频
基本逻辑门电路

（2）与门电路分析

能实现与逻辑功能的电路称为与门电路,简称与门。它有多个输入端和一个输出端。以二端输入为例,由二极管构成的与门电路如图 7-2（a）所示,输入端为 A、B,输出端为 F,图 7-2（b）为与门图形符号。

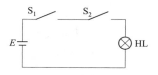

图 7-1　与逻辑关系图

①当输入端 A、B 均为低电平 0.3 V 时,二极管 VD_1、VD_2 均导通。若将二极管视为理想开关,则输出端 F 为低电平 0.3 V。

②当输入端 A、B 中有一个为低电平 0.3 V 时,设 A 端为低电平 0.3 V,B 端为高电平 3 V,则二极管 VD_1 导通,VD_2 截止,输出端 F 为低电平 0.3 V。

③当输入端 A、B 均为高电平 3 V 时,二极管 VD_1、VD_2 均导通,输出端 F 为高电平 3 V。

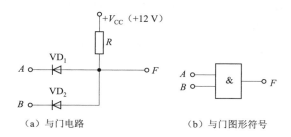

（a）与门电路　　　　　（b）与门图形符号

图 7-2　二极管与门

将上述情况下输入、输出端电平值列于表 7-2 中,按正逻辑转换得到该电路逻辑真值表见表 7-3。从中可以看出,电路的输入信号只要有一个为低电平,输出便是低电平,只有输入全为高电平时,输出才是高电平,即实现与逻辑功能,其逻辑表达式为 $F = AB$。

表 7-2　二极管与门电平值

输　　入		输　　出
u_A/V	u_B/V	u_F/V
0.3	0.3	0.3
0.3	3	0.3
3	0.3	0.3
3	3	3

表 7-3　与门逻辑真值表

A	B	F
0	0	0
0	1	0
1	0	0
1	1	1

因此,与门的逻辑功能是:有 0 出 0,全 1 出 1,与门的输入端可以不止两个,但逻辑关系是一致的。

2. 或门电路

（1）或逻辑关系

或逻辑是指在 A、B 等多个条件中，只要具备一个条件，事件就会发生。只有所有条件均不具备时，事件才不发生。在图7-3所示电路中，只要开关 S_1 或 S_2 中有一个（或一个以上）接通，灯 HL 就亮；只有当全部开关断开时，灯 HL 才灭，这表明在决定一事件结果（灯 HL 亮）的各条件中，只要有一个或一个以上条件具备时，结果就会发生，这种因果关系称为或逻辑关系。

（2）或门电路分析

能实现或逻辑功能的门电路称为或门电路，简称或门。它有多个输入端和一个输出端。由二极管构成的或门电路如图7-4（a）所示，输入端为 A、B，输出端为 F，图7-4（b）为或门图形符号。

①当输入端 A、B 均为低电平0.3 V时，二极管 VD_1、VD_2 均导通，输出端 F 为低电平0.3 V。

②当输入端 A、B 中有一个为高电平3 V时，设 A 端为高电平3 V，B 端为低电平0.3 V，则二极管 VD_1 导通，VD_2 截止，输出端 F 被钳位于高电平3 V。

③当输入端 A、B 均为高电平3 V时，二极管 VD_1、VD_2 均导通，输出端 F 为高电平3 V。

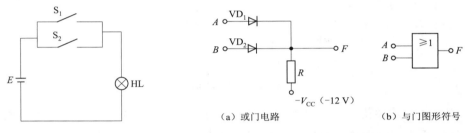

图7-3　或逻辑关系图　　　　　图7-4　二极管或门

（a）或门电路　　　（b）与门图形符号

将上述情况下输入、输出端电平值列于表7-4中，按正逻辑转换得到该电路逻辑真值表见表7-5。

表7-4　二极管或门电平值

输　　入		输　　出
u_A/V	u_B/V	u_F/V
0.3	0.3	0.3
0.3	3	3
3	0.3	3
3	3	3

表7-5　或门逻辑真值表

A	B	F
0	0	0
0	1	1
1	0	1
1	1	1

由以上分析可以看出,电路的输入信号只要有一个为高电平,输出便是高电平;只有输入全为低电平时,输出才是低电平,即实现或逻辑功能,其逻辑表达式为

$$F = A + B$$

因此,或门的逻辑功能是:有 1 出 1,全 0 出 0,或门的输入端可以不止两个,但逻辑关系是一样的。

3. 非门电路

（1）非逻辑关系

非逻辑是指事件的结果与条件总是呈相反状态。图 7-5 中开关 S 与灯 HL 并联,当开关 S 断开时灯 HL 亮,而 S 接通时灯 HL 灭,这表明事件的结果(灯 HL 亮)和条件(开关 S)总是呈相反状态,这种因果关系称为非逻辑关系。

（2）非门电路

能实现非逻辑功能的门电路称为非门电路,简称非门,又称反相器。利用晶体管的开关特性,可以实现非逻辑运算。图 7-6(a)所示为晶体管非门电路,图 7-6(b)所示为非门图形符号。

①当输入 u_i 为低电平 0.3 V 时,晶体管截止,输出电压 $u_o = V_{CC}$ 为高电平。

②当输入 u_i 为高电平 3 V 时,在元件参数选择适当的条件下,晶体管工作于饱和区,输出电压 $u_o = U_{CES} = 0.3$ V 为低电平。

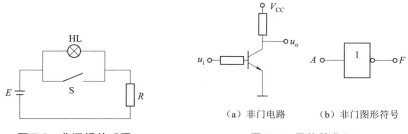

图 7-5　非逻辑关系图	（a）非门电路　　（b）非门图形符号
	图 7-6　晶体管非门

将输入、输出端电平值列于表 7-6 中,按正逻辑转换得到该电路逻辑真值表见表 7-7。可以看出,输出与输入逻辑正好相反,实现了非逻辑功能,其逻辑表达式为

$$F = \overline{A}$$

表 7-6　晶体管非门电平值

u_i/V	u_o/V
0.3	3
3	0.3

表 7-7　非门逻辑真值表

A	F
0	1
1	0

4. 复合逻辑门电路

（1）与非门

将一个与门和一个非门连接起来,就构成了一个与非门。

与非门的逻辑表达式可以写成

$$Y = \overline{A \cdot B}$$

它的逻辑结构及图形符号分别如图7-7所示。

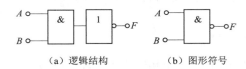

（a）逻辑结构　　　　（b）图形符号

图7-7　与非门逻辑结构及图形符号

根据与非门的逻辑表达式,可得到其真值表见表7-8。

表7-8　与非门真值表

A	B	$Y = \overline{A \cdot B}$
0	0	1
0	1	1
1	0	1
1	1	0

由表7-8可知,与非门的逻辑功能是:有0出1,全1出0。与非门的输入端可以不止两个,但逻辑关系是一致的。

（2）或非门

将或门和非门连接起来就构成了或非门,其逻辑结构及图形符号如图7-8所示。

或非门的逻辑表达式为

$$Y = \overline{A + B}$$

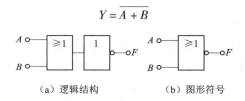

（a）逻辑结构　　　　（b）图形符号

图7-8　或非门逻辑结构及图形符号

由表达式可以看出,输入有一个或一个以上为高电平"1"时,输出Y为低电平"0";只有当A、B全为低电平"0"时,输出Y才为高电平"1"。由此可得或非门真值表见表7-9。

表7-9　或非门真值表

A	B	$Y = \overline{A + B}$
0	0	1
0	1	0
1	0	0
1	1	0

从逻辑表达式和真值表中可以看出,或非门的逻辑功能是:有1出0,全0出1。或非门的输入端可以不止两个,但逻辑关系是一致的。

（3）异或门

图 7-9 为异或门的逻辑结构图及图形符号,其真值表见表 7-10。

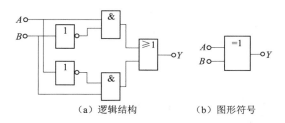

（a）逻辑结构　　　（b）图形符号

图 7-9　异或门逻辑结构及图形符号

异或门的逻辑表达式为

$$Y = \overline{A}B + A\overline{B}$$

表 7-10　异或门真值表

A	B	Y
0	0	0
0	1	1
1	0	1
1	1	0

从逻辑表达式和真值表中可以看出,异或门的逻辑功能是:当两个输入端不相同时,输出为 1;而两个输入端相同时,输出为 0。

上述逻辑功能可以简单表达为:同出 0,异出 1。

异或门在数字电路中作为用来判断两个输入信号是否相同的门电路,是一种常用的门电路。它的逻辑表达式还可写成

$$Y = A \oplus B$$

上述六种逻辑门是最常用的逻辑门电路。

5. 集成门电路

根据所采用的半导体器件类型,数字集成门电路分为双极型(晶体管)集成门电路系列和 CMOS 集成门电路系列。在两种不同系列的门电路中,它们具有相同的逻辑功能,但两者的结构、制造工艺不同,其外形尺寸和性能指标也有所差异。

TTL 集成与非门电路是由晶体管-晶体管组成的集成逻辑门电路,与前面二极管、晶体管等分立元件的门电路相比,具有结构简单、工作稳定、速度快等优点。利用它可以组成各种门电路,如计数器、编码器、译码器等逻辑部件,广泛应用于计算机、遥控和数字通信等设备中。

（1）电路组成

TTL 门电路的基本形式是与非门。图 7-10(a) 为 TTL 与非门的基本电路。电路内部分为三级:输入级由多发射极晶体管 VT_1 和电阻组成,多发射极晶体管 VT_1 有多个发射极,作为门电路的输入端。由于 VT_1 每一个发射极和基极之间都是一个 PN 结,基极和集电极之间也是一个 PN 结,所以从逻辑功能上看,多发射极三极管 VT_1 可等效为图 7-10(b)所示的形式,组成了与门电路。中间放大级由 VT_2、R_2 及 VT_6、R_B、R_C 组成。VT_2 集电极和发射极输出两个相位相反的信号,

作为 VT_3 和 VT_5 的驱动信号,输出级由 VT_3、VT_4、VT_5 和 R_3、R_4 组成。

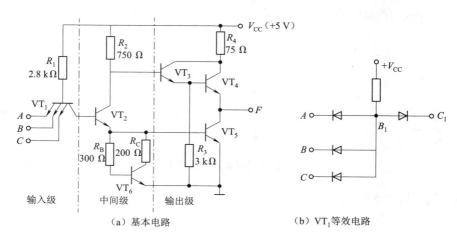

（a）基本电路　　　　　　　　　　　　　　（b）VT_1 等效电路

图 7-10　TTL 与非门

（2）工作原理

在图 7-10（a）中,若输入端 A、B、C 中至少有一个是低电平 0.3 V,则 VT_1 管基极电位 U_{B1} = $(0.3 + 0.7)V = 1\ V$,这 1 V 电压不能使 VT_1 集电结、VT_2 发射结、VT_5 发射结三个 PN 结导通,所以, VT_2、VT_5 截止。此时,V_{CC} 通过 R_2 使 VT_3、VT_4 导通,$U_0 = V_{CC} - U_{BE3} - U_{BE4} - I_{B3}R_2 = (0.3 + 0.7) V =$ 1 V,输出端为高电平 U_{OH}。

当输入端 A、B、C 均为高电平 3.6 V 时,VT_1 基极电位升高,足以使 VT_1 集电结、VT_2 发射结、 VT_5 发射结三个 PN 结导通,VT_1 基极电位被钳位于 2.1 V。VT_1 的发射结反偏,集电结正偏,处于 倒置工作状态,VT_1 便失去电流放大作用。VT_2、VT_5 导通后,进入饱和区,$U_{B3} = U_{C2}(0.3 + 0.7) V =$ 1 V,VT_3 导通,VT_4 截止,输出端为低电平 U_{OL}。

由此可见,只要输入端有一个为低电平,则输出为高电平;只有输入端全为高电平时,输出才 为低电平。表 7-11 为 TTL 与非门的真值表,电路的逻辑表达式为

$$Y = \overline{ABC}$$

表 7-11　TLL 与非门的真值表

A	B	C	Y
0	0	0	1
0	0	1	1
0	1	0	1
0	1	1	1
1	0	0	1
1	0	1	1
1	1	0	1
1	1	1	0

（3）电压传输特性

TTL 与非门输出电压 u_o 与输入电压 u_i 的关系称为电压传输特性。图 7-11（a）、（b）分别为 其实测电路和电压传输特性曲线。

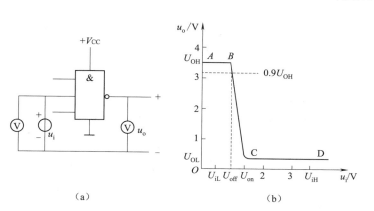

（a） （b）

图 7-11 TTL 与非门电压传输特性

电压传输特性曲线大体分为三段：

AB 段：$u_i < 0.8$ V，则 $U_{B1} < 1.5$ V，VT_2、VT_5 截止，输出为高电平 $U_{OH} = 3.6$ V。因此，AB 段基本上是与横轴平行的一段直线，u_o 不随 u_i 而变化。这时称门处于关闭状态（关态）。

BC 段：0.8 V $< u_i < 1.4$ V，则 1.5 V $< U_{B1} < 2.1$ V。在此范围内，u_i 逐步增大，VT_2 和 VT_3 由截止向饱和过渡过程中，进入放大区，因此，随着 u_i 逐步增大，VT_2 和 VT_5 由截止向饱和过渡过程中，进入放大区，而随着 u_i 增大，U_{C2} 逐步减小，通过复合管 VT_3、VT_4 的电压跟随作用，输出电压 u_o 也逐步减小。所以，BC 段为下降段。

CD 段：$u_i > 1.4$ V，$U_{B1} = 2.1$ V，VT_2、VT_5 饱和导通，VT_4 完全截止。输出保持为低电平 $U_{OL} = 0.3$ V，这时称门处于开启状态（开态）。

由电压传输特性曲线可以求出与非门的几个重要参数。

①输出高电平 U_{OH} 和输出低电平 U_{OL}。输出高电平 U_{OH} 为电压传输特性曲线上门处于关态时的输出电压；输出低电平 U_{OL} 为电压传输特性曲线上门处于开态时的输出电压。

②开门电平 U_{on} 和关门电平 U_{off}。在保证门输出为额定低电平条件下，所允许的最小输入高电平值称为开门电平 U_{on}；在保证门输出为额定高电平值的 90% 的条件下，所允许的最大输入低电平值称为关门电平 U_{off}。

③门限电平 U_{th}。门限电平又称阈值电压，定义为 $U_{th} = \dfrac{U_{on} + U_{off}}{2}$，它是对应于门开启与关闭分界线处的输入电压值。

 **任务实施**

测试 TTL 集成逻辑门的逻辑功能

一、识别集成电路引脚

集成电路引脚排列的标志一般有色点、凹槽、管键及封装时压出的圆形标记。74 系列双列直插式集成电路，引脚的识别方法是：正对集成电路型号（如 74LS20）或看标记（左边的缺口或小圆点标记），从左下角开始按逆时针方向以 1，2，3，…依次排列到最后一脚（在左上角）。在标准形 TTL 集成电路中,电源端 V_{CC} 一般排在左上端,接地端 GND 一般排在右下端。如 74LS20 为 14 脚芯片,14 脚为 V_{CC},7 脚为 GND。若集成芯片引脚上的功能标号为 NC,则表示该引脚为空脚,与内部电路不连接。

二、测试 74LS20 集成电路功能

测试四输入双与非门 74LS20 逻辑功能。74LS20 图形符号和引脚排列如图 7-12 所示。

按图 7-13 连接电路,门的四个输入端接逻辑开关输出插口,以提供"0"与"1"电平信号,开关向上,输出逻辑"1",向下为逻辑"0"。门的输出端接由 LED 发光二极管组成的逻辑电平显示器的显示插口,LED 亮为逻辑"1",不亮为逻辑"0"。按表 7-12 所示的真值表逐个测试集成块中两个与非门的逻辑功能。

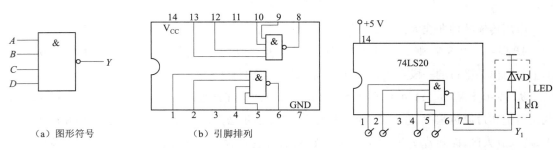

（a）图形符号　　　　（b）引脚排列

图 7-12　74LS20 图形符号和引脚排列　　　　**图 7-13　74LS20 与非门测试电路**

表 7-12　74LS20 逻辑功能测试表

输　　入				输　　出
A	B	C	D	Y_1
1	1	1	1	
0	1	1	1	
0	0	1	1	
1	1	0	0	
1	1	1	0	

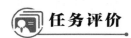 **任务评价**

任务评价表见表 7-13。

表 7-13　任务评价表

评价项目	评价内容	评价标准	分数	评分记录		
				学生	小组	教师
综合素养	工作现场整理、整顿	整理、整顿不到位,扣 5 分	30			
	操作遵守安全规范要求	违反安全规范要求,每次扣 5 分				
	遵守纪律,团结协作	不遵守教学纪律,有迟到、早退等违纪现象,每次扣 5 分				

评价项目	评价内容	评价标准	分数	评分记录		
				学生	小组	教师
知识技能	集成电路引脚识别	集成电路引脚识别错误,每处扣 2 分	20			
	74LS20 集成电路功能测试	(1)芯片选择错误,扣 5 分。 (2)电路连接错误,每处扣 5 分。 (3)测量错误,每处扣 3 分	50			
总　　分			100			

学习任务二　组合逻辑电路分析与设计

任务描述

　　门电路的基本逻辑功能相对简单,实际应用中,常常需要功能相对复杂的数字逻辑电路,这些数字逻辑电路由若干门电路组成,具有特定逻辑功能。将研究一个已知逻辑电路的工作特性和逻辑功能的过程称为逻辑电路分析。反过来,根据已经确定要完成的逻辑功能,要给出相应的逻辑电路的过程称为逻辑电路设计。本任务介绍组合逻辑电路的分析与设计的方法、步骤及具体应用等。

相关知识

一、组合逻辑电路的分析

1. 组合逻辑电路的分析步骤

组合逻辑电路的分析一般按照如下步骤进行:

①根据给定的逻辑电路图,写出各输出端的逻辑表达式。

②将得到的逻辑表达式化简,得到最简式。

③根据最简式列出真值表。

④分析真值表,确定电路的逻辑功能。

组合逻辑电路的分析步骤框图如图 7-14 所示。

视频

组合逻辑电路的分析方法

图 7-14　组合逻辑电路的分析步骤框图

2. 组合逻辑电路分析举例

例 7-3　分析图 7-15 所示逻辑电路的逻辑功能。

解　根据逻辑电路图,写出其逻辑表达式并化简。

185

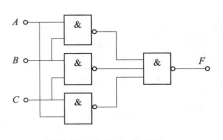

$$F = \overline{\overline{AB} \cdot \overline{BC} \cdot \overline{CA}}$$
$$= \overline{\overline{AB}} + \overline{\overline{BC}} + \overline{\overline{CA}}$$
$$= AB + BC + CA$$

列真值表(逻辑状态表)见表7-14。分析此表可知该电路的逻辑功能是:当三个输入变量中,有两个或两个以上为1时,输出为1,否则为0,因此,常称它为"多数电路"或"表决电路"。

图 7-15　例 7-3 的电路

表 7-14　例 7-3 电路的真值表

A	B	C	F
0	0	0	0
0	0	1	0
0	1	0	0
0	1	1	1
1	0	0	0
1	0	1	1
1	1	0	1
1	1	1	1

视频

组合逻辑电路的设计方法

二、组合逻辑电路的设计

1. 组合逻辑电路的设计步骤

组合逻辑电路的设计与分析步骤正好相反。组合逻辑电路的设计是根据给定的功能要求,采用某种设计方法,得到满足功能要求且最简单的组合逻辑电路。

基本设计步骤如下:

①分析设计要求,明确输入量和输出量,并确定其状态变量(逻辑1和逻辑0的含义)。

②根据设计要求列出真值表。

③根据真值表,写出输出逻辑表达式。

④对输出逻辑表达式进行化简。

⑤根据最简逻辑表达式,画出逻辑电路图。如果对电路有特殊要求,需要根据要求对表达式进行变换,使之符合设计要求。

组合逻辑电路的设计步骤框图如图7-16所示。

图 7-16　组合逻辑电路的设计步骤框图

2. 组合逻辑电路设计举例

例 7-4　设计一个楼上、楼下开关控制的逻辑电路,用于控制楼梯上的路灯,使之在上楼前,用楼下开关打开电灯,上楼后,用楼上开关关灭电灯;或者在下楼前,用楼上开关打开电灯,下楼后,用楼下开关关灭电灯。

解 ①分析给定的逻辑要求,根据逻辑要求列出真值表。

设楼上开关为 A,楼下开关为 B,灯泡为 Y,并设 $A = B$ 时表示电路闭合,闭合时为 1,断开时为 0;灯亮时 Y 为 1,灯灭时 Y 为 0。根据逻辑要求列出真值表,见表 7-15。

②根据真值表写出逻辑表达式并化简。

$$Y = \overline{A}B + A\overline{B}$$

此式已是最简表达式。

③画出逻辑电路图,用与非门实现,如图 7-17 所示。

表 7-15 例 7-4 电路的真值表

A	B	Y
0	0	0
0	1	1
1	0	1
1	1	0

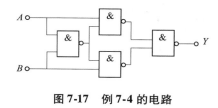

图 7-17 例 7-4 的电路

任务实施

设计一个三人表决器

功能要求:三人表决,根据少数服从多数的表决原则,多数同意时,表决通过;少数同意时,表决不通过。逻辑电路用与非门实现。

①写出设计步骤,并用与非门画出逻辑电路。

②根据设计的电路,在实验台上组装并测试电路。

任务评价

任务评价表见表 7-16。

表 7-16 任务评价表

评价项目	评价内容	评价标准	分数	评分记录		
				学生	小组	教师
综合素养	工作现场整理、整顿	整理、整顿不到位,扣 5 分	30			
	操作遵守安全规范要求	违反安全规范要求,每次扣 5 分				
	遵守纪律,团结协作	不遵守教学纪律,有迟到、早退等违纪现象,每次扣 5 分				
知识技能	电路设计步骤正确	每错 1 处扣 3 分	20			
	器件选择及电路连接	(1)器件选择错误,扣 5 分。 (2)电路连接错误,每处扣 5 分。	20			
	功能测试	(1)功能测试操作不规范,扣 10 分。 (2)功能测试结果错误,扣 20 分。	30			
总 分			100			

学习任务三　常用组合逻辑电路分析与应用

任务描述

人们为了解决实践中遇到的各种逻辑问题,设计了许多逻辑电路,其中有些逻辑电路经常大量应用于各种数字系统中。为了方便使用,常把这些逻辑电路制造成集成的逻辑电路产品。本任务主要介绍编码器和译码器类型、功能、典型芯片的识读、测试及应用等。

相关知识

一、编码器

在数字系统中,有时需要将某一信息变换为特定的代码,这就需要用编码器来完成,而各种信息常常以二进制代码的形式表示。用二进制代码表示文字、符号或者特定对象的过程,称为编码。实现编码功能的电路称为编码器。常用的编码器有二进制编码器、二-十进制编码器、优先级编码器等。

1. 二进制编码器

将输入信号编成二进制代码的电路称为二进制编码器。在编码过程中,要注意确定二进制代码的位数。一位二进制数只有 0、1 两个状态,可以表示两种特定含义;两位二进制数,有 00、01、10、11 四个状态,可表示四种特定含义;三位二进制数,有八个状态,可表示八种特定含义。一般 n 位二进制数有 2^n 个状态,可表示 2^n 种特定含义。

由于 n 位二进制代码可以表示 2^n 个信息,所以输出 n 位代码的二进制编码器,最多可以有 2^n 个输入信号。

图 7-18 所示是三位二进制编码器示意图。$I_0,I_1,\cdots,I_7$ 是八个编码对象,分别表示十进制数 $0,1,\cdots,7$ 八个数字,编码的输出是三位二进制代码,用 $A、B、C$ 表示。

图 7-19 所示是三位二进制编码器逻辑电路图。因为电路有 8 个输入端,3 个输出端,所以又称 8 线-3 线编码器。

图 7-18　三位二进制编码器示意图

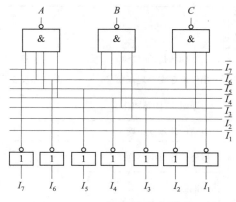

图 7-19　三位二进制编码器逻辑电路图

由图 7-19 可写出输出 A、B、C 的逻辑表达式,即

$$A = \overline{\overline{I_4}\,\overline{I_5}\,\overline{I_6}\,\overline{I_7}} = I_4 + I_5 + I_6 + I_7$$

$$B = I_2 + I_3 + I_6 + I_7$$

$$C = I_1 + I_3 + I_5 + I_7$$

在任何时刻,编码器只能对一个输入信号进行编码。由于该电路对高电平有效,所以要求在输入的 I_0、I_1、…、I_7 这 8 个变量中,任何一个为 1 时,其余 7 个均应为 0,否则将发生混乱。例如要对 I_5 进行编码,则 $I_5 = 1$,其他输入均为 0 时,A、B、C 编码输出为 101,其真值表(又称编码表)见表 7-17。

表 7-17　三位二进制编码器真值表

I_7	I_6	I_5	I_4	I_3	I_2	I_1	I_0	A	B	C
0	0	0	0	0	0	0	1	0	0	0
0	0	0	0	0	0	1	0	0	0	1
0	0	0	0	0	1	0	0	0	1	0
0	0	0	0	1	0	0	0	0	1	1
0	0	0	1	0	0	0	0	1	0	0
0	0	1	0	0	0	0	0	1	0	1
0	1	0	0	0	0	0	0	1	1	0
1	0	0	0	0	0	0	0	1	1	1

在图 7-19 中,I_0 的编码是隐含的,即当 $I_0 \sim I_7$ 均为 0 时,电路的输出就是 I_0 的二进制编码。为了克服上述电路的局限性,实际集成电路产品常设计成优先编码方式。采用优先编码方式的电路称为优先编码器。在优先编码器中,允许同时向一个以上输入端输入 1,由于在设计时预先对所有的编码输入按优先顺序排队,因此,当几个编码输入同时为 1 时,将只对其中优先级最高的一个输入进行编码,这样就不会产生混乱了。常见的 8 线-3 线优先编码器 74LS148 的外部引脚如图 7-20 所示,其功能表见表 7-18。

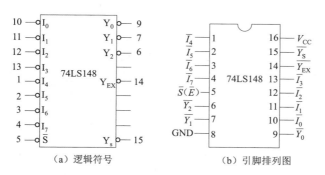

（a）逻辑符号　　　　　　　　（b）引脚排列图

图 7-20　优先编码器 74LS148

在图 7-20 中,输入 $\overline{I_0} \sim \overline{I_7}$ 是低电平有效,$\overline{I_7}$ 为最高优先级,$\overline{I_0}$ 为最低优先级,即只要 $\overline{I_7} = 0$,不管其他输入端是 0 还是 1,输出只对 $\overline{I_7}$ 编码,且对应的输出为反码有效。所谓反码,是指如果原定为 101,那么它的反码就是 010。$\overline{S}$ 为使能输入端,只有 $\overline{S} = 0$ 时编码器工作,$\overline{S} = 1$ 时编码器不工作。

$\overline{Y_S}$ 为使能输出端。当 $\overline{Y_S}=0$ 时允许工作,如果 $\overline{I_0} \sim \overline{I_7}$ 端有信号输入,$\overline{Y_S}=1$;若 $\overline{I_0} \sim \overline{I_7}$ 端无信号输入时,$\overline{Y_S}=0$。$\overline{Y_{EX}}$ 为扩展输出端,当 $\overline{S}=0$ 时,只要有编码信号,$\overline{Y_{EX}}$ 就是低电平。

表 7-18　优先编码器 74LS148 的功能表

使能输入端	输入								输出			扩展	使能输出端
$\overline{S}$	$\overline{I_7}$	$\overline{I_6}$	$\overline{I_5}$	$\overline{I_4}$	$\overline{I_3}$	$\overline{I_2}$	$\overline{I_1}$	$\overline{I_0}$	$\overline{Y_2}$	$\overline{Y_1}$	$\overline{Y_0}$	$\overline{Y_{EX}}$	$\overline{Y_S}$
1	×	×	×	×	×	×	×	×	1	1	1	1	1
0	1	1	1	1	1	1	1	1	1	1	1	1	0
0	0	×	×	×	×	×	×	×	0	0	0	0	1
0	1	0	×	×	×	×	×	×	0	0	1	0	1
0	1	1	0	×	×	×	×	×	0	1	0	0	1
0	1	1	1	0	×	×	×	×	0	1	1	0	1
0	1	1	1	1	0	×	×	×	1	0	0	0	1
0	1	1	1	1	1	0	×	×	1	0	1	0	1
0	1	1	1	1	1	1	0	×	1	1	0	0	1
0	1	1	1	1	1	1	1	0	1	1	1	0	1

2. 二-十进制编码器

将十进制数的 10 个数字 0 ~ 9 编成二进制代码的电路称为二-十进制编码器。要对 10 个信号进行编码,至少需要 4 位二进制代码,即 $2^4 > 10$,所以二-十进制编码器的输出信号为 4 位,如图 7-21 所示。因为 4 位二进制代码有 16 种取值组合,可任意选出其中 10 种表示 0 ~ 9 这 10 个数字,因此,有多种二-十进制编码,其中最常用的是 8421BCD 码,即二进制代码自左至右,各位的"权"分别为 8、4、2、1。每组代码加权系数之和,就是它代表的十进制数。例如代码 0110,即 $0+4+2+0=6$。

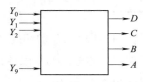

图 7-21　二-十进制编码器示意图

8421BCD 码真值表见表 7-19。由真值表可直接画出逻辑电路图,如图 7-22 所示。它由与非门组成,有 10 个输入端,4 个输出端 A、B、C、D。如果按下 1 键,与 1 键对应的线被接地,等于输入低电平 0,于是门 D 输出为 1,整个输出为 0001。如果按下 7 键,则 B 门、C 门、D 门输出为 1,整个输出为 0111。

表 7-19　8421BCD 码真值表

十进制数	输入变量	8421 码			
		A	B	C	D
0	Y_0	0	0	0	0
1	Y_1	0	0	0	1
2	Y_2	0	0	1	0
3	Y_3	0	0	1	1
4	Y_4	0	1	0	0
5	Y_5	0	1	0	1
6	Y_6	0	1	1	0
7	Y_7	0	1	1	1
8	Y_8	1	0	0	0
9	Y_9	1	0	0	1

把这些电路都做在集成电路内,便得到集成化的 10 线-4 线编码器,它的逻辑符号如图 7-23 所示。左侧有 10 个输入端,带小圆圈表示要用低电平,右侧有 4 个输出端,从上到下按由低到高排列。

除 8421BCD 码之外,还有其他二-十进制编码器,如余 3BCD 码、2421BCD 码、余 3 循环码等。

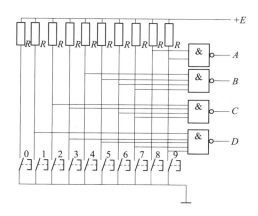

图 7-22　8421BCD 码编码器逻辑电路图

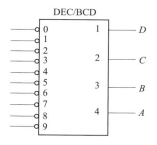

图 7-23　10 线-4 线编码器逻辑符号

二、译码器

译码和编码的过程相反,它能将输入的二进制代码的含义翻译成对应的输出信号,用来推动显示电路或控制其他部件工作,实现代码所规定的操作。能实现译码功能的数字电路称为译码器。

译码器的种类很多,常用的译码器有二进制译码器、二-十进制译码器和显示译码器。

1. 二进制译码器

将二进制代码的各种状态,按其编码时的含义翻译成对应的输出信号的电路,称为二进制译码器。

2 位二进制译码器示意图如图 7-24 所示,其真值表见表 7-20。

图 7-24　2 位二进制译码器示意图

表 7-20　2 位二进制译码器真值表

B	A	Y_3	Y_2	Y_1	Y_0
0	0	0	0	0	1
0	1	0	0	1	0
1	0	0	1	0	0
1	1	1	0	0	0

由真值表可写出逻辑表达式:

$$Y_0 = \overline{B}\,\overline{A} \qquad Y_1 = \overline{B}A \qquad Y_2 = B\overline{A} \qquad Y_3 = BA$$

图 7-25 为 2 位二进制译码器的逻辑电路图。图中若 B、A 为 0、1 状态时,只有输出 Y_1 为高电平,即给出了代表十进制数为 1 的数字信号,其余三个与门,均输出低电平。其余类推(此译码器的输出为高电平有效)。

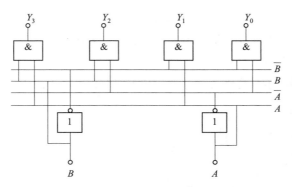

图 7-25　2 位二进制译码器的逻辑电路图

可见,译码器实质上是由门电路组成的"条件开关"。对各个门来说,输入信号的组合满足一定条件时,门电路就开启,输出线上就有信号输出;不满足条件时,门就关闭,没有信号输出。

2. 二-十进制译码器

将二-十进制代码(BCD 码)译成 10 个十进制数码信息的电路称为二-十进制译码器。这种译码器的输入是十进制数的二进制编码(BCD 码),共 4 位,即 $n=4$。应有 $2^4=16$ 种代码组合,其中有 6 种组合是无效的,没有信号输出。故输入的有效组合状态只有 10 种,对应就只有 10 根输出线。所以这种译码器称为 4 线-10 线译码器。

3. 显示译码器

在数字系统中,往往要求把测量和运算的结果直接用十进制数字显示出来,以便于观察,这就需要用显示译码器翻译出特定的信号去驱动显示器件。

用来驱动各种显示器件,从而将用二进制代码表示的数字、文字、符号翻译成人们习惯的形式,直观地显示出来的电路,称为显示译码器。

发光二极管显示器又称 LED 数码管,其外形图如图 7-26 所示。是由七段发光二极管构成的"8"字形,如果要显示小数点,则应是八段发光二极管。外加正向电压时二极管导通,发出清晰的光。只要按规律控制各发光段的亮、灭,就可以显示各种字形和符号。LED 数码管有工作电压低、体积小、寿命长、可靠性高等优点。按照高低电平的驱动方式,LED 数码管分为共阴极和共阳极两种,其接法如图 7-27 所示。

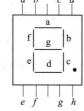

图 7-26　LED 数码管外形图

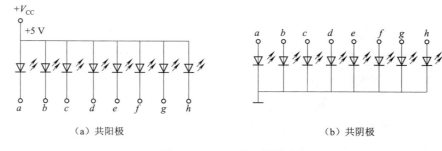

（a）共阳极　　　　　　　　　　　　　　　　（b）共阴极

图 7-27　LED 数码管接法

共阴极数码管是将二极管的阴极连接起来作为公共端,阳极为控制端。要使二极管发光,公共端接地,$a \sim h$ 段接高电平。共阳极数码管的公共端为二极管的阳极,要使二极管发光,公共端接电源正极,$a \sim h$ 段接低电平。

数码管通常采用集成译码器进行驱动。集成译码器的型号很多,如 74LS47(共阳)、74LS48(共阴)、CC4511(共阴)等。

任务实施

测试译码器逻辑功能

一、识读 74LS138 译码器

3 线-8 线译码器 74LS138 逻辑图和引脚排列如图 7-28 所示。图中 A_2、A_1、A_0 为地址输入端,$\overline{Y_0} \sim \overline{Y_7}$ 为译码输出端,S_1、$\overline{S_2}$、$\overline{S_3}$ 为使能端。表 7-21 是 74LS138 功能表。

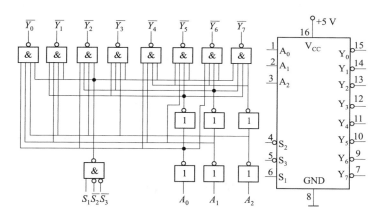

图 7-28 74LS138 逻辑图和引脚排列

表 7-21 74LS138 功能表

输入					输出							
S_1	$\overline{S_2} + \overline{S_3}$	A_2	A_1	A_0	$\overline{Y_0}$	$\overline{Y_1}$	$\overline{Y_2}$	$\overline{Y_3}$	$\overline{Y_4}$	$\overline{Y_5}$	$\overline{Y_6}$	$\overline{Y_7}$
1	0	0	0	0	0	1	1	1	1	1	1	1
1	0	0	0	1	1	0	1	1	1	1	1	1
1	0	0	1	0	1	1	0	1	1	1	1	1
1	0	0	1	1	1	1	1	0	1	1	1	1
1	0	1	0	0	1	1	1	1	0	1	1	1
1	0	1	0	1	1	1	1	1	1	0	1	1
1	0	1	1	0	1	1	1	1	1	1	0	1
1	0	1	1	1	1	1	1	1	1	1	1	0
0	×	×	×	×	1	1	1	1	1	1	1	1
×	1	×	×	×	1	1	1	1	1	1	1	1

二、测试 74LS138 译码器功能

将译码器使能端 S_1、$\overline{S_2}$、$\overline{S_3}$ 及地址端 A_2、A_1、A_0 分别接至逻辑电平开关输出口，8 个输出端 $\overline{Y_7} \sim \overline{Y_0}$ 依次连接在逻辑电平显示器的 8 个输入口上，拨动逻辑电平开关，按表 7-21 测试 74LS138 的逻辑功能。

 任务评价

任务评价表见表 7-22。

表 7-22　任务评价表

评价项目	评价内容	评价标准	分数	评分记录		
				学生	小组	教师
综合素养	工作现场整理、整顿	整理、整顿不到位，扣 5 分	30			
	操作遵守安全规范要求	违反安全规范要求，每次扣 5 分				
	遵守纪律，团结协作	不遵守教学纪律，有迟到、早退等违纪现象，每次扣 5 分				
知识技能	集成电路引脚识别	集成电路引脚识别错误，每处扣 2 分	20			
	74LS138 译码器功能测试	(1)芯片选择错误，扣 5 分。 (2)电路连接错误，每处扣 5 分。 (3)测量错误，每处扣 3 分	50			
总　　分			100			

项目测试题

7.1　逻辑运算中的"1"和"0"是否表示两个数字？逻辑加法运算和算术加法运算有何不同？

7.2　将下列二进制数、十进制数相互转换。

(1) $(11011)_B$　　　(2) $(110011)_B$　　　(3) $(100101)_B$　　　(4) $(101010)_B$

(5) $(23)_D$　　　(6) $(61)_D$　　　(7) $(75)_D$　　　(8) $(81)_D$

7.3　用公式法将下列逻辑表达式化为最简式。

(1) $Y = AB + \overline{A}BC + BC$

(2) $Y = A + AB\overline{C} + ABC + BC + B$

(3) $Y = \overline{AB}C + \overline{A}BC + ABC + AB\overline{C}$

(4) $Y = A(\overline{A} + B) + B(B + C) + B$

7.4　画出与门、或门、非门、与非门、或非门、异或门的图形符号，并写出逻辑表达式。

7.5　写出图 7-29 所示各逻辑电路图的逻辑表达式。

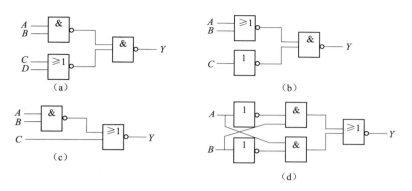

图 7-29　题 7.5 图

7.6　某组合逻辑电路有三个输入端,一个输出端,其逻辑功能是:在三个输入信号中有奇数个高电平时,输出也是高电平,否则输出是低电平,这个电路称为判奇电路。请画出它的逻辑电路图。

项目八
时序逻辑电路分析与应用

项目导入

时序逻辑电路与组合逻辑电路不同,时序逻辑电路在任何一个时刻的输出状态不仅取决于当时的输入信号,还取决于电路的原来状态,也就是说,时序逻辑电路具有记忆功能。触发器是构成时序逻辑电路的基本单元。

学习目标

知识目标
(1)了解时序逻辑电路的特点。
(2)理解触发器的概念及 RS、JK、D、T 触发器的工作原理和逻辑功能。
(3)理解寄存器、计数器的工作原理。

能力目标
(1)会分析时序逻辑电路。
(2)会测试常用触发器、寄存器和计数器等时序逻辑电路。

素质目标
(1)培养学以致用的辩证思想,勇于实践、创新的精神。
(2)培养注重细节、注重品质的工匠精神。
(3)培养信息查询检索能力。

196

学习导图

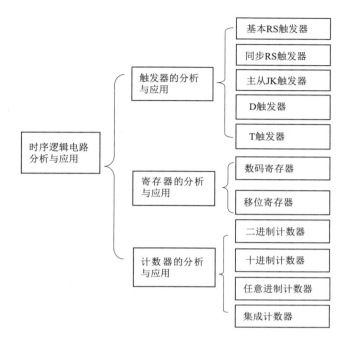

学习任务一　触发器的分析与应用

任务描述

触发器是一个具有记忆功能的二进制信息存储器件,能够接收、保持和输出信号。触发器具有两个基本特征:

①触发器具有两个稳定状态,分别称为 0 状态和 1 状态,在没有外界信号作用下,触发器保持原来的稳定状态不变,即触发器具有记忆功能。

②在一定外界信号作用下,触发器可以从一个稳定状态转变到另一个稳定状态。触发器接收信号之前的状态称为现态,用 Q^n 表示;触发器接收信号之后的状态称为次态,用 Q^{n+1} 表示。现态和次态是两个相邻时间里触发器的状态。

触发器按结构可以分为基本触发器、同步触发器、主从触发器等。按逻辑功能可以分为 RS 触发器、JK 触发器、D 触发器和 T 触发器等。

本任务主要介绍各种常用触发器的电路原理、功能特点以及触发器的功能测试和应用。

相关知识

一、基本 RS 触发器

1. 电路组成及逻辑符号

用两个与非门的输出端和输入端交叉反馈相接,就构成了基本 RS 触发器,如图 8-1(a)所示。Q、$\overline{Q}$ 表示触发器的状态,有两种稳定状态,是两个互补的信号,即 $Q=0$,$\overline{Q}=1$,或 $Q=1$,$\overline{Q}=0$,所以又称双稳态触发器。$\overline{R}$、$\overline{S}$ 是信号输入端,字母上面的非号表示低电平有效,即 $\overline{R}$、$\overline{S}$ 端为低电平时表示有信号,为高电平时表示无信号。$\overline{R}$、$\overline{S}$ 分别称为置"0"端和置"1"端,即 $\overline{R}$ 有效时,Q 端输出 0;$\overline{S}$ 端有效时,Q 端输出 1。

图 8-1(b)是基本 RS 触发器的逻辑符号,输入端的小圆圈表示低电平有效,这是一种约定,只有当所加信号的实际电压为低电平才表示有信号,否则就是无信号。两个输出端 Q、$\overline{Q}$,一个无圈,一个有圈,在正常工作情况下,两个信号状态是互补的,即一个是高电平,另一个就是低电平,反之亦然。

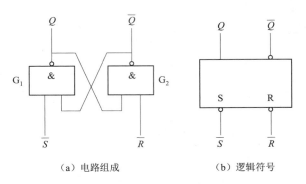

（a）电路组成　　　　　（b）逻辑符号

图 8-1　基本 RS 触发器的电路组成及逻辑符号

2. 工作原理

（1）电路的两个稳定状态

在没有输入信号即 $\overline{R}=\overline{S}=1$ 时,电路有两个稳定状态——0 状态和 1 状态。将触发器输出 $Q=0$,$\overline{Q}=1$ 的状态称为 0 状态;输出 $Q=1$,$\overline{Q}=0$ 的状态称为 1 状态,即以触发器 Q 端的状态为触发器状态。

在 0 状态时,由于 $Q=0$ 送到 G_2 输入端使其截止,保证了 $\overline{Q}=1$,而 $\overline{Q}=1$ 又反馈到 G_1 的输入端和 $\overline{S}=1$ 一起使门 G_1 导通,维持 $Q=0$,因此电路能自动保持 0 状态(无信号)。同理,电路在 1 状态时也能够自动保持。

（2）接收信号的过程

假如触发器处在 0 状态时,在 $\overline{S}$ 端送一个信号——加一个负脉冲(即低电平),则电路将迅速转换,翻转到 1 状态。因为在 $\overline{S}$ 端加上负脉冲后,门 G_1 由导通变截止,Q 由 0 变为 1,而门 G_2 由截止变导通,$\overline{Q}$ 由 1 变为 0,触发器便完成了由 0 状态到 1 状态的转换。此时即使撤销信号,由于 $\overline{Q}=0$ 已经反馈送到 G_1 的输入端,触发器也能保持 1 状态,不会返回 0 状态。因此常把加在输入端的负脉冲称为触发脉冲。假如触发器处在 1 状态时,在 $\overline{R}$ 端送入一个信号——加一个负脉冲,则电路的工作情况类似,触发器由 1 状态翻转到 0 状态。

由于在 $\overline{S}$ 端加信号可将且仅可将触发器置成 1 状态,而 $\overline{R}$ 端加信号可将且仅可将触发器置成 0 状态,因此,把 $\overline{S}$ 端称为置位端(或置 1 端),把 $\overline{R}$ 端称为复位端(或置 0 端)。

（3）不允许在 $\overline{R}$、$\overline{S}$ 端同时加信号

由与非门的基本特性可知,当 $\overline{R}=\overline{S}=0$,$\overline{Q}$、$Q$ 将同时为 1,作为基本存储单元来说,这既不是

0 状态,也不是 1 状态,没有意义。且当 $\overline{R}$、$\overline{S}$ 同时由 0 变为 1 信号撤销时,触发器转换到何种状态不能确定,可能是 0,也可能是 1。这取决于两个与非门动态特性的微小差异和当时的干扰情况等一些无法确定因素。当信号同时撤销时,触发器状态取决于后撤销的信号。

3. 逻辑功能

基本 RS 触发器的功能表见表 8-1。

表 8-1　基本 RS 触发器的功能表

$\overline{S}$	$\overline{R}$	Q^{n+1}	备注
0	1	1	置1
1	0	0	置0
1	1	Q^n	保持
0	0	不定	不允许

4. 函数表达式

$$\begin{cases} Q^{n+1} = S + \overline{R}Q^n \\ RS = 0\,(约束条件) \end{cases}$$

5. 时序图

时序图是用波形图来描述触发器次态和现态及输入的关系。已知 $\overline{R}$、$\overline{S}$ 输入波形,画出 Q 端对应的波形,如图 8-2 所示。

6. 电路特点

基本 RS 触发器电路简单,可存储二进制代码,是构成各种性能更完善的触发器的基础。但是存在直接控制

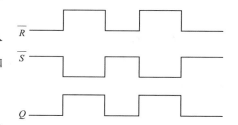

图 8-2　基本 RS 触发器波形图

的缺点,即在信号存在期间直接控制着输出端的状态,使用局限性大,且输入信号 R、S 之间有约束。

7. 集成基本 RS 触发器

74LS279 是基本 RS 触发器,每片上有 4 路 RS 触发器,2 路如图 8-3(a)所示的触发器,2 路如图 8-3(b)所示的触发器。集成电路引脚排列如图 8-3(c)所示。

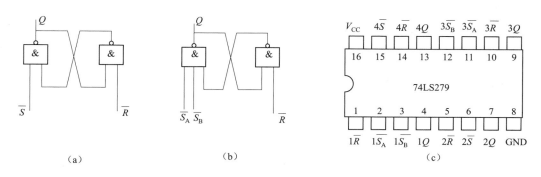

图 8-3　集成基本 RS 触发器

199

二、同步 RS 触发器

1. 电路组成及逻辑符号

基本 RS 触发器直接由输入信号控制着输出端的状态,这不仅使电路的抗干扰能力下降,而且也不便于多个触发器同步工作。同步 RS 触发器可以克服基本 RS 触发器直接控制的缺点。

如图 8-4(a)所示,G_1、G_2 构成基本 RS 触发器,G_3、G_4 是控制门,输入信号 R、S 通过控制门进行传送,CP 为时钟脉冲,是输入控制信号。图 8-4(b)所示为同步 RS 触发器逻辑符号。

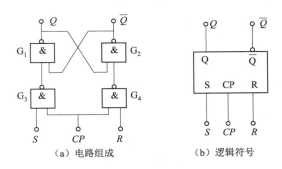

(a)电路组成　　　　　(b)逻辑符号

图 8-4　同步 RS 触发器电路组成与逻辑符号

2. 工作原理

从图 8-4(a)所示电路可明显看出,$CP = 0$ 时,控制门 G_3、G_4 被封锁,基本 RS 触发器保持原状态不变。

只有当 $CP = 1$ 时,控制门被打开后,输入信号才会被接收,触发器的输出状态随着输入信号的变化而变化。

当 $R = 0$、$S = 0$ 时,G_3、G_4 输出高电平,触发器保持原状态不变。

当 $R = 0$、$S = 1$ 时,G_3 输出低电平、G_4 输出高电平,触发器 $Q = 1$、$\overline{Q} = 0$。

当 $R = 1$、$S = 0$ 时,G_3 输出高电平、G_4 输出低电平,触发器 $Q = 0$、$\overline{Q} = 1$。

当 $R = 1$、$S = 1$ 时,G_3、G_4 输出低电平,触发器输出端互补关系不成立,当 CP 由"1"跳转到"0"时,触发器状态不能确定。

3. 逻辑功能

同步 RS 触发器的功能表见表 8-2。

表 8-2　同步 RS 触发器的功能表

CP	R	S	Q^{n+1}	说明
0	×	×	Q^n	记忆、存储
1	0	0	Q^n	记忆、存储
1	0	1	1	置1、置位
1	1	0	0	置0、复位
1	1	1	不定	不允许

4. 函数表达式

$$\begin{cases} Q^{n+1} = S + \bar{R}Q^n \\ RS = 0 \,(\text{约束条件}, CP = 1\ \text{期间有效}) \end{cases}$$

5. 时序图

已知 R、S 输入波形,画出 Q 和 $\bar{Q}$ 端对应的波形,如图 8-5 所示。

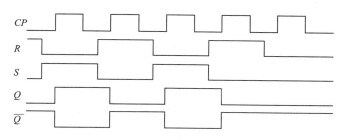

图 8-5　同步 RS 触发器波形图

6. 电路特点

（1）时钟电平控制

在 $CP = 1$ 期间触发器接收信号,$CP = 0$ 时触发器保持状态不变。多个这样的触发器可在同一个时钟脉冲控制下同步工作,这给用户带来了方便,而且其抗干扰能力比基本 RS 触发器好得多。

（2）R、S 之间有约束

同步 RS 触发器在使用过程中,如果违反了 $RS = 0$ 的约束条件,则可能出现以下情况:在 $CP = 1$ 期间,若 $R = S = 1$,则将出现 Q 和 $\bar{Q}$ 同时输出高电平的不正常情况;若 R、S 分时撤销,则触发器的状态决定于后撤销者;若 R、S 同时从 1 跳变到 0,则会出现输出结果不能确定的情况;若 $R = S = 1$ 时,CP 脉冲突然撤销,即由 1 变到 0,也会出现输出结果不能确定情况。

三、主从 JK 触发器

1. 电路组成与逻辑符号

JK 触发器的电路结构和逻辑符号如图 8-6 所示。

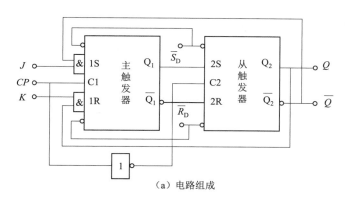

（a）电路组成

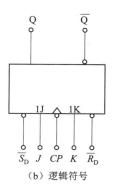

（b）逻辑符号

图 8-6　主从 JK 触发器电路组成及逻辑符号

图 8-6 中 $\overline{S}_d$、$\overline{R}_d$ 端是触发器直接置位、复位端。如令 $\overline{S}_d = 0$，$\overline{R}_d = 1$，则不管 J、K、CP 状态如何，触发器置 1；反之，令 $\overline{R}_d = 0$，$\overline{S}_d = 1$，触发器直接置 0，不受 CP 同步控制，可以用 $\overline{S}_d$、$\overline{R}_d$ 端预置触发器的初始状态。

值得注意的是，触发器初态预置完成后，$\overline{S}_d$、$\overline{R}_d$ 端必须保持 1 状态（或悬空）。图 8-6（b）中 CP 输入端上的小圆圈表示触发器输出端状态的变化发生在 CP 脉冲的下降沿。$\overline{S}_d$、$\overline{R}_d$ 端上的小圆圈表示低电平有效。

有的 JK 触发器的 J、K 端有多个 J、K，如 J_1 和 J_2、K_1 和 K_2，它们的关系为 $J = J_1 J_2$、$K = K_1 K_2$。

2. 工作原理

主从 JK 触发器由两个同步 RS 组成，其中接受外界信号输入的称为主触发器，输出信号的称为从触发器。时钟脉冲 CP 加到主触发器，并经过反相后加到从触发器的时钟脉冲 $\overline{CP}$ 端。主从 JK 触发器中的主触发器和从触发器工作在 CP 的不同时区。

当 $CP = 1$ 时，主触发器正常工作，主触发器的输出状态 Q_1 和 $\overline{Q}_1$ 随着输入信号 J、K 状态变化而变化；此时，$\overline{CP} = 0$，从触发器封锁，输出状态保持不变。

当 CP 由 1 跃变成 0 时，主触发器封锁，输出状态 Q_1 和 $\overline{Q}_1$ 保持不变。由于 $\overline{CP} = 1$，从触发器正常工作，从触发器的输出状态由主触发器的输出状态决定。

下面从四种情况分析 JK 触发器的逻辑功能。

①$J = 0$、$K = 0$。因为主触发器保持状态不变，所以当 CP 脉冲下降沿到来时，触发器保持原来的状态不变，即 $Q^{n+1} = Q^n$。

②$J = 1$、$K = 0$。设触发器的初始状态 $Q^n = 0$，当 $CP = 1$ 时，主触发器 $Q_1 = 1$、$\overline{Q}_1 = 0$；当 CP 脉冲下降沿到来时，从触发器置 1，即 $Q^{n+1} = 1$。若初态 $Q^n = 1$，结论相同，即 $Q^{n+1} = 1$。

③$J = 0$、$K = 1$。设触发器的初始状态 $Q^n = 0$，当 $CP = 1$ 时，主触发器 $Q_1 = 0$、$\overline{Q}_1 = 1$；当 CP 脉冲下降沿到来时，从触发器置 0，即 $Q^{n+1} = 0$。若初态 $Q^n = 1$，结论相同，即 $Q^{n+1} = 0$。

④$J = 1$、$K = 1$。设触发器的初始状态 $Q^n = 0$，当 $CP = 1$ 时，主触发器 $Q_1 = 1$、$\overline{Q}_1 = 0$；当 CP 脉冲下降沿到来时，从触发器翻转为 1，即 $Q^{n+1} = 1$。若初态 $Q^n = 1$，当 $CP = 1$ 时，主触发器 $Q_1 = 0$、$\overline{Q}_1 = 1$；当 CP 脉冲下降沿到来时，从触发器翻转为 0，次态和初态相反，即 $Q^{n+1} = \overline{Q^n}$，实现翻转。

3. 逻辑功能

主从 JK 触发器的逻辑功能见表 8-3。

表 8-3　主从 JK 触发器的逻辑功能

J	K	Q^{n+1}	说明
0	0	Q^n	保持、记忆
0	1	0	置 0
1	0	1	置 1
1	1	$\overline{Q^n}$	翻转、计数

4. 函数表达式

$$Q^{n+1} = J\,\overline{Q^n} + \overline{K}Q^n\,(CP\text{下降沿到来时有效})$$

5. 时序图

主从 JK 触发器的时序图如图 8-7 所示。

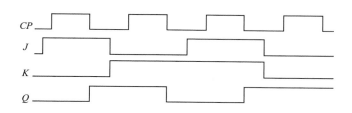

图 8-7　主从 JK 触发器的时序图

6. 电路特点

①功能完善,具有使用灵活、功能强、性能好的优势。主从 JK 触发器是一种具有保持、置 1、置 0 和翻转功能的触发器,克服了 RS 触发器的禁用(不允许)状态。

②存在一次变化问题,因此抗干扰能力还需提高。一次变化问题即触发器的误翻,指的是在主从触发器中触发器不按照 CP 下降沿时的 J、K 值而产生的错误翻转(它是由 $CP=1$ 时,J、K 发生了变化或接受了干扰而引起)。

7. 集成 JK 触发器

74LS112 为 TTL 双 JK 触发器,包含了两个独立的 JK 触发器,CP 下降沿触发有效,$\overline{S}_{\mathrm{D}}$、$\overline{R}_{\mathrm{D}}$ 预置端低电平有效,引脚排列如图 8-8 所示。

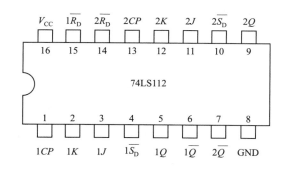

图 8-8　74LS112 引脚排列

四、D 触发器

1. 电路组成与逻辑符号

D 触发器可以由 JK 触发器演变而来。图 8-9(a)是由主从 JK 触发器改接成的 D 触发器。图 8-9(b)是其逻辑符号。

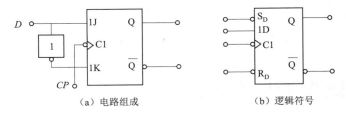

（a）电路组成　　　　　　（b）逻辑符号

图 8-9　D 触发器的电路组成与逻辑符号

2. 工作原理及逻辑功能

根据 JK 触发器的逻辑功能,可以推出 D 触发器的逻辑功能。

当 $D=1$ 时,$J=1$,$K=0$,CP 作用后,$Q=1$;

当 $D=0$ 时,$J=0$,$K=1$,CP 作用后,$Q=0$。

可见,D 触发器的输出状态决定于 CP 作用前输入端 D 的状态,即

$$Q^{n+1}=D$$

D 触发器的逻辑功能见表 8-4。

表 8-4　D 触发器的逻辑功能

D	Q^n	Q^{n+1}
0	0	0
0	1	0
1	0	1
1	1	1

3. 集成 D 触发器

74LS74 为 TTL D 触发器,图 8-10 为其引脚排列。片内有两个相互独立的 D 触发器,$\overline{S}_D$、$\overline{R}_D$ 预置端低电平有效。

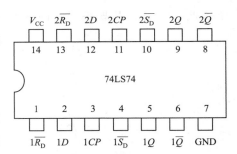

图 8-10　74LS74 引脚排列

五、T 触发器

在某些应用场合下,需要这样一种逻辑功能的触发器,当控制信号 $T=1$ 时,每来一个 CP 脉冲信号,它的状态就翻转一次;而当 $T=0$ 时,CP 信号到达后的状态保持不变。具备这种逻辑功能的触发器称为 T 触发器。

1. 电路组成与逻辑符号

T 触发器的电路组成及逻辑符号如图 8-11 所示。

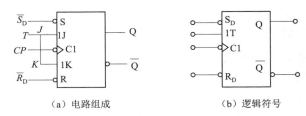

（a）电路组成　　　　　　（b）逻辑符号

图 8-11　T 触发器的电路组成及逻辑符号

2. 逻辑功能

T 触发器的逻辑功能见表 8-5。

表 8-5　T 触发器的功能表

T	Q^n	Q^{n+1}
0	0	0
0	1	1
1	0	1
1	1	0

3. 函数表达式组成

$$Q^{n+1} = T\,\overline{Q^n} + \overline{T}Q^n$$

T 触发器大多由其他类型的触发器改装而成，实际生产的集成电路比较少。此外，还有 T′触发器，与 T 触发器类似。但它在时钟脉冲作用下只有翻转功能，即每来一个时钟脉冲就翻转一次。事实上，在 T 触发器中令 $T=1$ 即可构成 T′触发器。

T′触发器函数表达式为

$$Q^{n+1} = \overline{Q^n}$$

 **任务实施**

测试触发器逻辑功能

一、测试基本 RS 触发器 74LS279 的逻辑功能

按表 8-6 要求进行测试，并记录。

表 8-6　基本 RS 触发器 74LS279 的逻辑功能

$1\overline{R}$	$1\overline{S}$	$1Q$	$2\overline{R}$	$2\overline{S}$	$2Q$	$3\overline{R}$	$3\overline{S}$	$3Q$	$4\overline{R}$	$4\overline{S}$	$4Q$
0	0		0	0		0	0		0	0	
0	1		0	1		0	1		0	1	
1	0		1	0		1	0		1	0	
1	1		1	1		1	1		1	1	

二、测试 JK 触发器 74LS112 的逻辑功能

1. 测试 $\overline{R_D}$、$\overline{S_D}$ 的复位、置位功能

$\overline{R_D}$、$\overline{S_D}$、J、K 端接逻辑开关输出插口，CP 端接单次脉冲源，Q、$\overline{Q}$ 端接至逻辑电平显示输入插口。要求改变 $\overline{R_D}$、$\overline{S_D}$（J、K、CP 处于任意状态），并在 $\overline{R_D}=0$（$\overline{S_D}=1$）或 $\overline{S_D}=0$（$\overline{R_D}=1$）作用期间任意改变 J、K 及 CP 的状态，观察 Q、$\overline{Q}$ 状态。

2. 测试 JK 触发器的逻辑功能

按表 8-7 的要求改变 J、K、CP 端状态,观察 Q、$\overline{Q}$ 状态变化,观察触发器状态更新是否发生在 CP 脉冲的下降沿(即 CP 由 $1\to0$),并记录。

表 8-7 JK 触发器功能测试

J	K	CP	Q^{n+1}	
			$Q^n=0$	$Q^n=1$
0	0	$0\to1$		
		$1\to0$		
0	1	$0\to1$		
		$1\to0$		
1	0	$0\to1$		
		$1\to0$		
1	1	$0\to1$		
		$1\to0$		

三、测试双 D 触发器 74LS74 的逻辑功能

1. 测试 $\overline{R_D}$、$\overline{S_D}$ 的复位、置位功能

2. 测试 D 触发器的逻辑功能

按表 8-8 要求进行测试,并观察触发器状态更新是否发生在 CP 脉冲的上升沿(即 CP 由 $0\to1$),并记录。

表 8-8 D 触发器功能测试

D	CP	Q^{n+1}	
		$Q^n=0$	$Q^n=1$
0	$0\to1$		
	$1\to0$		
1	$0\to1$		
	$1\to0$		

任务评价

任务评价表见表 8-9。

表 8-9 任务评价表

评价项目	评价内容	评价标准	分数	评分记录		
				学生	小组	教师
综合素养	工作现场整理、整顿	整理、整顿不到位,扣 5 分	30			
	操作遵守安全规范要求	违反安全规范要求,每次扣 5 分				
	遵守纪律,团结协作	不遵守教学纪律,有迟到、早退等违纪现象,每次扣 5 分				

评价项目	评价内容	评价标准	分数	评分记录		
				学生	小组	教师
知识技能	器件选用	测试器件选用错误,每项扣 5 分	15			
	触发器逻辑功能测试	(1)74LS279 测试,每错 1 处扣 3 分。 (2)74LS112 测试,每错 1 处扣 3 分。 (3)74LS74 测试,每错 1 处扣 3 分	55			
总　分			100			

学习任务二　寄存器的分析与应用

任务描述

在数字电路中,用来存放二进制数据或代码的电路称为寄存器,是一种基本时序逻辑电路。寄存器按其功能的不同,可以分为数码寄存器和移位寄存器两类。本任务介绍寄存器的类型、功能、典型电路及其应用。

相关知识

一、数码寄存器

一个触发器只能存储一位二值代码,N 个触发器构成的数码寄存器可以存储一组 N 位二值代码。图 8-12 是由 4D 触发器构成的四位二进制数码寄存器的逻辑图。

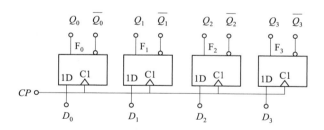

图 8-12　四位二进制数码寄存器的逻辑图

若要将四位二进制数码 $D_0D_1D_2D_3 = 1101$ 存入寄存器中,只要在时钟脉冲输入端加 CP 时钟脉冲。当 CP 上升沿出现时,四个触发器的输出端 $Q_0Q_1Q_2Q_3 = D_0D_1D_2D_3 = 1101$,于是这四位二进制数码便同时存入四个触发器中,当外部电路需要这组数据时,可从输出端读出。这种数码寄存器称为并行输入、并行输出数码寄存器。

二、移位寄存器

由于移位寄存器不仅可以存储代码,还可以将代码移位,所以移位寄存器除了存储代码之外,还可用于数据的串行与并行转换、数据运算和数据处理等。

1. 四位右移寄存器

图 8-13 为四位右移移位寄存器的逻辑图。

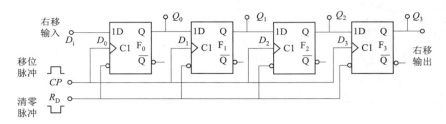

图 8-13　四位右移移位寄存器的逻辑图

由图 8-13 可以写出驱动方程

$$\begin{cases} D_0 = D_i \\ D_1 = Q_0^n \\ D_2 = Q_1^n \\ D_3 = Q_2^n \end{cases}$$

状态方程

$$\begin{cases} Q_0^{n+1} = D_i & CP\uparrow \\ Q_1^{n+1} = Q_0^n & CP\uparrow \\ Q_2^{n+1} = Q_1^n & CP\uparrow \\ Q_3^{n+1} = Q_2^n & CP\uparrow \end{cases}$$

在存数操作之前,先用 R_D(负脉冲)将各个触发器清零。当出现第 1 个移位脉冲时,待存数码的最高位和四个触发器的数码同时右移一位,即待存数码的最高位存入 Q_0,而寄存器原来所存数码的最高位从 Q_3 输出;当出现第 2 个移位脉冲时,待存数码的次高位和寄存器中的四位数码又同时右移一位。依此类推,在四个移位脉冲作用下,寄存器中的四位数码同时右移四次,待存的四位数码便可存入寄存器。

四位右移寄存器的状态表见表 8-10。

表 8-10　四位右移寄存器的状态表

输入		现态				次态				说明
D_i	CP	Q_0^n	Q_1^n	Q_2^n	Q_3^n	Q_0^{n+1}	Q_1^{n+1}	Q_2^{n+1}	Q_3^{n+1}	
1	↑	0	0	0	0	1	0	0	0	
1	↑	1	0	0	0	1	1	0	0	连续输入四个 1
1	↑	1	1	0	0	1	1	1	0	
1	↑	1	1	1	0	1	1	1	1	

2. 四位左移寄存器

左移寄存器与右移寄存器工作原理相同,只是寄存器的数码输入顺序自左向右,D_i 从 F_3 的 D_3 输入,先移入 F_3 再移入 F_2,信号从右边移入,从左边移出。其逻辑图如图 8-14 所示。

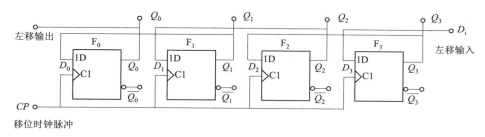

图 8-14　四位左移寄存器逻辑图

3. 双向移位寄存器

双向移位寄存器是把数据既能向左移位又能向右移位的双向功能寄存器。

74LS194 为四位双向移位寄存器。74LS194 引脚排列图及逻辑功能示意图如图 8-15 所示,图中的 M_1、M_0 为工作方式控制端,M_1、M_0 的四种取值(00、01、10、11)决定了寄存器的逻辑功能:保持、右移、左移和并行输入、并行输出,功能表见表 8-11。表 8-11 中 $\overline{CR}$ 清除端为低电平 0 时,将寄存器清零。表 8-11 第 1 行 × 号表示取任意值,即不管 M_1、M_0 是高电平或低电平,只要 $\overline{CR}$ 为 0,则输出端全为 0。

值得注意的是,寄存器工作时应将 $\overline{CR}$ 端接高电平或悬空。

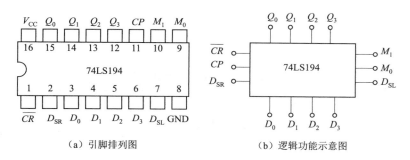

（a）引脚排列图　　　　　　　　　（b）逻辑功能示意图

图 8-15　74LS194 双向移位寄存器

表 8-11　74LS194 功能表

$\overline{CR}$	M_1	M_0	CP	工作状态
0	×	×	×	异步清零
1	0	0	×	保　持
1	0	1	↑	右　移
1	1	0	↑	左　移
1	1	1	×	并行输入

在工作方式控制端 $M_1M_0 = 00$ 时,寄存器中的数据保持不变;在 $M_1M_0 = 01$ 时,寄存器处于右移工作方式,在 CP 脉冲上升沿出现时,D_{SR} 右移输入端的串行输入数据依次右移;在 $M_1M_0 = 10$ 时,寄存器处于左移位工作方式,在 CP 脉冲上升沿出现时,D_{SL} 左移输入端的串行输入数据依次左移;在 $M_1M_0 = 11$ 时,寄存器处于并行输入工作方式,在 CP 脉冲上升沿出现时,将并行输入数据传送到寄存器的并行输出端。

 **任务实施**

测试移位寄存器逻辑功能

测试内容及步骤如下：

1. 清零

令 $\overline{CR}=0$，其他输入均为任意状态，这时寄存器输出 Q_0、Q_1、Q_2、Q_3 应均为 0，清除后，置 $\overline{CR}=1$，记录于表 8-12 中。

2. 右移

清零后，令 $\overline{CR}=1$、$S_1=0$、$S_0=1$，由右移输入端 D_{SR} 送入二进制数码如 0100，由 CP 端连续加四个脉冲，观察输出端情况，记录于表 8-12 中。

3. 左移

先清零，令 $\overline{CR}=1$、$S_1=1$、$S_0=0$，由左移输入端 D_{SL} 送入二进制数码如 1111，由 CP 端连续加四个脉冲，观察输出端情况，记录于表 8-12 中。

4. 保持

寄存器预置任意四位二进制数码 $abcd$，令 $\overline{CR}=1$、$S_1=0$、$S_0=0$，由左移输入端 D_{SL} 送入二进制数码如 1111，观察寄存器输出状态，并记录于表 8-12 中。

表 8-12　74LS194 的逻辑功能测试

清除	模式		时钟	串行		输入				输出				功能总结
$\overline{CR}$	S_1	S_0	CP	D_{SL}	D_{SR}	D_1	D_2	D_3	D_4	Q_0	Q_1	Q_2	Q_3	
0	×	×	×	×	×	×	×	×	×					
1	1	1	↑	×	×	a	b	c	d					
1	0	1	↑	×	0	×	×	×	×					
1	0	1	↑	×	1	×	×	×	×					
1	0	1	↑	×	0	×	×	×	×					
1	0	1	↑	×	0	×	×	×	×					
1	1	0	↑	1	×	×	×	×	×					
1	1	0	↑	1	×	×	×	×	×					
1	1	0	↑	1	×	×	×	×	×					
1	1	0	↑	1	×	×	×	×	×					
1	0	1	↑	×	×	×	×	×	×					

 **任务评价**

任务评价表见表 8-13。

表 8-13 任务评价表

评价项目	评价内容	评价标准	分数	评分记录		
				学生	小组	教师
综合素养	工作现场整理、整顿	整理、整顿不到位,扣 5 分	30			
	操作遵守安全规范要求	违反安全规范要求,每次扣 5 分				
	遵守纪律,团结协作	不遵守教学纪律,有迟到、早退等违纪现象,每次扣 5 分				
知识技能	芯片选用	测试芯片选用错误,扣 10 分	10			
	74LS194 逻辑功能测试	(1)清零测试,每错 1 处扣 5 分。 (2)右移测试,每错 1 处扣 5 分。 (3)左移测试,每错 1 处扣 5 分。 (4)保持测试,每错 1 处扣 5 分	60			
总　　分			100			

学习任务三　计数器的分析与应用

任务描述

计数器是用作累计脉冲个数的逻辑器件,还可以用作分频器和定时器,在数字系统中得到广泛应用。本任务介绍计数器的类型、结构、原理、典型电路及其应用。

相关知识

计数器的种类繁多,按触发脉冲的作用方式,可以把计数器分为同步计数器和异步计数器两种。按计数方式可以把计数器分为加法计数器、减法计数器和可逆计数器;按计数进制分可以把计数器分为二进制计数器、十进制计数器、任意进制计数器。

一、二进制计数器

1. 三位异步二进制加法计数器

计数脉冲未加到组成计数器的所有触发器的 CP 端,只作用于其中一些触发器 CP 端的计数器称为异步计数器。现以三位异步二进制计数器为例分析。

（1）逻辑图

三位异步二进制加法计数器逻辑图如图 8-16 所示。

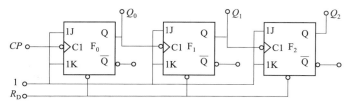

图 8-16　三位异步二进制加法计数器逻辑图

由于三个 JK 触发器都接成了 T 触发器,所以最低位触发器 F_0 每来一个时钟脉冲的下降沿(即 CP 由 1 变 0 时)翻转一次,而其他两个触发器都是在其相邻低位触发器的输出端 Q 由 1 变 0 时翻转,即 F_1 在 Q_0 由 1 变 0 时翻转,F_2 在 Q_1 由 1 变 0 时翻转。

(2)波形图

三位异步二进制加法计数器波形图如图 8-17 所示。

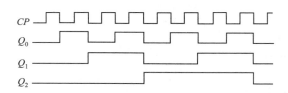

图 8-17　三位异步二进制加法计数器波形图

(3)状态表

三位异步二进制加法计数器状态表见表 8-14。

从状态表或波形图可以看出,从状态 000 开始,每来一个计数脉冲,计数器中的数值便加 1,输入八个计数脉冲时,就计满归零,所以作为整体,该电路也可称为八进制计数器。由于这种结构计数器的时钟脉冲不是同时加到各触发器的时钟端,而只加至最低位触发器,其他各位触发器则由相邻低位触发器的输出 Q 来触发翻转,即用低位输出推动相邻高位触发器,三个触发器的状态只能依次翻转,并不同步,这种结构特点的计数器称为异步计数器。

表 8-14　三位异步二进制加法计数器状态表

计数脉冲	Q_2	Q_1	Q_0
0	0	0	0
1	0	0	1
2	0	1	0
3	0	1	1
4	1	0	0
5	1	0	1
6	1	1	0
7	1	1	1

2. 三位异步二进制减法计数器

(1)逻辑图

三位异步二进制减法计数器逻辑图如图 8-18 所示。

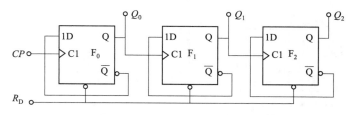

图 8-18　三位异步二进制减法计数器逻辑图

（2）波形图

三位异步二进制减法计数器波形图如图 8-19 所示。

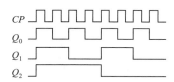

图 8-19　三位异步二进制减法计数器波形图

（3）状态表

三位异步二进制减法计数器状态表见表 8-15。

表 8-15　三位异步二进制减法计数器状态表

计数脉冲	Q_2	Q_1	Q_0
0	0	0	0
1	1	1	1
2	1	1	0
3	1	0	1
4	1	0	0
5	0	1	1
6	0	1	0
7	0	0	1

异步计数器电路结构简单,组成计数器的触发器的翻转时刻不同。由于异步计数器后级触发器的触发脉冲需依靠前级触发器的输出,而每个触发器信号的传递均有一定的延时,因此其计数速度受到限制,工作信号频率不能太高。

二、十进制计数器

1. 十进制同步加法计数器

在二进制中使用 4 个触发器就组成四位二进制计数器,可以从 0 计数到 15,有 16 个状态。十进制是从 0 到 9 只有 10 个状态,必须附加电路进行约束。当计数到第 10 个脉冲时要归零,其状态图如图 8-20 所示。

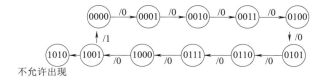

图 8-20　十进制加法器状态图

当计数到 1001 时,再来一个脉冲必须转换为 0000,不允许出现 1010,可以通过改变驱动方程进行约束。

图 8-21 所示为同步十进制加法计数器逻辑图,由 4 个 JK 触发器组成。图中触发器为多输入

JK 触发器,它们为与的逻辑关系,增加了控制端。

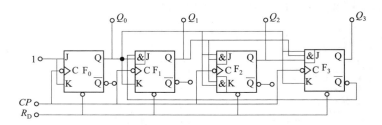

图 8-21 同步十进制加法计数器逻辑图

由图 8-21 可得驱动方程

$$\begin{cases} J_0 = K_0 = 1 \\ J_1 = Q_0^n \, \overline{Q_3^n} 、K_1 = Q_0^n \\ J_2 = K_2 = Q_0^n Q_1^n \\ J_3 = Q_0^n Q_1^n Q_2^n 、K_3 = Q_0^n \end{cases}$$

在十进制计数器中要约束 $F_0 \sim F_3$ 从 1001 来一个脉冲后变为 0000,不要变为 1010,当 $Q_3^n = 1$,$Q_2^n = 0, Q_1^n = 0, Q_0^n = 1$ 变到第 10 个脉冲触发后就变为

$$\begin{cases} Q_3^{n+1} = J_3 \, \overline{Q_3^n} + \overline{K_3} Q_3^n = 0 \quad CP \downarrow \\ Q_2^{n+1} = J_2 \, \overline{Q_2^n} + \overline{K_2} Q_2^n = 0 \quad CP \downarrow \\ Q_1^{n+1} = J_1 \, \overline{Q_1^n} + \overline{K_1} Q_1^n = 0 \quad CP \downarrow \\ Q_0^{n+1} = J_0 \, \overline{Q_0^n} + \overline{K_0} Q_0^n = 0 \quad CP \downarrow \end{cases}$$

因此,实现了十进制进位转换。

2. 异步十进制加法计数器

异步十进制加法计数器逻辑图如图 8-22 所示。

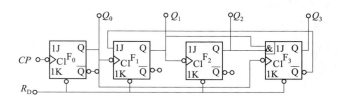

图 8-22 异步十进制加法计数器逻辑图

由图 8-22 可得驱动方程为

$$\begin{cases} J_0 = K_0 = 1 \\ J_1 = \overline{Q_3^n} (K_1 = 1) \\ J_2 = K_2 = 1 \\ J_3 = Q_1^n Q_2^n (K_3 = 1) \end{cases}$$

当 $Q_3^n Q_2^n Q_1^n Q_0^n = 1001$ 时,第 10 个脉冲到来后,由于 $J_0 = K_0 = 1$;$J_1 = 0$,$K_1 = 1$;$J_2 = K_2 = 1$;$J_3 = 0$,$K_3 = 1$,可得

$$\begin{cases} Q_0^{n+1} = J_0 \overline{Q_0^n} + \overline{K_0} Q_0^n = 0 & CP_0 \downarrow \\ Q_1^{n+1} = J_1 \overline{Q_1^n} + \overline{K_1} Q_1^n = 0 & CP_1 \downarrow \\ Q_2^{n+1} = J_2 \overline{Q_2^n} + \overline{K_2} Q_2^n = 0 & CP_2 \downarrow \\ Q_3^{n+1} = J_3 \overline{Q_3^n} + \overline{K_3} Q_3^n = 0 & CP_3 \downarrow \end{cases}$$

因此可实现从 1001 到 0000 的转换,构成十进制计数。

三、任意进制计数器

由触发器组成的任意进制计数器的一般分析方法是:对于同步计数器,由于计数脉冲同时接到每个触发器的时钟输入端,因而触发器的状态是否翻转只需由其驱动方程判断。而异步计数器中各触发器的触发脉冲不尽相同,所以触发器的状态是否翻转除了考虑其驱动方程外,还必须考虑其时钟输入端的触发脉冲是否出现。

例 8-1　分析图 8-23 所示计数器为几进制计数器。

解　①列驱动方程。由图 8-23 可知,由于 CP 计数脉冲同时接到每个触发器的时钟输入端,所以该计数器为同步计数器。三个触发器的驱动方程分别为

$F_0: J_0 = \overline{Q_2}$、$K_0 = 1$。

$F_1: J_1 = K_1 = Q_0$。

$F_2: J_2 = Q_1 Q_0$、$K_2 = 1$。

②列状态表。状态表见表 8-16。

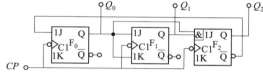

图 8-23　例 8-1 逻辑图

表 8-16　例 8-1　状态表

计数脉冲	Q_2	Q_1	Q_0	J_0	K_0	J_1	K_1	J_2	K_2
0	0	0	0	1	1	0	0	0	1
1	0	0	1	1	1	1	1	0	1
2	0	1	0	1	1	0	0	0	1
3	0	1	1	1	1	1	1	1	1
4	1	0	0	0	1	0	0	0	1
5	0	0	0	1	1	0	0	0	1

首先假设计数器的初始状态,如 000,并依此根据驱动方程确定 J、K 的值,然后根据 J、K 的值确定在 CP 计数脉冲触发下各触发器的状态。在第 1 个 CP 计数脉冲触发下各触发器的状态为 001,按照上述步骤反复判断,直到第 5 个 CP 计数脉冲时计数器的状态又回到初始状态 000,即每来 5 个计数脉冲计数器状态重复一次,所以该计数器为五进制计数器。波形图如图 8-24 所示。

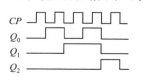

图 8-24　例 8-1 波形图

四、集成计数器

集成计数器具有功能齐全、使用方便的优点,因而得到了广泛应用。

1. 集成计数器简介

下面以 74LS161 为例,介绍集成计数器。

74LS161 为四位集成同步二进制加法计数器,其引脚排列图和逻辑功能示意图如图 8-25 所示。其中:$\overline{CR}$异步清零,低电平有效;$\overline{LD}$同步置数端,低电平有效;CT_T、CT_P 为计数允许控制端,$CT_T \cdot CT_P = 1$ 时允许计数;$CT_T \cdot CT_P = 0$ 时禁止计数,保持输出原状态。CO 为进位输出端,CP 为时钟脉冲输入端,上升沿触发。

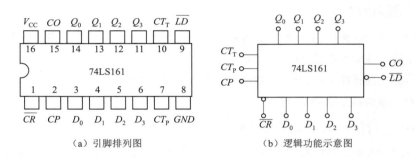

（a）引脚排列图　　　　　　　　（b）逻辑功能示意图

图 8-25　74LS161 引脚排列图和逻辑功能示意图

2. 用集成计数器构成任意进制计数器

目前常用的计数器主要有二进制和十进制,在实际工程中,往往需要一些二进制、十进制以外的任意进制计数器,这时可以用二进制、十进制计数器,采用清零法或置数法实现工程中需要的任意进制计数器

（1）异步清零法(反馈复位法)

适用于有异步置零输入端的计数器,其工作原理是:当 N 进制计数芯片从全零状态 S_0 开始计数并接收 M 个计数脉冲后,电路进入 S_M 状态,此时将 S_M 状态译码产生一个置零信号回送到计数芯片的异步置零输入端,则计数器立刻返回到 S_0 状态,重新开始计数。由于电路一进入 S_M 状态后立即又被置成 S_0 状态,所以 S_M 状态出现时间极短,因此在稳定的有效状态循环中不包括 S_M 状态。

（2）置数法(反馈预置法)

适用于有预置数功能的计数器。通过给 N 进制计数器重复置入某个数值的方法跳过($N - M$)个状态来获得 M 进制计数电路。

74LS161 具有异步置零控制端$\overline{CR}$和同步置数控制端$\overline{LD}$,因此既可以用异步清零法也可以用置数法来实现任意进制计数器。

任务实施

集成计数器应用

用 74LS161 设计一个十进制计数器。74LS161 引脚排列和逻辑功能如图 8-25 所示。

74LS161 具有异步置零控制端$\overline{CR}$和同步置数控制端$\overline{LD}$,因此既可以用清零法实现十进制计数,也可以用置数法实现十进制计数。设计计数器从 $Q_3Q_2Q_1Q_0 = 0000$ 状态开始计数。

1. 用清零法实现

因为 $S_M = S_{10} = 1010$,所以$\overline{CR} = \overline{Q_3Q_1}$。

2. 用置数法实现

因为 $S_M = S_9 = 1001$,所以 $\overline{LD} = \overline{Q_3Q_0}$。

根据$\overline{CR}$和 $\overline{LD}$ 表达式,用 74LS161 芯片设计电路,并进行测试。

 **任务评价**

任务评价表见表 8-17。

表 8-17　任务评价表

评价项目	评价内容	评价标准	分数	评分记录		
				学生	小组	教师
综合素养	工作现场整理、整顿	整理、整顿不到位,扣5分	30			
	操作遵守安全规范要求	违反安全规范要求,每次扣5分				
	遵守纪律,团结协作	不遵守教学纪律,有迟到、早退等违纪现象,每次扣5分				
知识技能	芯片选用	测试芯片选用错误,扣10分	10			
	74LS194 逻辑功能测试	(1)清零测试,每错1处扣5分。 (2)右移测试,每错1处扣5分。 (3)左移测试,每错1处扣5分。 (4)保持测试,每错1处扣5分	60			
总　　分			100			

项目测试题

8.1　时序逻辑电路和组合逻辑电路的根本区别是什么? 同步时序逻辑电路与异步时序逻辑电路有何不同?

8.2　根据图 8-26 所示波形,画出由与非门构成的基本 RS 触发器的输出 Q 和 $\overline{Q}$ 端的波形,设初态为 0 状态。

8.3　由与非门构成的基本 RS 触发器的输入波形如图 8-27 所示,试画出输出 Q 和 $\overline{Q}$ 端的波形,设初态为 0 状态。

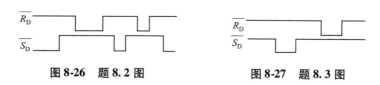

图 8-26　题 8.2 图　　　　图 8-27　题 8.3 图

8.4 有一同步 RS 触发器,若其初态为 0 状态,根据图 8-28 所示 CP、R、S 端的波形,画出与之相对应的 Q 和 $\overline{Q}$ 端的波形。

8.5 有一同步 RS 触发器,若其初态为 1 状态,根据图 8-29 所示 CP、R、S 端的波形,画出输出 Q 和 $\overline{Q}$ 端的波形。

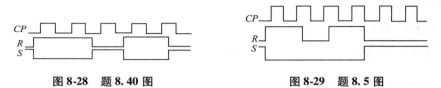

图 8-28　题 8.40 图　　　　　　　　　图 8-29　题 8.5 图

8.6 已知 JK 触发器的输入信号如图 8-30 所示,画出 Q 端相应的输出波形。设初态为 0 状态。

8.7 由 JK 触发器组成的右移位寄存器如图 8-31 所示,设初态为 0 状态,且 D_{SR} 始终为 1,试分析第一个和第二个时钟脉冲 CP 作用后,$Q_0 \sim Q_3$ 的输出状态。

8.8 试用四个 D 触发器组成四位移位寄存器。

8.9 试用同步二进制计数器 74LS161 接成十二进制计数器。

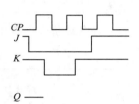

图 8-30　题 8.6 图

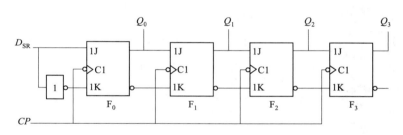

图 8-31　题 8.7 图

8.10 图 8-32 所示是三个 D 触发器组成的二进制计数器,工作前由负脉冲先通过 $\overline{S_D}$(置 1 端)使电路呈 111 状态。

①按输入脉冲 CP 顺序在表 8-18 中填写 Q_2、Q_1、Q_0 相应的状态(0 或 1);

②此计数器是二进制加法计数器还是减法计数器?

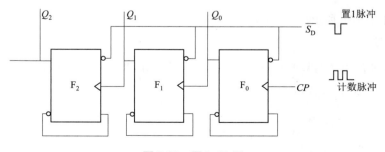

图 8-32　题 8.10 图

表 8-18 题 8.10 状态表

CP 个数	Q_2	Q_1	Q_0
0			
1			
2			
3			
4			
5			
6			
7			

附录 A
国产半导体分立器件型号命名方法

国产半导体分立器件型号命名方法见表 A-1。

表 A-1　国产半导体分立器件型号命名方法

第一部分		第二部分		第三部分		第四部分	第五部分
用阿拉伯数字表示器件的电极数目		用汉语拼音字母表示器件的材料和极性		用汉语拼音字母表示器件的类别			
符号	意义	符号	意义	符号	意义		
2	二极管	A	N 型,锗材料	P	小信号管	用阿拉伯数字表示登记顺序号	用汉语拼音字母表示规格号
		B	P 型,锗材料	H	混频管		
		C	N 型,硅材料	V	检波管		
		D	P 型,硅材料	W	电压调整管和电压基准管		
		E	化合物或合金材料	C	变容管		
				Z	整流管		
3	三极管	A	PNP 型,锗材料	L	整流堆		
		B	NPN 型,锗材料	K	开关管		
		C	PNP 型,硅材料	X	低频小功率管 截止频率 < 3 MHz 耗散功率 < 1 W		
		D	NPN 型,硅材料	G	高频小功率管 截止频率 ≥ 3 MHz 耗散功率 < 1 W		
		E	化合物或合金材料	D	低频大功率管 截止频率 < 3 MHz 耗散功率 ≥ 1 W		
				A	高频大功率管 截止频率 ≥ 3 MHz 耗散功率 ≥ 1 W		
				T	闸流管		

参 考 文 献

［1］申凤琴.电工电子技术基础［M］.3 版.北京:机械工业出版社,2024.

［2］谭延良,胡诚.电工电子技术项目化教程［M］.上海:同济大学出版社,2020.

［3］吴峰,巩建辉.电工电子技术［M］.长春:吉林大学出版社,2021.

［4］坚葆林.电工电子技术与技能［M］.4 版.北京:机械工业出版社,2024.

［5］张娟,侯立芬,耿升荣.电子技术应用项目教程［M］.北京:机械工业出版社,2020.

［6］秦曾煌.电工学［M］.8 版.北京:高等教育出版社,2023.

［7］时会美,戴华,武银龙.电工电子技术应用［M］.郑州:黄河水利出版社,2018.